給食経営管理論

名倉 秀子 編著

市川　陽子　　大澤　絢子
小山　ゆう　　酒井　理恵
佐野　文美　　辻　ひろみ
藤井　恵子　　森本　修三
森本　雅子　　山形　純子

学文社

編者のことば

　人生100年時代の社会は，自治体，企業，民間団体および個人の健康づくりを援助するために，飲食店の食産業施設，給食施設や運動施設などの健康資源を主体的に活性化できる環境の整備が求められている。2024(令和6)年度からの健康日本21(第三次)では，健康寿命の延伸・健康格差の縮小が目標に掲げられ，社会環境の質の向上の一つとして，給食について「利用者に応じた食事提供をしている特定給食施設の増加」を取組としている。ここでの特定給食施設は，すでに管理栄養士配置により栄養管理がなされている医療系，介護系施設を除いた，福祉，教育，事業所系などの施設を指し，健康な生活を支える食環境の整備として，それらの施設でも高度な専門性や能力を発揮する管理栄養士・栄養士の活躍に期待が高まっている。

　管理栄養士養成課程の給食経営管理論は，他の学問に比べて基礎的研究，実践的研究の歴史が比較的浅く，扱う領域も広範囲に及んでいる。一方で，知識や技術の学びでは，給食の利用者のアセスメントに始まる栄養管理プロセスと，それに基づく給食管理，および給食提供の組織体の経営管理やマーケティングなど，これらを関連させて理解することが求められる。近年では，多方面にわたる給食経営管理施設にて管理栄養士・栄養士が多職種連携の下，法令に基づく栄養管理をマネジメントすることが多くなった。

　「サクセスフル食物と栄養学基礎シリーズ」13給食経営管理論では，「管理栄養士国家試験出題基準」を踏まえた上で，給食経営管理の実践において参考となる内容も加えている。給食施設の理解を深めるために，それらを適宜活用しながら学修することを期待する。

　新しいシリーズの出版にあたり，原稿を精査いただき，大変お世話になりました学文社の田中千津子社長および編集部の皆様に，心よりお礼申し上げます。

2024年3月吉日

名倉　秀子

目　　次

1　給食と経営管理

2　給食経営管理の概念

3　栄養・食事管理

7　給食の施設・設備管理

8　給食を提供する施設の実際

1 給食と経営管理

1.1 給食の概要

　給食のはじまりは，給食を「食事を支給する」という意味でとらえると，奈良時代にさかのぼる。その時代に管理栄養士・栄養士のような専門職はないであろうが，鎌倉時代の道元は『典座教訓』の中で修行僧の食事(調理)担当者の心得を記述し，食材料の扱い方から喫食者を考えた調理法などを記している。このように，生活の中で多くの人に食事を提供することは，800年前頃から始まっていることが明らかになっている。

　ここでは，法的根拠に基づいて提供される食事，すなわち栄養士法や健康増進法などの栄養に関連する法令に基づく給食について述べる。

1.1.1　給食の定義 （栄養・食事管理と経営管理）

　給食[*]とは特定の多数の人に継続的に食事を提供することである。人は生きていくために食べ物や水を摂取することが必要であり，それぞれの生活環境に合わせて調理・加工した料理を組み合わせて食事として摂っている。基本的な生活の場である家庭の食事は，家族によって調理，配膳され，喫食される。生活の場が家庭から離れる場合では，給食施設や飲食店などの家庭外で調理・提供された食事を喫食する。給食施設と飲食店は「家庭以外で食事が提供される」という点では同じである。しかし，給食施設の食事は，同じ生活環境(施設)にいる多くの人々(仲間)と毎日喫食する点が，飲食店とは異なる。さらに，食事の質(内容)をみると，給食施設は適切な栄養管理および栄養情報の提供など，栄養に関しての配慮もなされている。たとえば，学校の給食は同じ学校で共に学ぶ児童・生徒に学校内で栄養管理された昼食として毎日提供され，さらに学習の教材としても価値がある。ファミリーレストランの

> *給食　特定集団を対象にした栄養管理の実施プロセスにおいて食事を提供すること，または食事そのものとされている。しかし，外食産業統計調査では，給食主体部門の中に集団給食と営業給食(飲食店等)の2分類の給食がある。さらに，日本産業標準分類には料理品小売業の中に集団給食が分類されている。給食の定義はさらに精査される必要がある。

━━━━━━━━━━━━━━━ コラム1　修行僧の食事 （給食） ━━━━━━━━━━━━━━━

　『典座教訓』は，道元が禅宗の寺院の食事係(典座)の心得を通して禅の精神を著した書籍である。料理に用いる食材料や調理道具を丁寧に扱い，喫食者のことを考えながら整理整頓をしてムダのない調理作業をする。何より大切なことは，「三心」として次のようなことを示している。「喜心」は作る喜び，もてなす喜び，そして仏道修行の喜びを忘れないこころ。「老心」は相手の立場を想って懇切丁寧に作る老婆親切(老婆が子や孫に対して抱く慈しみ)のこころ。「大心」はとらわれやかたよりを捨て，深く大きな態度で作るこころ。

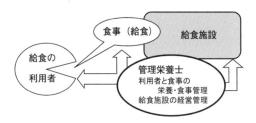

図 1.1 管理栄養士の関わる栄養・食事管理と経営管理

食事は同席者の特定がなく，毎日決まった時間帯の食事でないことからも異なっていることが理解できよう。

　管理栄養士は利用者のために栄養管理された食事の提供を行い，同時に所属する給食施設の経営管理の業務を遂行しており，いつも給食，利用者，給食施設の経営状況に目を配っている。その関係を図1.1に示した。給食施設の食事提供では，栄養・食事管理と経営管理を行いながら運営されている。

　給食は，継続的であるために**栄養・食事管理**が必要とされる。給食の利用者にとって，食事は家庭で喫食する時と同様に安全性，経済性，嗜好性，栄養性，文化的な要素が要求される。衛生的な配慮，適切な価格，嗜好の考慮，栄養的な配慮，食事歴や食情報等が食事に反映されなければならない。特に，栄養的な配慮は，健康生活の確保に直接的に結びつくことであるために最も重要なこととされる。栄養・食事管理の詳細は第3章に記述した。

　給食の**経営管理**は，特定の多数人に食事を提供するために必要とされる。つまり多数の人の食事は，使用する食材料の量が家庭レベルの少量に収まらず食品製造工場レベルの大量となり，調理というより加工・生産するという概念が成り立ち，生産規模を踏まえた管理方法を取り入れ，運営することが必要とされる。このような給食の生産には，組織を形成する調理作業の「人」，食材料の「物」，集金や支払の「金」，給食に関わる「情報」などの資源を管理し，各種法規の「ルール」に則ることが重要となる。生産管理では効率性，安全性を求めるためのシステムづくりも大切となり，適切なシステム構築が求められる。経営管理の詳細は第2章に記述した。

1.1.2　給食の意義と目的

　給食には，利用者の健康の保持，増進が求められている。利用者の身体状況によっては，疾病の治療，生活習慣病の予防，身体の成長，生活の質の向上が求められる。利用者にとって給食は，健康の保持，増進が確保される食事の提供，食事や食生活における栄養の情報そして知識の獲得につながる栄養教育を受ける機会になっている。このように，給食を通して自然に健康になれる食環境を整え，利用者の健康管理，健康づくりにつなげることを管理栄養士・栄養士は常に意識しなければならない。

1.1.3　特定多数人への対応と個人対応

　食事は一人ひとりの栄養状態のアセスメントに基づき提供されるため，それぞれ食事の質が異なっていても不思議ではなく，むしろ当然である。多数の人の食事を提供する給食施設が質の異なる多種類の食事を提供するには，

給食経営の資源（人[*1]，物[*2]，金[*3]，情報[*4]，時間[*5]，知的財産[*6]）を有効に活用して初めて可能となる。しかし，現実には調理作業員数，設備の種類，調理方法などに多くの制約があり，**個人対応**にも限界が生じる。そのような中で，食事の内容や形態が疾病に関わる場合では，さまざまな方法により個人対応の食事提供に向け努力している。また，健常者の給食では，エネルギー量や栄養素量を類似する 2 ～ 3 グループに利用者を分割し，栄養管理を行いながら食事の提供が実施される。さらに，利用者に適切な栄養摂取量を学習させ，食事や料理を利用者自身が選択できるような個人対応の食事を実施することも考えられる。給食の利用者が健康の保持，増進を意識した食生活を理解し，身体状況が良好となるような食事の選択方法を身に付けた場合に，その給食の目標が達成される。

1.1.4　給食における管理栄養士の役割

給食は栄養・食事管理が必要とされることから，**健康増進法**[*]第 21 条の第 1 項で管理栄養士の配置を規定し，健康増進法施行規則第 7 条の 1 項と 2 項で詳細な施設の内容を示している（**表 1.1**）。また，健康増進法第 21 条の第 2 項で管理栄養士・栄養士の配置努力を示し，その詳細な内容を**健康増進法施行規則**第 8 条に示している。このように給食施設の管理栄養士・栄養士は，施設の設置者（経営者）が適切な栄養管理をするために雇い，配置される。したがって管理栄養士の役割は，給食を利用する特定多数の人々の栄養状態に応じた給食と栄養改善上の必要な指導による健康の保持増進とその施設の経営管理の遂行といえる。

給食施設における管理栄養士は，義務教育で獲得した基礎学力に管理栄養士養成課程で専門知識の専門性を得，さらに社会人基礎力を積み上げ統合させながら給食利用者の健康管理に貢献することが望まれる。給食の運営，経

*1　人　栄養士，管理栄養士，調理師などの有資格者や，事務員，販売員など給食業務に関わる人。

*2　物　食材料，調理器具，調理機器，パソコンなどの物。

*3　金　食材料費，光熱水費，給与，給食費，予算など。

*4　情報　利用者の情報，食品や料理等に関する情報，市場動向の情報など。

*5　時間　給食提供時刻，調理時間，作業時刻，配送時間，リードタイムなどの時間。

*6　知的財産　調理従事者の高度な技術・知識や経験，各種資格，組織力，ブランドなど目に見えにくい資産など。

*健康増進法　国民の健康増進の推進のための基本的な事項を定め，栄養改善のために措置を行うことにより国民保健の向上のために制定された法律。国民は生涯にわたって健康の増進に努めなければならないとしている。特定給食施設，国民健康・栄養調査，特別用途表示，栄養表示基準などが示されている。
（健康増進法：https://elaws.e-gov.go.jp/document?lawid=414AC0000000103（2024.2.13））

表 1.1　特定給食施設における管理栄養士・栄養士の配置規定

健康増進法

第 21 条
1　特定給食施設であって特別な栄養管理が必要なものとして厚生労働省令で定めるところにより都道府県知事が指定するものの設置者は，当該特定給食施設に管理栄養士を置かなければならない。
2　前項に規定する特定給食施設以外の特定給食施設の設置者は，厚生労働省令で定めるところにより，当該特定給食施設に栄養士又は管理栄養士を置くように努めなければならない。

施行規則第 7 条
1　医学的な管理を必要とする者に食事を供給する特定給食施設であって，継続的に 1 回 300 食以上又は 1 日 750 食以上の食事を供給するもの
2　前号に掲げる特定給食施設以外の管理栄養士による特別な栄養管理を必要とする特定給食施設であって，継続的に 1 回 500 食以上又は 1 日 1500 食以上の食事を供給するもの

施行規則第 8 条
栄養士又は管理栄養士を置くように努めなければならない特定給食施設のうち，1 回 300 食以上又は 1 日 750 食以上の食事を供給するものの設置者は，当該施設に置かれる栄養士のうち少なくとも一人は管理栄養士であるように努めなければならない。

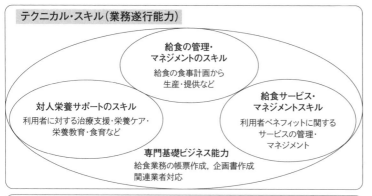

図1.2 給食経営管理論分野における管理栄養士業務に必要なスキル

営管理業務ではテクニカル・スキル（業務遂行能力），ヒューマン・スキル（対人関係能力），コンセプチュアル・スキル（概念化能力）が必要とされ，特に経営管理の業務が多くなるに従い，後者のコンセプチュアル・スキルの比重が高くなる（図1.2）。コンセプチュアル・スキルは給食施設の給食運営管理を数年経験し，多種多様な改善活動により高まるものであるが，新人であっても日々の業務の中で思考力，状況判断能力，問題解決能力の向上を意識することで，養うことができる。

1.2 給食に関わる法令

給食に関わる法令は，給食施設の意義，管理栄養士・栄養士の配置規定，給食を運営するにあたり費用の算定，安全な食事提供のためのマニュアル，外部委託による給食の運営，給食施設の設備に関する事項など多数あり，それぞれの施設で必要に応じて確認する必要がある。

1.2.1 健康増進法における特定給食施設の位置づけ

特定給食施設は，**健康増進法**第20条第1項に「特定かつ多数の者に対して継続的に食事を供給する施設のうち，栄養管理が必要なものとして厚生労働省令で定めるものをいう」と定義されている。この**厚生労働省令**[*]で定めるものとは「継続的に1回100食以上または1日250食以上の食事を供給する施設とする」と健康増進法施行規則第5条に記述されている。

特定給食施設を開設する時は，設置者が施設の所在地の都道府県知事宛て

*厚生労働省令　省令とは，厚生労働省の大臣が法律もしくは政令を施行するための命令のひとつである。ここでは，健康増進法に対する健康増進法施行規則のことを指す。

に各事項を届け出る義務が課せられている（**表 1.2**）。

また，特定給食施設における**栄養管理の基準**[*1]は下記の 5 項目あり，詳細な内容が健康増進法施行規則**第 9 条**[*2]に規定されているので参照するとよい。

(1) 身体の状況，栄養状態，生活習慣の把握

利用者の身体の状況，栄養状態，生活習慣を把握して，定期的に適当なエネルギー量と栄養素の量を把握し，それぞれの目標量を設定する。目標量に基づいた食事の提供を実施する。また，利用者の食事摂取量も把握し，総合的に利用者の栄養状態を評価する。この時に，給食の品質が良質であったかについても評価し，管理する。

(2) 食事の献立

給食の利用者の身体の状況，栄養状態，生活習慣，日常の食事摂取量，嗜好性を考え合わせて献立を作成する。日本の特有の食文化も併せて献立に反映することも必要である。日本には，伝統的な年中行事を始めとして，通過儀礼時の食事，食味における東と西の味つけなど，多様な食文化があり，それらを献立，食事に反映し，利用者の食歴と合わせた食事の品質管理をすることが求められる。

(3) 栄養に関する情報の提供

栄養に関する情報として，料理の組合せを示した献立，その献立のエネルギー量，たんぱく質，脂質，食塩などの栄養成分の表示をする。他に，利用者に必要な栄養に関する知識や情報の提供を実施する。アレルギー物質を含む食品の表示も大切な情報のひとつとなる。

(4) 書類（帳票）の整備

給食運営の内容を把握するために，献立表をはじめとする食事提供に関わる各種書類を適正に作成し，施設に備え付けておく。一部の書類は，各種法令により作成が義務付けられ，提出を求められることもある。給食事業を外部に委託する場合では，委託契約書も整えておく。

(5) 衛生管理

給食の運営に関連する食品衛生法，**大量調理施設衛生管理マニュアル**などの法令に基づいた衛生管理を実施する。

1.2.2 特定給食施設における給食経営管理

特定給食施設では，適切な栄養管理がなされた給食が提供される。栄養管理の方針は，特定給食施設の所属している組織体の経営理念に基づいて決定される。**表 1.3** のように特定給食施設には，その組織体の目的があり，それに応じた給食を運営し，経営管理する。たとえば，医療施設である病院では疾病の治癒のための病態に応じた食事，高齢者・介護福祉施設では高齢者の

表 1.2　特定給食施設の設置者の届け出事項

1	給食施設の名称・所在地
2	給食施設の設置者の氏名・住所
3	給食施設の種類
4	給食の開始日または開始予定日
5	1 日の予定給食数と各食ごとの予定給食数
6	管理栄養士，栄養士の員数

*1　**栄養管理の基準**　健康増進法に基づく特定給食施設の設置者が実施しなければならない栄養・食事管理における基準のこと。

*2　**第 9 条**　法第 21 条第 3 項の厚生労働省令で定める基準は，次のとおりとする。
1　当該特定給食施設を利用して食事の供給を受ける者（以下「利用者」という。）の身体の状況，栄養状態，生活習慣等（以下「身体の状況等」という。）を定期的に把握し，これらに基づき，適当な熱量及び栄養素の量を満たす食事の提供及びその品質管理を行うとともに，これらの評価を行うよう努めること。
2　食事の献立は，身体の状況等のほか，利用者の日常の食事の摂取量，嗜好等に配慮して作成するよう努めること。
3　献立表の掲示並びに熱量及びたんぱく質，脂質，食塩等の主な栄養成分の表示等により，利用者に対して，栄養に関する情報の提供を行うこと。
4　献立表その他必要な帳簿等を適正に作成し，当該施設に備え付けること。
5　衛生の管理については，食品衛生法（昭和二十二年法律第二百三十三号）その他関係法令の定めるところによること。
さらに，上記の運用の詳細については，「特定給食施設における栄養管理に関する指導及び支援について」（平 25・3・29 健が発 0329 第 3 号）の「第二　特定給食施設が行う栄養管理に係る留意事項について」の中に示されているので参照する。
1 〜 5 に加えて 6 項目が示されている。
6　災害等の備えについて
災害に備え，食料の備蓄や対応方法の整理など，体制の整備に努める。

介護や生活援助のための食事で，3回の食事には栄養管理の他に利用者の QOL の向上も求められている。また企業では，その企業の経営理念が給食の経営管理に反映される。

給食経営管理は，生産された給食をとおして，利用者，給食施設の設置者，給食を生産作業する人の三者のニーズが満たされ，より質の高い給食の生産・提供，そして利用者の健康の維持・増進につながる食環境の役割がある。

具体的な管理業務には，給食の栄養的な質に直接結びつくものとして，献立管理，生産管理，提供管理，食材料管理がある。さらに，人事・労務管理，施設・設備管理，安全・衛生管理，原価・会計管理，情報管理も食事提供に必要である。これらの管理業務は，外食産業の経営管理でも遂行され，システム化がなされている。また，品質管理では，給食(食事)の質とサービスの質の両者の管理を意味している。以上のような管理業務を法令に基づきながら遂行し，給食運営をマネジメントすることが求められている。

＊PDCA サイクル　p.35，3.1.2 参照。

給食運営のマネジメントは，各管理業務を **PDCA サイクル**[*]で構成していく。計画(Plan)，実施(Do)，評価(Check)，改善(Act)を繰り返していくことを基本とするが，現時点で給食を提供している場合には実施(D)→評価(C)→改善(A)→計画(P)へと展開することもあり，計画から始めることに固執する必要はない。どこから始めようとも，PDCA サイクルの視点で日々の業務を遂行していくと，必ず組織の経営理念にわずかながら近づき，利用者のニーズに応えていくことになる。

表 1.3　特定給食施設とその例および法的根拠

	医療施設	高齢者・介護福祉施設	児童福祉施設	障害者福祉施設	学校	事業所
施設の例	病院	介護老人保健施設	児童養護施設	障害者支援施設	小学校	会社
上記施設の目的	病気の予防から早期発見，病気ではその治療，さらには社会復帰まで，健康について一貫した医療活動を行う。	介護を必要とする高齢者の家庭への復帰を目指すために，医師による医学的管理の下，看護・介護のケア，作業療法士や理学療法士等によるリハビリテーション，また，栄養管理・食事・入浴などの日常サービスまで併せて自立の支援をする。	18 歳未満の者が何らかの理由により保護者と共に家庭で生活ができない場合に児童を入所させ，養護し，自立を支援する。	常に介護を必要とする人に，入浴，排泄及び食事等の適切な介護，健康管理，リハビリテーション等の身体機能または生活能力の向上のための支援等，その他の必要な日常生活上の支援を行うとともに昼間，創作的活動の機会を提供する。	心身の発達に応じて，義務教育として行われる普通教育のうち基礎的なものを行う。	何人かの人が同じ目的のためになんらかの事業を行い経済活動をする。
法的根拠	医療法，健康保険法	老人福祉法，介護保険法，医療法	児童福祉法	障害者総合支援法	学校給食法	労働安全衛生法
給食サービス内容	1 年中，1 日 3 回	1 年中，1 日 3 回および間食	1 年中	1 年中，1 日 3 回および間食	長期休みを除く 1 年中，昼食	休日を除く毎日，昼食のみが多い
利用者	患者	施設入所の高齢者	18 歳未満の人	障害者	小・中学生	18 歳以上の健常者

【演習問題】

問1 特定給食施設の設置者が取り組むことで，利用者の適切な栄養管理につながるものである。誤っているのはどれか。1つ選べ。

（2023年国家試験）

(1) 利用者の身体状況を共有する多職種協働チームの設置
(2) 品温管理された食事を提供するための設備の導入
(3) 給食の生ごみのリサイクルの推進
(4) 施設の栄養管理システムのデジタル化の推進
(5) 衛生管理に関する責任者の指名

解答（3）

問2 健康増進法に基づく，特定給食施設と管理栄養士の配置に関する組合せである。最も適当なのはどれか。1つ選べ。　（2023年国家試験）
(1) 朝食，昼食，夕食の合計で300食を提供する児童自立支援施設
　　　　　　　　　　　── 配置しなければならない。
(2) 朝食300食，夕食300食を提供する学生寮
　　　　　　　　　　　── 配置しなければならない。
(3) 昼食400食を提供する学生食堂　── 配置しなければならない。
(4) 朝食150食，昼食450食，夕食150食を提供する事業所
　　　　　　　　　── 配置するよう努めなければならない。
(5) 1回300食を提供する病院
　　　　　　　　　── 配置するよう努めなければならない。

解答（4）

問3 健康増進法に基づき，管理栄養士を置かなければならない特定給食施設である。最も適当なのはどれか。1つ選べ。　（2022年国家試験）
(1) 3歳以上の児に昼食100食を提供する保育所
(2) 朝食，夕食でそれぞれ250食を提供する社員寮
(3) 朝食30食，昼食300食を提供する大学の学生食堂
(4) 朝食50食，昼食450食，夕食100食を提供する社員食堂
(5) 朝食，昼食，夕食合わせて800食を提供する病院

解答（5）

問4 特定給食施設において，定められた基準に従い適切な栄養管理を行わなければならないと，健康増進法により規定された者である。正しいのはどれか。1つ選べ。　（2018年国家試験）
(1) 施設の設置者
(2) 施設の施設長
(3) 施設の給食部門長
(4) 施設の管理栄養士
(5) 施設の調理長

解答（1）

2.1 経営管理の概要

2.1.1 経営管理の意義と目的

*1 **経営** 会社などの営利組織
や医療・福祉法人，行政などを
含む公共・非営利事業組織が目
標や成果を定め，人を使って生
産設備を用い経営資源を効率的
に活用し，目標を達成するため
のプロセスを指す。

*2 **経営管理** 事業を継続する
ために，各業務の計画や方針に
沿って管理し，統制することを
指す。

事業体全体の**経営**[*1]目標達成のためには，経営理念に基づいた経営目標や活動方針等が従業員に十分に理解され，各部門および個々の従業員が経営目標に基づいた計画の具現化に向けて継続的に取り組むことが重要となる。**経営管理**[*2]は，事業体の経営目標の効率的な達成を目指し，各部門の役割に基づいて設定された事業計画の進捗状況を把握し，状況に応じて調整や計画の軌道修正を行うことを指す。

管理栄養士・栄養士は組織の一員として，施設の経営目標・事業計画のもとで，経営管理を理解したうえで給食や栄養管理の業務において部門内の予算や費用，収入などを考慮した業務を行うことが求められる。

2.1.2 経営管理の機能と展開

(1) 経営管理の機能

経営管理の機能とは，経営目標の実現への進捗状況を総合的に評価する一連の活動のプロセスである。

*3 **管理** 本書では，根拠のあ
る基準や目標値に対し，良否を
判断することを指す。給食業務
では，衛生管理において大量調
理施設衛生管理マニュアルに示
す温度や濃度の基準をクリアし
ているかなどの判断を行うこと
を指す。

経営目標は組織内の各部門が一貫した考え方で展開できるよう，「目的」「目標」「活動方針」「戦略」に分解されて示されていることが多い。組織を構成する各部門の従業員は，与えられた権限の範囲内で，事業の目標や実施計画を立案し，経営者側の合意を得て実行する。経営管理では，一定期間実施した活動・事業の成果を，部門内および経営者が評価し，各層において業務改善や新しい戦略の検討，経営資源の調整などを繰り返すことで，各事業の管理・統制を行う。（図2.1）

(2) 経営管理の展開

経営管理の展開方法には，アンリ・ファヨール(Henri Fayol)が提唱した「管理の5つの要素」の利用が挙げられる。それは，すべての仕事には5つの要素があり，この**管理**[*3]の要素を実際の経営管理として実施す

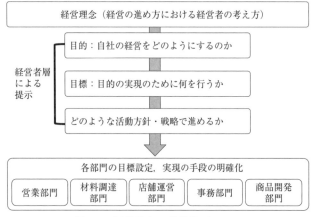

図2.1 経営理念の具現化プロセス

ることで大きな成果を期待することができると説いたものである。**図2.2**に示す経営管理の5つの要素は，「計画」「組織化」「指揮」「調整」「**統制**」[*1]である。目標に対する手順や仕様を「計画」し，その実現のために適切な能力の人材を集め仕事を分担するのが「組織化」である。「指揮」は組織ごとに人々を先導して従業員を動かすこと。「調整」は命令がどの程度進行しているかの報告を受け，途中で計画通りに進んでいるかどうかを数値目標や期間，状況等でチェックし，計画のずれは無いかなどの軌道修正を実施して進めるための要素である。「統制」は勢いに乗って突き進むとき，周囲が見えず確認しなければならないことを怠ってしまうことを避ける役割があり，全体を客観的に見て

総合的に進めることができる。この方法を簡単にして広く利用されているのがPDCA（Plan：計画，Do：実施，Check：評価，Action：改善）の**マネジメント**[*2]サイクルであり，管理栄養士の専門業務にも導入されている。

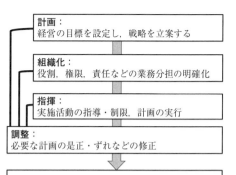

図2.2 経営管理の展開方法（管理原則の5機能）
出所）佐々木恒男編著：ファヨール，30-31，文眞堂（2011），Mirai Arch：https://www.miraiarch.jp/column/mgmt/fayol/#:~:text（2024.3.4）をもとに筆者作成

*1 **統制** 組織の方針を基準に，経営のプロセスに対して指示や制限を行い調整し，総合的にマネジメントをすることを指す。

*2 **マネジメント** 目標に到達するために業務上の問題点の原因を探り，対策を考え，行動することを指す。給食業務においては，問題の範囲は多様であり，一律な判断基準がないものも多い。問題を概念的に捉え本質を見極め，解決に向け行動することを指す。

(3) 経営管理の評価

マネジメントサイクルを用いて経営管理を行う際は，どのようなプロセスで効果を得たのか，その効率の良否を検証し評価する必要がある。経営評価は，企業内での内部評価だけではなく，第三者の客観的に評価した評価結果を判断材料とする。それぞれの評価は，企業イメージや品質の良い食事など定性的な指標と，採算性を評価する利益率などの定量的な指標を用いて行う。給食部門では，採算性だけでなく，品質（食事だけでなく健康改善状況やサービスを含む），利用者満足，衛生管理など多種類の業務に対する結果評価も取り入れたマネジメントサイクルを実施している。（表2.1）

2.1.3 給食運営業務の外部委託

(1) 業務の外部委託

事業体は多くの職種の人を雇用し，経営理念の実現に向けて資源を有効に活用し組織を機能させている。どの事業体でも自社の主たる業務に多くの人資源（従業員）を投入したいところである。病院であれば，医療に携わる専門職を多く雇用することで，優れた医療を提供することができる。病院の運営を正常に機能させるには，医療スタッフ以外にも多くの領域の

表2.1 経営管理の評価

用語	解説
マネジメントサイクル	企業・組織が計画した目的を達成するために，業務を効率的に進めるためのシステムを指す。PDCAサイクルは，マネジメントサイクルに含まれる一手法である。
内部評価	組織体内部で行われる自己評価を用いたマネジメント手法である。日々の業務をルールや基準などと比較して評価し，問題のある業務を見直すことで，効率的・効果的な業務を行うこと。
外部評価	内部評価を客観的に判断するために，第三者により内部評価を考察し，総括的な視点で評価を行うこと。
採算性	一定数の商品を製造して売った場合に，その売上が原価を上回っているか，赤字にならないかなど収支のつり合いの指標。

出所）カオナビ人事用語集編集部：https://www.kaonavi.jp/dictionary/management_cycle/#:~:text（2024.3.4），一般法人内部監査協会：https://www.iiajapan.com/leg/quality/#:~:text=（2024.3.4），一般法人福祉サービス評価センター：http://gukusisabisuhyoukasenta.jp/mittyaku.html（2024.3.4）をもとに筆者作成

人材を必要とするが，その人々の出退勤管理は煩雑である。外部委託は，各施設の業務の中で施設側職員ではない専門的な企業の人材がサポート業務を担う（アウトソーシング）ことで，施設側の職員が煩雑な作業から解放され，主力業務に集中できるという考え方に基づき広く行われるようになった。

業務委託に関する用語は，自社の業務から一部の業務を他社に代行してもらうことを**委託**[*1]といい，その業務を請け負うことを**受託**[*2]という。これらは企業間での契約で，業務を委託する側をクライアントと呼び，受託する側をコントラクターと呼ぶ。給食の場合，委託業務の範囲は，事業所給食に多く見られる調理・提供業務と洗浄業務など給食全般を委託する**全面委託**[*3]と，洗浄のみなど業務の一部を委託するなどの**部分委託**[*4]がある。

支払い契約の方法は給食施設の状況に応じ異なり，利用者数が多い学校給食や社員食堂では，総原価に利益を上乗せした「**食単価制契約**[*5]」が多い。また，利用者は少ないが給食の提供が必要な施設では，食単価制契約では利益が見込めないため，施設側が受託側に管理費を支払うことで給食を運営してもらう「**管理費制契約**[*6]」がある。「**補助金制契約**[*7]」は，社員に対する福利厚生費として１食の食事代金の一部を施設側が補助する方法である。

(2) 給食運営業務を委託する際のメリット，デメリット

給食運営業務を委託する際には，他社に業務を任せるため，委託先の理念，給食作りのノウハウ，従業員の質は未知の状態である。そのため，委託先の決定後も給食運営に向けた調理・提供システムの整備を要するため，給食運営業務から完全に手が離れるわけではない。

表2.2に給食業務を委託する際のメリット・デメリットを示した。

メリットでは人件費削減ができ，専門的な給食システム導入が可能となる。一方，長い目で見ると，給食作りのノウハウが施設側に伝承されず，施設側と受託側の連携がしづらくなりやすいことがデメリットとして挙げられる。この点に留意して委託化を検討する必要がある。

(3) 給食を委託する方針の考え方

給食業務を委託する際には，委託条件を提示し，複数の給食受託企業が入札で手をあげれば，施設側はその中から施設の理念を反映・共有できる企業に委託することになる。

給食の委託化では，経営者側からの給食運営費用の収支などから，給食業務委託を提案されることで

*1 **委託** 自社の運営に必要な業務を他社に代行してもらうこと。

*2 **受託** 委託依頼のあった業務を引き受け実施すること。

*3 **全面委託** 給食業務をすべて給食専門会社に委託すること。

*4 **部分委託** 洗浄のみや運搬のみなど，部分的な業務を委託すること。

*5 **食単価制契約** １食の食事単価を利用者が支払う契約方式。

*6 **管理費制契約** 委託側が一期間の運営費を定額の管理費として受託側に支払う契約方式。

*7 **補助金制契約** 委託側が食事代金の一部に補助金を支給しており，利用者がその残金を支払う契約方式。

表2.2　給食運営業務を委託する場合のメリット・デメリット

項目	対象	解　説
メリット	人	社員の負担軽減 正社員の給料などの固定費をパートなどの変動費に変換できる 人員のシフト調整が不要で業務の繁閑差の対応をする必要がない
	物	外部の専門的ノウハウや外部設備が活用できる 委託に向けて業務を整理するために，主たる業務が明確になる
デメリット	人	調理・提供システムの扱いや給食のノウハウの蓄積が伝承されない 委託側と受託側で連携がとりづらい
	物	業務の標準化作業の手間がかかる

出所）名倉秀子編著：給食経営管理論（第三版），14，学文社（2022）
　　　2ndlabo：給食委託とは？導入のメリットや直営との違いについても解説
　　　https://2ndlabo.com/article/466/（2024.3.3）をもとに筆者作成

検討が始まるケースが多い
が，給食部門の管理栄養
士・栄養士は，経営者側と
一緒により良い食事・サー
ビスが提供可能な受託会社
をパートナーとして選ぶこ
とが必要で，業務委託費が
低いだけで決めることは委
託後の苦労も多くなる。施
設の給食の適正な運営は，

表 2.3　給食を委託する際の具体的な目標例

資源	項目	内　　容
人	従業員	人材不足を解消したい，早朝出勤者を減らしたい。 食の考え方が合う企業に委託したい。
物	メニュー	衛生管理を徹底し，食事の品質は落としたくない。 完全調理品を活用したい。 きめ細かい食事対応のノウハウがある企業に委託したい。
物	食材	イベントでは地産地消の食材を積極的に利用したい。
物	仕組み	一部クックチルシステムを導入したい。 災害時の給食対応ノウハウのある企業に委託したい。
金	予算	適正な委託費用で委託したい。
時間	納期	食事提供時刻に間に合う運営スキルがある企業に委託したい。
その他	連携	相互のコミュニケーションで微調整など柔軟性がある企業に委託したい。

委託先が決まった時から，一緒に課題に取り組み，より良い方向へ継続的な
マネジメントサイクルを回すことである。

　給食受託企業の選定にあたっては，委託に関わる管理栄養士が自施設の給
食業務委託の方針を明確に示しておくと，経営者側との相談の際に専門家と
しての軸がぶれず，一貫した意向が伝わりやすくなる。

　1）現在の給食運営に関する課題

　2）委託するにあたり，どのような給食提供をしたいのか

　　① 施設サービスの理念(企業理念と同じ)を考慮し，どのような給食提供
　　　をしたいか(給食の哲学)

　　② 給食業務の委託により何を期待するのか

　また，給食を委託する場合の具体的な委託目標の項目を**表 2.3** に例示した。
自施設の状況から何を委託で実現したいか明らかにし，委託先を選定する。

2.2　給食とマーケティング

2.2.1　マーケティングの原理

　マーケティングとは，製品を一方的に売る(selling)のではなく，利用者の
求めることを十分理解したうえで，利用者に合った製品やサービスなどの価
値を提供することである。具体的には自然に手に取りたくなる，利用したく
なる。買おうと思う利用者の内側の願望を引き出し，製品やサービスとして
創造することで，対価を得る循環プロセスの総合的な活動を指す。

　マーケティングは，売れる仕組み作りであるが，営利を目的にする企業だ
けのものではない。現在では，行政や福祉法人など全般の組織が，利用者(給
食利用者など)や住民などに対する生活をよくするサービスの活動も含まれる。

2.2.2　給食におけるマーケティングの活用

(1) 利用者のニーズとウォンツを把握する

　給食を提供する事業における経営管理において，「利用者が求める必要性」

*1 ニーズ 生活する上で顕在
化した商品やサービスを求める
気持ちや要求のこと

*2 ウォンツ ニーズを満たす
ための潜在化（顧客が気付いて
いないことも含む）した商品や
サービスの欲求を指す。「あっ
たらいいな」と思うような商品
やサービスを指す。

*3 ベネフィット 利用者が商
品やサービスを利用（購入）する
ことで感じる利点（得られる利
益）などを指す。

*4 対価 製品（食事）やサービ
スの価値に見合った報酬として，
受け取るもので，本章では給食
を利用した際の価値に対する料
金を指す。

を給食の価値（**ニーズ**[*1]と**ウォンツ**[*2]）として念入りに考え，応え続けなければならない。

ニーズは本来必要となるものであり顕在化した必要性であり，ウォンツは潜在的な必要性や欲求を指している。食事提供は空腹を満たすというニーズを充足させるが，その際，利用者が気づかない欲求も得られる仕組みを作れば，利用者は提供された商品やサービスにより満足を高めることも可能である。給食の満足感は，空腹感から始まり，食事を目の前にした際に視覚的なおいしさを感じ，実際に期待通り，または期待を上回る味に**ベネフィット**[*3]を実感する。加えて食の満足感は，人に話したくなることが多く，家族など身近な人と共有することで利用者本人だけでなく家族にも心の安定や平穏などにつながる。おいしい食事，食べたい食事品質は，ニーズを超えウォンツとなる。

利用者は良いサービスに対して価値（満足・感謝・信頼など）を認識することで，そのサービスの**対価**[*4]を支払う。高くても満足のゆくものは売れる。給食では，利用者が求めるニーズやウォンツをよく分析して，既存のサービス方法だけでなく，給食の継続利用につながるサイクルのマーケティングとして業務を行う必要がある。。

（2）マーケティングプロセス

マーケティングプロセスは，どのような対象にどのような商品やサービスを提供したらよいかを手順にそって考えるプロセスである。**図2.3**はマーケティングプロセスを用いた例である。

1）環境分析

① マクロ環境の分析方法の一つである PEST 分析により，Politics（政治），Economy（経済），Society（社会），Technology（技術）の要素から自社を取り巻く外部環境が，現在もしくは将来的に自社にどのような影響を与えるかを把握・予測する。給食の領域では，料理，食材，食文化のトレンドやその他注目されている情報を収集することが挙げられる。

② ミクロ（業界）環境の分析方法の 3C 分析は，Customer（顧客），Company（自社），Competitor（競争相手）の要素から，外部の事業者と自社の状況を客観的に把握し，戦略の方向性を見つける。自社の提供可能な食材において地域の生産業者とのつながりが強く，食材調達上の欠品リスクが低く，また地場の食文化をメニューに展開するなどの特徴があれば，競合他社に対して優位な強みとなりうる。

③ 前述の①②の分析結果をもとに，自社の外部環境・内部環境を総合的に把握・分析する方法として，SWOT 分析が挙げられる。内部環境を強み（Strength），弱み（Weakness）に，外部環境を機会（Opportunity），脅威（Threat）の 4

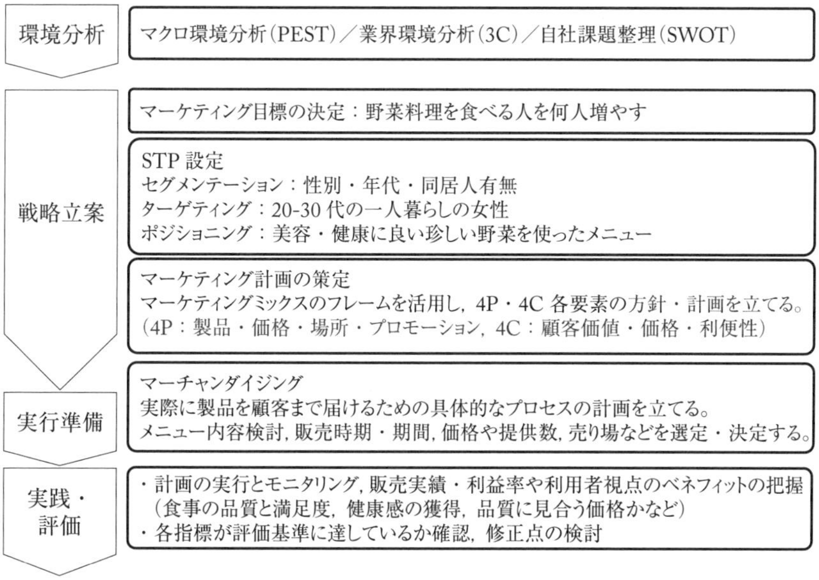

環境分析	マクロ環境分析（PEST）／業界環境分析（3C）／自社課題整理（SWOT）

戦略立案	マーケティング目標の決定：野菜料理を食べる人を何人増やす
	STP 設定 セグメンテーション：性別・年代・同居人有無 ターゲティング：20-30 代の一人暮らしの女性 ポジショニング：美容・健康に良い珍しい野菜を使ったメニュー
	マーケティング計画の策定 マーケティングミックスのフレームを活用し，4P・4C 各要素の方針・計画を立てる。 （4P：製品・価格・場所・プロモーション，4C：顧客価値・価格・利便性）

| 実行準備 | マーチャンダイジング
実際に製品を顧客まで届けるための具体的なプロセスの計画を立てる。
メニュー内容検討，販売時期・期間，価格や提供数，売り場などを選定・決定する。 |

| 実践・評価 | ・計画の実行とモニタリング，販売実績・利益率や利用者視点のベネフィットの把握
　（食事の品質と満足度，健康感の獲得，品質に見合う価格かなど）
・各指標が評価基準に達しているか確認，修正点の検討 |

図 2.3　マーケティングプロセス事例

出所）名倉秀子編著：給食経営管理論（第三版），25，学文社（2022）
中村崇，マーケティングリサーチとデータ分析の基本，30-37，すばる舎（2018）
DENTSU MACROMILL INSIGHThttps://www.dm-insight.jp/column/marketing3/?doing_wp_cron=170
2190351.5040299892425537109375#i-6（2023.12.11）をもとに筆者作成

要素に分類し，分析を行う。強み・弱みはブランド力や技術力・ノウハウの豊富さ等の自社の経営資源のうち競合と比べて優位なもの・劣位なものを分析する。機会・脅威はマクロ・ミクロの観点で，外部環境により自社に及ぼされる可能性のある機会と脅威を分析する。要素の例としては原材料の高騰や人材不足，競合の撤退などが考えられる。

2）　マーケティング戦略の立案

　環境分析により得られた結果から，具体的なマーケティング戦略の設定を行っていく。① マーケティング活動全体の目標を設定し，② STP 分析および ③ マーケティング・ミックスなどのフレームワークを活用し，詳細なマーケティング戦略を立案していく。

① マーケティング活動全体の目標設定

　マーケティング戦略立案時，まずマーケティング活動の方向性や最終ゴールを示す目標を設定する。目標を設定することで，達成のために取り組むべきことが明確になり，効率的な計画の策定・実行が可能となる。

　目標を設定する際には，具体的か（何を，どう変化させる），測定可能か（定量的に達成度を測れる），達成可能か（高すぎない）の点に留意する。

② STP 分析

・セグメンテーション（Segmentation）

　世の中には多くの人が生活しており，自社のサービスを必要とする人々が

存在する。マーケティングリサーチ等で把握した状況なども踏まえ，特定の属性(この場合では性別，年代，同居する人の有無など)で集団を分類することを指す。給食施設では目先の利用者だけでなく，継続的に運営しているので潜在的に利用者となる人が存在していることをイメージして分類(セグメント化)すると良い。

・**ターゲティング**(Targeting)

セグメント化し，小集団に分類した利用者に対し，その特徴を踏まえてどのようなアプローチができるか，セグメンテーションで分類した対象をさらにターゲティングで属性を 20 ～ 30 代など絞り込むことを指す。

・**ポジショニング**(Positioning)

自社の立ち位置や優れている部分を決め，ターゲティングした対象が自施設の給食やサービスを利用するように，対象のニーズを細分化し，「美容・健康に良い珍しい野菜を使ったメニュー」などと，対象に向けて価値や魅力を明確にすることを指す。

③ **マーケティング・ミックス**

理想的な顧客の購買行動につながるような製品やサービスを検討する際に使用するマーケティングフレームワークやツールを指す。

マーケティング・ミックスには，売り手側の視点と買い手側の視点がある(**表 2.4**)。売り手側の視点には，「マーケティングの 4P」の製品・価格・場所・広告が代表される。買い手側の視点では，「マーケティングの 4C」とされる顧客側からの価値・顧客から見たコスト・利便性・コミュニケーションとなる。

これらを組み合わせて製品やサービスのアウトラインを構築する。

3) **実行準備**

実際の販売に向け，改めてどのように市場に提供するか目標を設定し，商品化計画(マーチャンダイジング)を行い実行することを指す。商品化計画は製造，

表 2.4　マーケティング・ミックス

売り手側の視点 4P		利用者側の視点 4C	
項　目	内　容	項　目	内　容
製品 (Product)	品質がよい	顧客の価値 (Consumer)	ベネフィットが高い 楽しい，優越感
価格 (Price)	コストに見合った価格 販売数に見合った価格 他社にできない価格	顧客コスト (Customer cost)	利用者負担の費用 お手軽価格
場所・流通 (Place)	どこで知ってもらうか どこで知らせるか どこで売るか	利便性 (Convenience)	利用者の利便性 販売エリア，デリバリー
広告 (Promotion)	SNS ポスター コマーシャル	コミュニケーション (Communication)	情報流通 双方向コミュニケーション 接遇

出所) 名倉秀子編著：給食経営管理論(第三版)，21．学文社(2022)をもとに筆者改変

価格，流通，提供数量や売り方などを具体的に計画することである。食事の販売という観点からみると，提供メニューのマンネリは飽きられる。頻繁にメニューを入れ替えるのは人材教育や人手の確保，予算が必要で実施困難な場合もある。どのタイミングでどのように知らせ方見せ方を工夫して，どのくらいの提供期間でメニューを入れ替えるかなどの販売戦略の目標設定を行い，実施することが必要である。

4）実践・評価

上記の戦略の立案を経て，製品・サービスを実行する際には，想定通りに進行しているか評価および管理(コントロール)を行う。評価の指標として，モニタリングの計画や良否を判断する基準(管理基準)，作業時間，利用率，収益率などの基準を設定し，基準とのずれや問題が発生した際には，モニタリング内容の記録から計画の再評価を行うなど，継続的にマネジメントサイクルに沿って管理を行う。

2.3 給食システム

2.3.1 給食システムの概念

給食経営管理の構造を理解する際には，各業務をシステム(仕組み)で理解することが好ましい。システムとは，ある特定の目的を達成するために人為的に配列され，関係づけられた諸能力の集合であることから，業務ごとに目的を設定し，結果を得るために何を構築したらよいか，樹形図やフローで考えることもできる。

2.3.2 トータルシステムとサブシステム

給食施設が目標に沿って食事提供や栄養管理業務を行う際には，目的を達成するために相互に作用し合う考え方を管理業務で区分した「トータルシステム・サブシステム」の考え方がある(表2.5)。トータルシステムは給食施設の食事提供と管理栄養士の食を通した栄養指導業務の総合システムの考え方であり，直接管理栄養士業務に関係する管理業務(栄養・食事管理，品質管理，食材管理，衛生・安全管理，生産管理，提供サービス管理)と，これらを支援する管理業務(経営管理，組織管理・人事，会計・原価管理，事務・

表2.5 トータルシステムとサブシステム

		サブシステム名	業務内容(例)
トータルシステム	支援システム	経営管理	組織全体の管理・統制，マネジメント
		組織・人事管理	適正人員配置，勤務時間の調整，教育研修
		会計・原価管理	適正支出管理，予算や収支の確認
		事務・情報管理	帳票管理，IT管理，監査対策
		施設・設備管理	施設・設備メンテナンス，保守，備品管理
	実働システム	栄養・食事管理	栄養アセスメント，給与栄養目標量設定，献立管理，栄養管理報告書作成
		食材管理	食材調達・食材日計表など帳簿管理，在庫管理
		衛生・安全管理	大量調理施設衛生管理マニュアルに沿った業務実施，記録管理，安全管理
		生産管理	指定の時刻に料理を生産，配膳
		提供サービス管理	食事時刻に指定の食事を配食，接遇，
		品質管理	品質基準の設定，嗜好調査・喫食調査の実施

出所）三好恵子，山部秀子編著：給食経営管理論(第5版)，22，第一出版(2023)をもとに筆者改変

情報管理，施設・設備管理）の 2 つで構成されている。前者の管理栄養士の主たる業務は実働システム，後者は支援システムと呼ぶ。この 2 つを構成する複数の管理業務を，サブシステムという。

　一つのサブシステムは，それぞれの管理業務の目的を達成するための機能を有しており，部分最適な状態で実行されている。給食では栄養アセスメントや献立作成などの栄養食事管理が機能すれば，関連して食材管理，生産管理，提供管理の業務が連動して機能するような作業の流れになる。合わせてどの業務にも給食の資源である人・物・金・情報に関する支援システムとして従業員に関する人事・組織管理，給料や調達に関連する会計・原価管理，事務・情報管理，厨房機器など施設・設備管理の機能が連動する。

　これらの各サブシステムの機能が給食の目的を達成する機能として相互につながったものをトータルシステムという。

2.4　給食経営と組織
2.4.1　組織の構築
(1)　組織が機能するためのルール

　経営理念の実現や企業理念を，具体的に業務として進めることは，決して 1 人ではできるものではない。組織は，各異なる専門性の業務組織間やそれぞれの従業員間が連携して機能するための仕組みをつくる必要がある。**表 2.6** に組織を作る時の基本となる組織の原則（ルール）を示した。これらを基に組織に階層構造を形作り，機能させることで，経営理念を理解した業務が実現する。

　階層性の原則：一般的な組織の構造形態として，トップからローワーカーに至るまで明確に権限や責任を規定したピラミッド型の構造がある。この階層に基づき上司から部下に指示・命令がなされ，組織全体の業務が遂行されるべきという考え方である。

　命令の一元化の原則：職務上の指示・命令は，複数の上司から異なる指示・命令を受けると，作業者に混乱が生じることがあるため，常に 1 人の上司から受けるべきという考え方である。

　管理・監督の原則：組織が大きくなると上司の

*ファヨールの提唱する「管理の一般原則」では，組織管理に重要な項目として 14 の原則をあげている。

表 2.6　組織管理の原則*

名　称	内　容
階層性の原則	組織の人的構造には，ピラミッド型の組織があり，上級管理者層から作業者層において上下関係が成立している。組織内では上司の指示に従う。
命令の一元化の原則	職務上の指示・命令は，常に 1 人の上司から部下に行われ，報告は指示・命令された上司に行う。
管理・監督の原則	1 人の管理者が効率よく部下を管理できる人数を制限したもので，3〜6 名が適当といわれる。上司の能力，部下の能力，仕事の性質・管理方法により管理の人数は異なる。
権限移譲の原則	部下に職務を任せる際には，職務に発生する権限を移譲し，業務を委任する。
専門化の原則	専門的な業務は分業し，生産性の向上を図る。

出所）名倉秀子編著：給食経営管理論（第三版），10，学文社（2022）
　　　佐々木恒男編著：ファヨール，35-42，文眞堂（2011）
　　　Accounting & Auditing：森智幸公認会計士・税理士事務所所長森智幸のブログ
　　　https://tomoyuki-cpa.blogspot.com/2018/08/blog-post_18.html（2024.3.3）をもとに筆者改変

管理・監督可能な人数も多くなるが，1人
の上司の管理・監督能力には限界があると
いう考え方である。

権限移譲の原則：部下に業務を任せる際
には，同時に権限も委譲しておく必要があ
るという考え方である。

専門化の原則：さまざまな業務は専門的
であるため，病院などでは営業，事務，栄
養などの専門的部門に分業して生産性を向
上するべきという考え方である。

(2) 組織の階層構造と各役割

一般的に組織の人的階層構造(**表 2.7**)は，
上級経営者(トップ・マネジメント)をトップ

表 2.7　組織の人的構造と役割

職　位	意思決定の業務範囲	目標設定の範囲
上級管理者層 (トップ・マネジメント) 社長，取締役，施設長	企業全体の経営の方向性や戦略の意思決定	長期
中間管理者層 (ミドル・マネジメント) 部長，課長，科長	各部門間管理や部門経営の目標達成や調整などの意思決定	中期・短期
管理・監督者層 (ローワー・マネジメント) 係長，主任，班長	部門内作業者の日常業務管理に関する活動管理や相談・指導などの意思決定	短期
現場の作業者層 (ローワーカー) 一般社員 調理員	自らの業務の質(早く正確に効率よく良い品質)向上，新入社員の知識・技術支援に関する意思決定	毎日

出所)　名倉秀子編著：給食経営管理論(第三版)，10，学文社(2022)をもとに筆者改変

として，中間管理者層(ミドル・マネジメント)，管理・監督者層(ローワー・マネ
ジメント)，現場の作業者層(ローワーカー)で構成されている。この階層には，
社長，取締役，施設長をトップとして部長・課長・係長などの名称で職位の
制度がある。指揮命令は，社長，取締役，施設長から複数の部門の部長や課
(科)長へ，各部門の部長，課(科)長から係長や主任へ伝えられる。現場では，
多くの作業者をチームなどの小集団に分けて数人の主任・係長が一般社員や
調理員などの管理・監督を行う方法で，多くの部下は上司の指揮に従い業務
を行う。

各階層の役割は，上級管理者層は組織全体の進路の方向付けや重点分野を
決定し，将来構想では5〜10年の大きな方向性を示す。中間管理者層では
長期構想を受け，3年から5年の各部門で目標達成の戦略の策定を行う。管
理栄養士のポジションとして多く見られる管理・監督者層は，単年度で業務
効率の向上などの現場を対象とした目標設定や実施などの意思決定を担うこ
とが多い。また，現場の作業者も毎日の作業方法のスキルアップなど，各自
の活動管理を行う。各階層メンバーは，それぞれマネジメントサイクル
(PDCA)を回しながら業務を進める。経営者は，長期計画に向けて中期・短
期の軌道を調整しながら経営機能を統制する。

(3) 組織の種類

組織は人と仕事をつなげるためのシステム構造であり，組織の構造は各組
織の目的とする機能により異なる。各事業体はこれらの特徴を考慮した組織
が構築されている。(**図 2.4**)

1) ライン組織

組織のトップから部下に指揮命令の系統が一貫している組織を指す。経営

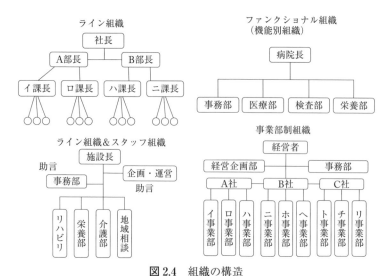

図 2.4　組織の構造

出所）名倉秀子編著：給食経営管理論(第三版)，15，学文社(2022)
　　　ゆうゆうぶろぐ：https://life-is-yuyu.com/consultant/business-management/function-divisional/
　　　(2024.3.4)をもとに筆者加筆

者層である社長の下に部長，課長，係長，一般社員となっており，命令は指揮したものに報告する命令の一元化で指示命令・調整・統制機能が維持されている。比較的小規模であれば上司は命令と報告が対応できるが，「管理・監督の原則」の示す1人あたりの部下の人数に上限があるため大規模な組織の場合，この機能の維持は難しくなる。

2)　ライン&スタッフ組織

ライン組織など主たる業務のメンバーを「命令の一元化」で管理する組織に事務部門がサポートするようについている組織である。病院の栄養部門の例では，主力の栄養管理や給食管理業務にスタッフ組織として事務担当部門が付いている構造である。栄養部門も事務部門も専門領域は異なるので，「専門化の原則」の利点を取り入れている構造である。

3)　ファンクショナル組織（職能別組織）

職能や業務別に組織があり，職能ごとに管理・監督者が配置されている。それぞれの管理者は，職能に応じて他部門の部下に指示を行うことができるので，専門能力を最大限利用できる。各組織が専門集団であるため，部門ごとに別々の目標があり，全体の目標についての意思決定が遅くなりやすく，情報共有がしづらい傾向がある。

4)　事業部制組織

各事業部は製品別や地域別など，1つの組織が，独立採算制で経営責任も事業体(部)ごとに決まった，いわば各事業部門が連携した構造になっている。各事業部の意思決定が早く，地域に根差した事業も可能である。一方で事業

部ごとの足並みが揃わない・統制がとりづらくなる場合もある。

2.4.2 給食組織と関連分野との連携

(1) 連携の必要性

　給食の運営において安定した経営の下に利用者の期待に沿った食事を提供するには，各サブシステムを運用する従業員・組織が同じ目的に向け連携した業務を遂行する必要がある。連携の範囲は，部門内にとどまらず，部門間，外部まで及ぶ。業務の目的達成に向けて各サブシステムの進行を共有・確認し，相互に連絡・相談ができる仕組みにより，連携が可能になる。

　給食のサブシステムである栄養・食事管理は，栄養アセスメントによる個人の必要量や，集団の給与栄養目標量の設定を行い，予定の栄養補給が可能な献立を作成する。献立を食事として提供するには，食材管理，生産管理，衛生・安全管理，提供サービス管理の各サブシステムの運用および連携により，食事が提供される。

　管理栄養士が担う栄養・食事管理と他サブシステムとの連携の例としては，調理時の詳細な仕様(切り方・軟らかさの目安，衛生面やアレルギー事故防止のための注意点，盛付方法)の伝達や，食事提供後の利用者の喫食状況の共有など，献立計画～評価までの各工程で他サブシステム担当者と相互に情報を共有・連携をする。

(2) 関連分野との連携

　関連分野との連携では，他業種の技術・専門的ノウハウを活用することで給食業務の効率化や給食の品質向上が可能となる。例としては，医療・介護施設の給食業務では食材料の下処理，および食形態対応や配膳・配食作業に時間を要するために労働生産性が低い。そこで厨房設計の関連分野と連携し，専門的なアドバイスを受け，計画的に前倒し日程で調理を行うクックチルシステムや，配膳まで行うニュークックチルシステム等の効率的な給食システムを導入することなどが挙げられる。

2.4.3 リーダーシップとマネジメント

　リーダーの指示にメンバーが従う組織のルール(命令の一元化)は，メンバー間のコミュニケーションが円滑になされていることで成立する。リーダーにはメンバーの能力を信頼して業務を主導するリーダーシップ(統率力・指導力)，メンバーにはリーダーを信頼し組織やチームのため主体的に行動するフォロワーシップが求められる。

　リーダーには，リーダーシップのほかに，組織の目標達成に向けメンバーに成果を上げさせるための方法を考えて指示をだし，事業計画では想定されていなかった現象や問題を解決し，滞った業務を正常に進めるなどのマネジメント能力も求められる。対してフォロワーシップは，メンバーがリーダー

*1 **材料費** 直接材料費は料理に使った食品(穀類,肉類,魚介類,野菜類,果物類,油脂類,調味香辛料など)の費用と,間接材料費の料理に間接的な食品以外の品(アルミカップ,竹串,爪楊枝,バランなど)の費用である。

*2 **人件費** 直接人件費は給食従事者の給料・賃金などの費用と,間接人件費は食事配送,使用済み食器の回収,洗浄作業など間接業務担当者の給料・賃金などの費用である。

*3 **経費** 直接経費は調理のための光熱水費,減価償却費(設備等),修繕費,衛生管理費(腸内細菌費用,健康診断費),食器洗浄剤などの費用と,間接経費では手洗い用洗剤・消毒剤,作業衣・クリーニングの費用などである。

からの業務指示を円滑に実行するため積極的に仕事を遂行する自身の行動力である。メンバーは,リーダーの指示に従って取り組むだけでなく,時にはリーダーと議論するなど主体的な働き方に加え,チームで取り組む業務に対し,チーム一体となって働くためにメンバー同士も働きかけ合う協働性も必要である。

2.5 給食の資源と管理

給食経営の資源には,人,物,金,情報,時間,知的財産がある(p.3 参照)。ここでは,金的資源の給食の原価管理や財務諸表および人的資源の人事管理,情報的資源の事務管理について説明する。

2.5.1 給食の原価構成と収支構造

(1) 給食の原価(Cost)

原価は,給食の製造・販売やサービスを行う際にかかる費用(金額)を示し,原価の三要素である「材料費」「人件費(労務費)」「経費」と販売費,一般管理費を含めて総原価という。また,給食製造との関連による分類では,直接費と間接費に分けられ,給食の原価(製造原価)は,**表2.8** の6分類になる。

(2) 給食の原価構成

原価構成は,**図 2.5** の原価の構成(給食)に示すように,料理原価の製造直接費(材料費+人件費+管理費)と間接費の製造間接費(材料費+人件費+管理費)を合わせて給食原価となり,さらに一般管理費,販売費を加えて総原価の給食費となる。なお,利益を必要とする事業体では,総原価に利益を加えて販売価格とする。また,割り箸などは製造直接費(直接経費)か間接材料費かに,絶対的決まりはなく,各給食施設の分類に従うとよい。

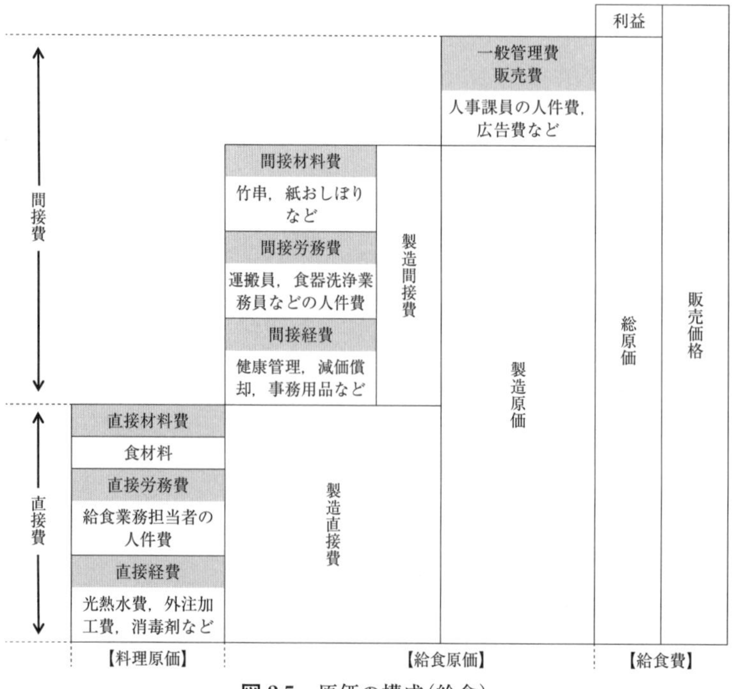

(3) 給食の収支構造

1) 収入と支出

給食費といわれる給食の収入は,施設に関連する法令な

表2.8 給食の原価の分類と名称

分類		給食製造との関連による	
		直接費	間接費
形態別	材料費*1	直接材料費	間接材料費
	人件費*2	直接人件費	間接人件費
	経費*3	直接経費	間接経費

図2.5 原価の構成(給食)

どによりさまざまである。給食の施設名と収入源および本書の関連ページを**表2.9**に示した。利用者が負担する費用は，原価の三要素である食材費，人件費，管理費の一部分に充てる場合と全ての場合がある。例えば，学校給食の場合では，利用者の負担する給食費が食材費になり，人件費や管理費などは公費として各自治体が負担している。

表2.9　給食の施設名と収入源について

給食の施設名	収入の主な根拠	関連ページ
医療施設(病院など)	保険負担＋自己負担 入院時食事療養制度	pp.114 〜 129
高齢者施設(養護老人ホームなど)	入所者負担(老人福祉法)	pp.129 〜 137
学校(公立)*1	保護者の自己負担 (食材料費)	pp.152 〜 161
保育所・認定こども園*2	保護者の自己負担 (食材料費)(児童福祉法)	pp.137 〜 146
事業所給食(社員食堂)*3	自己負担 (福利厚生として)	pp.161 〜 168
障害者支援施設	利用者負担 (障害者総合支援法)	8.4

また，支出では製造原価をそれぞれ製造直接費と製造間接費にわけ，原価の三要素をそれぞれ確認して集計し，さらに一般管理費，販売費をそれぞれ把握することが求められる。

2.5.2　給食の原価管理

原価管理は，給食の生産，提供，販売にかかる原価を管理することで，給食の原価の三要素が適正な原価であるかを常に把握し，給食の品質を保持しながら無駄なコストを削減するために，作業システムや設備投資などの改善策を検討，実行することである。特に給食の総原価における直接製造費の材料費の割合は，多く占めるといわれる。材料の良し悪しは，給食の品質に関わるため，常に市場の情報を得，納品業者とのコミュニケーションを良好に保ちながら，利用者の期待に応える給食の原価管理を行うことが求められる。

原価管理の目的は，**財務会計**[*4]としての財務諸表の作成と，**管理会計**[*5]としての経営管理の原価情報を提供することで，給食経営管理としては主に管理会計の資料として使用することが多い。

(1)　管理会計のための原価計算

①　原価計算

原価計算の際に必要な帳票類について，材料費は発注伝票・請求書，食品消費日計表，献立表，食数表など，人件費は給与などの関連書類，業務日誌，勤務簿など，経費では施設設備の台帳，光熱水費記録，衛生検査台帳，消耗品購入台帳などを基に，各月，あるいは決算期ごとに行い，前月や前年同月比較，構成比率の推移などを検討する。

例えば，食材管理の視点における原価計算では，食材料の発注，購入，検収，保管の一連の流れに，問題点がなかったか検討される。食材料費について，食品群別，または個別，日や週，月など期間別に算出する。次に，価格の検討のために，食品群別，期間別の食材料費の比較，予定献立と実施献立の食材料費の比較などを行う。予定献立よりも実施献立の食材料費が上回っ

*1　**学校**では，近年，食材料費の無償化が提案され，令和4年度に3割の自治体で無償化を実施している(日本農業新聞)。

*2　**保育所**などでは，食材料費の一部である主食費を自治体で，副食費は保護者負担を実施している自治体もあるが，家庭環境によりさまざまである。

*3　**事業所給食**では，直接費が自己負担で，間接費を事業所側が負担していたが，近年は間接費の一部も自己負担が多くなっている。

*4　**財務会計**　株主，債権者，取引先，投資家などの企業外部の利害関係者に対して，企業の実態を公正に伝えることを目的として営まれる会計で，商法や税法などの諸法規に基づいて行われ，財務諸表を作成し，株主総会で承認を得た後に外部へ公開することが義務づけられている。投資家や取引先は，この財務諸表の情報をもとに企業の実態を分析し，投資や取引の判断をする。

*5　**管理会計**　企業の状態を定量的に把握し，経営者が戦略立案や経営計画の策定を行ったり，組織や人の業績評価を行ったりするための材料として利用することを目的とした会計。

た場合には，原因の究明と，その改善策を検討する。食材の廃棄率も検討する。実際の廃棄率が見込みを大きく上回ると，食材料費に影響するだけでなく，廃棄物も増加し，その処分費もかさむことになるからである。また，使用頻度の高い食材や，生鮮食品のように価格変動の大きい食材については，出回り期や市場価格を調査し，価格変動を予測して適正価格を把握することが必要である。

② 原価の評価

原価評価では，材料費，人件費，経費などの原価計算を基に，それぞれの原価について適正かどうかを評価する。その際に，標準原価(これまでの実績を基に計算した給食の原価)を求めておき，実際原価(実際に給食を提供するための原価)と比較して，コストに無駄がないかどうか検討していく ABC 分析方法などがある。また，原価を固定費と変動費に分けて算出する直接原価計算により評価する損益分岐点分析がある。

ABC 分析は，給食製造に大きな影響を与えるものから順に A，B，C とランク付けし，A を最も重点的に管理し，B，C とだんだん管理精度を粗くしてゆく手法を **ABC 分析**(ABC 管理，ABC analysis)という。食材の在庫管理などを例に示す。まず，食材別に一定期間内の使用金額を集計し，材料の総使用金額に占める割合(食材料費比率)を算出する。そして，食材料費比率の最も大きい食材から順に並べ，グラフ用紙の縦軸に食材料費累積比率を，横軸に食材名をプロットする。食材費累積比率 75 %までを占める食材を A グループ，75 〜 95 %を占める食材を B グループ，95 〜 100 %を占める食材を C グループとする(図 2.6)。ただし，この累積比率の分類については決まりがなく，分析する対象の種類や性質等によって相違する場合がある。A グループに属

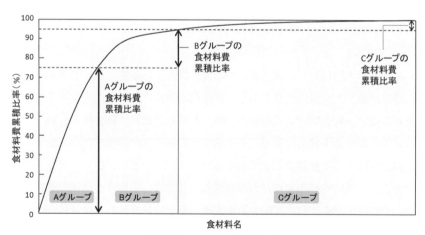

累計比率75%までを占める食材：Aグループ
75%〜 95%を占める食材：Bグループ
95%〜100%を占める食材：Cグループ

図 2.6　食材料費の ABC 分析

する食材は，食材料費全体に及ぼす影響が大きいので，重点的に管理することで経費の効率的節減が可能となる。

また，人件費と関係の深い労働生産性(labor productivity)の考え方を示す。給食において経営管理の評価として用いられる労働生産性は，単位労働力あたりの生産量を示すもので，調理従事者1人または1人1時間当たりに提供可能な食数あるいは料理数などで表わす。また，1食当たりの労働時間数や従事者数を算出することもできる(表2.10)。労働生産性が高いと，効率の良い生産ができたといえる。一方，労働生産性が低ければ，作業時間が延びて人件費が高くなり，給食の原価も上がるので，販売価格の値上げにつながり，価格が一定の場合は利益幅が減少し，給食を運営する上で支障をきたす。

損益分岐点分析は，売上高(収益)と総費用(支出)がちょうど等しくなり，利益がゼロとなる分岐点を得て，その時の売上高(販売数)を把握・分析することである(図2.7)。これを知ることは，損益が予測でき，一定のコストで利益を出すために最低限必要な売上高，一定の売上高で利益を出すために必要なコスト削減の金額などが推測できる。給食ではコスト構造を把握し，経営計画に置いてその収益性を予測するために，損益分岐点分析を行い，損益分岐点を低くする対策を検討する。そのために，**固定費**[*1]と**変動費**[*2]に費用を分類する。

表 2.10 労働生産性の算出

労働生産性(単位)	計算式
従事者1人当たりの食数(食／人)	食数／従事者数
従事者1人当たりの売上高(円／人)	売上高／従事者数
従事者1人当たりの労働時間数(時間／人)	労働時間数／従事者数
1時間当たりの提供食数(食／時間)	提供食数／労働時間数
1食当たりの従事者数(人／食)	従事者数／提供食数

従業者数＝フルタイム従事者数＋換算フルタイム従事者数
換算フルタイム従事者数＝(フルタイム従事者の早出・残業時間数＋パートタイム従事者の就業総時間)／フルタイム従事者の基準労働時間

[*1] **固定費** 食数(給食売上高)に関係なく必要な費用のことで，正社員の給料，光熱水費の基本料，施設設備費など。

[*2] **変動費** 食数(給食売上高)に応じて増減する費用のことで，食材料費，消耗品費，光熱水費の従量料金，臨時社員の給料など。

[*3] **変動費率** 変動費÷売上高

【損益分岐点の求め方】

売上高が1,200万円，固定費が400万円，変動費が600万円の場合，

① **計算式で求める**

a 損益分岐点売上高＝固定費÷(1－**変動費率**[*3])

b **変動費率** 600万÷1,200万＝0.5なので，400万円÷(1－0.5)＝800万円となり，損益分岐点売上高は800万円となる。

② **図を作成し求める**

c 縦軸に費用，横軸に売上高を配し，同じ金額を単位とした正方形をつくる。

d 基点(0点)からX＝Yとなる売上高線を引く(正方形の対角線となる。)

e 売上高1,200万円と固定費400万円の関係から(A)と(B)を定める。

f 売上高1,200万円と変動費600万円の関係から(C)を定める。変動費は固定費に上乗せする。

g (B)と(C)を結ぶ総費用線と売上高線との交点(D)が損益分岐点となり，損益分岐点売上高は800万円となる。損益分岐点比率は，損益分岐点

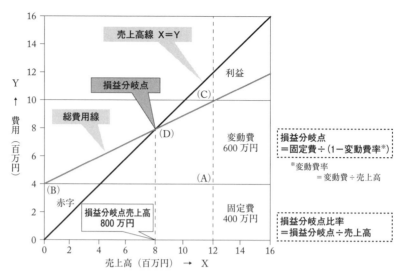

図 2.7　損益分岐図

出所）名倉秀子：給食経営管理論（第三版），学文社（2022）

売上高が実際の売上高の何パーセントに当たるかを示す数値で，（損益分岐点÷売上高）× 100 ％で示される。この損益分岐点比率が低いほど収益が高いと，不況にも強い。一般的に，70 ％未満が優，70 〜 79 ％が良，80 〜 90 ％が可，90 ％超が不可としている。

(2) 財務会計のための財務諸表

財務諸表は，財務三表といわれる貸借対照表，損益計算書，キャッシュフロー計算書がある。

1) 貸借対照表（B/S：balance sheet）

貸借対照表は，企業の決算日の財政状態を示し，資金の調達先と運用形態を示すものである。右側の「負債・純資産の部」（貸方）が資金調達先，左側の「資産の部」（借方）が資金運用形態を示す。両方が必ず釣り合うようになるのでバランスシートという。資金の調達は，返済を必要とする他人資本と，返済を必要としない自己資本がある。資産は，利益を生み出すために必要な資金や物で，資金は現金化しやすい。負債は，第三者への返済義務をもつ債務のことである。純資産は，企業利益の蓄積と投資家から集めた資金である。

純資本＝資産−負債である。

自己資本比率（自己資本÷総資産）や流動比率（流動資産÷流動負債）が高いと経営は安全である。一般に自己資本比率，流動比率は，40 ％以上をめざし，理想は 70 ％である。また，流動比率の理想は 200 ％といわれるが，現状での多くは，120 〜 170 ％である。

① **流動資産**：1 年以内に現金化を予定する資産。主に当座資産（短期に資金

化できる）と棚卸資産（営業・販売などをしなければ資金化できない）である。棚卸資産は，在庫商品が消費者・利用者のニーズに対応できなくなると資金化できない場合がある。極端に多いのはよくない。

② **固定資産**：生産・営業活動の基盤で，長期にわたって使用，保有できる資産で，主に有形固定資産と無形固定資産がある。

③ **繰延資産**：流動資産にも固定資産にもならない資産で，損益計算上は費用として処理されるが，費用として支出の

資産の部		負債・純資産の部		
流動資産	当座資産（現金，預金，受取手形，売掛金など）棚卸資産	負債	流動負債	支払手形 買掛金 短期借入金
固定資産	建物 機械装置 土地 投資有価証券		固定負債	長期借入金 評価・換算差額等 新株予約権 少数株主持分
繰延資産	創立費 開業費 開発費 新株発行費 社債発行費	純資産	純資産	株主資本 評価・換算差額等 新株予約権 少数株主持分

資産の運用 ⌣　　　　資金の調達 ⌣

図 2.8　貸借対照表

出所）韓順子，大中佳子：給食経営管理論（第7版），第一出版（2019）

効果が長期に渡って期待できるもので，支出時に一気に費用化せずに貸借対照表上は資産として扱っている。支出時に費用化しないでに貸借対照上は資金として取り扱っている。

④ **流動負債**：買入債務（支払手形や買掛金），短期借入金など，1年以内に返済を要する負債。1年以内に返済見込みのある長期借入金や社債なども流動負債になる。

⑤ **固定負債**：1年を超えて支払いの義務が発生する負債。

⑥ **株主資本**：資本金，資本剰余金，利益剰余金，自己株式などによって構成されている。株主からの出資金やその剰余分，会社の利益などのこと。

⑦ **評価・換算差額**：有価証券の評価差額金や為替換算調整勘定などのこと（図2.8）。

2）損益計算書（P/L；profit and loss statement）

損益計算書は，期間ごとに企業がどれだけの利益，損失をだしているのかをまとめた経営成績を示す計算書である。企業の利益構造（売上に対してどれだけ費用がかかったか）を知ることができる（図2.9）。

記載事項は3つの収益（売上高，営業外収益，特別利益），4つの費用（売上原価，販売費・一般管理費，営業外費用，特別損失），5つの利益（売上総利益/粗利益，営業利益，経常利益，税引前当期純利益，純利益/当期利益）である。

① **売上総利益**：売上高から材料費，人件費，外注費，**減価償却費**＊などの売上原価を差し引いたもので，粗利ともいう。売上総利益が大きいと事業規模は大きく，顧客のニーズに対応した商品を売っている。

② **営業利益**：売上総利益から営業活動に必要な販売費，一般管理費（販売費，営業費など）を差し引いたもの。販売費は，営業人件費，広告宣伝費，物流費など，営業活動に関わる経費のことであり，営業費は，役員や事務職員

＊減価償却費
　厨房機器などを購入した場合，それは1年限りの消耗品ではないので，使う年数に応じて少しずつ費用にすると考えるのが合理的であり，その分割された費用」を減価償却費といい，損益計算書に計上する。分割する年数を耐久年数（機械の寿命ではなく税法で定められた経済的寿命年数）といい，物にもよるが給食設備は約9年である。
　定額法で計算すると，90万円で購入した厨房設備（運搬費や据え付費を含む。）は，1～8年は毎年10万円，9年目は1円を残した（忘備価格）9万9,999円が減価償却費となる。

経常損益の部	営業損益	売上高	——	顧客から受け取る代金の合計
		売上原価(原材料費)	——	取引業者へ支払う代金
		売上総利益(粗利)	——	「売上高－売上原価」
		販売費・一般管理費	——	従業員の給料,家賃など
	営業利益		——	「売上総利益－販売費・一般管理費」
	営業外損益	営業外収益:受取利息 配当金など	——	銀行などから受け取る利息等
		営業外費用:支払利息 割引料など	——	銀行などへ支払う利息等
	経常利益		——	「営業利益＋(営業外収益－営業外費用)」
特別損益の部	特別利益	固定資産売却益 投資有価証券・売却益 券売却益など	——	資産の売買による利益など
	特別損失	固定資産処分損・投資 有価証券評価損など	——	資産の売買による損失,災害による損失など
税引前当期純利益			——	「経常利益＋(特別利益－特別損失)」
当期利益(純利益)			——	「税引前当期純利益－税金」

▓▓▓ は,5つの利益を示している。

図 2.9 損益計算書

注) 経常損益,毎期経常的に発生する損益。特別損益は,臨時に発生する損益。営業損益は,本来の営業活動
(本業)により発生する損益。営業外損益と特別利益,特別損失は,本業以外によって発生する損益。
出所) 韓順子,大中佳子:給食経営管理論(第7版),第一出版(2019)

(単位:千円)

Ⅰ　営業活動によるキャッシュフロー		
1.　税引前当期純利益	716,600	
2.　原価償却費	17,000	合計が＋:本業が順調であるこ
3.　投資有価証券売却益	− 35,000	とを示す
4.　土地売却益	− 150,000	
5.　固定資産廃棄損	30,000	合計が−:本業が不調で,現金
6.　売上債権の増加額	− 25,000	が不足で苦しんでい
7.　棚卸資産の減少額	30,000	ることを示す
8.　仕入債務の増加額	28,000	
9.　そのほかの資産,負債の増減額	− 25,000	
営業活動によるキャッシュフロー	586,600	
Ⅱ　投資活動によるキャッシュフロー		−表記:設備投資などを行って
1.　定期預金の払い戻しによる収入	30,000	いることを示す。→3
2.　有形固定資産売却による収入	300,000	＋表記:会社が持っている資産
3.　有形固定資産取得による支出	− 1,500,000	を売却したことを示
4.　投資有価証券取得による支出	− 800,000	す。→2
投資活動によるキャッシュフロー	1,970,000	
Ⅲ　財務活動によるキャッシュフロー		−表記:借金返済したり,自社
1.　短期借入金の純減少額	− 300,000	株を買ったりしている
2.　長期借入による収入	1,500,000	ことを示す。→3・4
3.　長期借入金の返済による支出	− 300,000	＋表記:借金をしたり,社債を
4.　配当金の支払額	− 150,000	発行していることを示
財務活動によるキャッシュフロー	750,000	す。→2
Ⅳ　現金および現金等価物の減少額	− 633,400	
Ⅴ　現金および現金等価物の期首残高	730,400	
Ⅵ　現金および現金等価物の期末残高	97,000	

図 2.10 キャッシュフロー計算書(例)

出所) 韓順子,大中佳子:給食経営管理論(第7版),第一出版(2019)

の人件費，家賃，光熱水費など，販売に直接関係しない経費である。

③ **経常利益**：営業利益に，事業活動以外で生じる営業外損益である受取利息や配当金を加え，同時に支払利息などの営業外費用を差し引いたもの。

④ **税引前当期純利益**：経常利益に，自社の土地や建物の売却による利益，災害による損失，不況によるリストラ費用など，臨時的に発生した特別利益を加え特別損失を引いたもの。

⑤ **当期利益**：税引前利益から税金を差し引いた純利益。企業が最終的に処分することができる利益(最終利益ともいう)，株主資本を増やす源泉になる。当期利益から株主への配当や役員賞与などを引いた残りが企業の剰余金となる。

3) キャッシュフロー計算書（C/F＝cash flow statement）

キャッシュフロー計算書は，一定期間におけるキャッシュ(現金および現金同等物)の収支を示す計算書である(**図 2.10**)。「収入－支出」で計算される。営業活動・投資活動・財務活動によるキャッシュフロー(キャッシュの流れ)からなり，この3つのキャッシュフローのバランスから，企業の経営状態を知る。

2.5.3　人的資源の人事管理

給食の資源である人的資源は，管理栄養士，栄養士，調理師の有資格者と，調理員や事務員で構成され，雇用形態では正社員，パートタイマー，派遣労働者，契約社員など多様な人材で組織されている。これらの給食に関わる人と連携してくためには，適切な人事管理が必要となる。

(1) 給食の人事・労務管理

人事管理は，企業の目標達成に必要な従業員を確保し，合理的な活用を図るために行われる。企業に必要な人材を採用し，適材適所に配置し，労働を評価し，合理的に人材の活用を図る。給食運営においても，栄養部門や給食部門での給食調理に関わる人材の採用，調理作業管理，時間管理，安全・衛生管理など広範囲にわたる管理業務があり，**表 2.11** に人事管理・労務管理の範囲を示した。

(2) 給食の雇用形態

給食の調理従事者は，雇用契約の種別の分類により，正社員とパートタイマー，派遣労働者，契約社員がある(**表 2.12**)。また，給食施設で業務委託をしている場合では，調理従事者は業務委託された給食サービス会社と雇用契約を結んでいるものの，給食施設とは雇用契約がなくとも給食業務を実施することになり，一つの給食施設のなかで多様な雇用形態の調理従事者がいるため，人事管理においても複雑になる。さらに，給食施設の多くは，年中無休で給食を提供しており，勤務体制を整えることは非常に重要な業務になり，高い管理能力が求められる。

表 2.11 人事・労務管理の範囲

業　務	業務内容
雇用管理	採用，配属，人事分析，人事考課など，良質な人材の確保，適材適所の配属を行う。
作業管理	効率的な作業の時間配分・動作研究・職務再設計などを行う。
時間管理	労働時間制度や休業・体制・休暇のシステムを構築する。
賃金管理	職能給，出来高給，年棒制，退職金，各種手当など，賃金制度に関する管理を行う。
安全・衛生管理	職場の労働環境の改善や，従業員の健康管理を行う。
教育訓練	OJT，OFF-JT，資格取得推奨などを通して従業員の能力向上を図る。
労使関係管理	労働組合対策(団体交渉，労働協約など)，労使協調体制の構築を図る。
従業員対策	福利厚生，苦情処理制度など，従業員個々人の対策を行う。

出所）三好恵子，山部秀子編：第 5 版給食経営管理論，第一出版(2023)

表 2.12 雇用形態

正社員	原則として 1 日 8 時間，週 40 時間勤務として，長期雇用契約を結んだ社員。
パートタイマー	「短時間労働者の雇用管理の改善等に関する法律」では，短い時間勤務する労働者を“短時間労働者”という。総務省の労働力調査では，“労働時間が週 35 時間未満の者”と定義している。
派遣労働者	「労働者派遣法*」では，派遣会社に雇用される労働者であって，派遣会社との雇用関係を継続したままで，別の会社(派遣先)からの指揮命令を受けて，その別の会社(派遣先)のための労働に従事させる対象となる者としている。
契約社員	使用者(企業)と労働者との間の契約に基づいて雇用された社員。① 雇用期間を定めた契約社員。② 雇用期間を定めず，勤務形態や労働条件のみについて契約を交わす契約社員。③ 高度の専門的知識や技術・経験をもつ契約社員，④ 在宅勤務の契約社員など。

注） ＊労働者派遣事業の適正な運営の確保及び派遣労働者の保護等に関する法律(昭和 60 年 7 月 5 日法律第 88 号，最終改正：令和 4 年 6 月 17 日法律第 68 号)
出所）韓順子，大中佳子：給食経営管理論(第 7 版)，第一出版(2019)

表 2.13 教育・訓練の内容(長所・短所)

	内容	長所・短所
OJT (on the job training) 職場内教育・訓練	日常業務において，上司や先輩が部下や後輩に仕事に必要な知識や技術等を教える。	長所：個別的，具体的に知識や技術を得られ，その習熟度をみながら教育訓練が継続できる。業務に直接反映する。結果を評価できる。コストが安価である。 短所：業務と教育訓練のメリハリがなく，業務が優先されやすい。指導者の能力により効果に差が出る。日常的な業務の伝承では理論的な教育とならず経験主義に陥りやすい。
OFF-JT (off the job training) 職場外教育・訓練	職場を離れ，研修所や外部の施設等で，教育・訓練を受ける。会社の研修会，保健所での衛生管理の勉強会，職業訓練会社によるセミナーに参加する。他施設の見学など	長所：特定領域と専門領域の体系的で高度な知識を習得できる。多人数研修のため公平，効率的である。研修に専念できる。 短所：内容が具体的でない。理解度や教育効果を評価しにくい。必ずしも日常業務に直接に役に立たない。業務を休むことになる。費用が掛かる場合が多い。
自己啓発	自らの意思で能力向上に努める。業務関連の文章を読む。通信教育や外部の講座で学ぶなど。	長所：都合の良い時に自由に学べる。自由意志によるので能力のレベルアップがより大きく期待できる。 短所：企業が求める能力と一致しない場合がある。ほとんどの場合かかる費用は自己負担である。

出所）名倉秀子：給食経営管理論(第三版)，学文社(2022)

2.5.4 給食従事者の教育・訓練

給食従事者の教育・訓練は, 計画的, 継続的に行う必要がある。従事者が意欲的に職務を遂行するために方法や内容を考えることが求められる(**表2.13**)。

(1) 教育・訓練の目的

特定給食施設では, 給食従事者は, 適正なモラル(道徳意識)をもって職場の規律を順守し, 業務に対するモラール(やる気)を堅持し, 積極的に真摯に業務遂行に向けてモチベーションを高める(動機に力を変える)ことが大切である。また, 給食施設の理念に基づいた業務目標を達成するためには, 社会情勢, 経済情勢, 利用者ニーズの変化などを敏感にとらえ, 考えていく必要がある。教育・訓練は, その質や量にかかわらず日々継続して行うべきであり, これは他のインセンティブと同じくらいに従業員満足度(ES: employee satisfaction)を上げ, それは顧客満足度(CS: customer satisfaction)を上げることにつながる。

(2) 教育訓練の方法と内容

教育・訓練は計画的, 継続的に行い, 従事者がやる気を起こし, 意欲的に職務を遂行する方法である。

1) OJT (on the job training : 職場内教育)

職場内教育・訓練である。給食施設では,

① やるべき仕事を説明し, 手本を示す
② 従事者にその仕事をさせる
③ それらをチェックし, 評価する
④ 必要に応じてフォローする

などが日常的に行われる。

2) OFF-JT (off the job training : 職場外教育)

職場外教育・訓練である。新人教育, 専門的あるいは体系的な知識習得, スキルアップや資格取得の勉強などを, 給食施設が計画的, 長期的に実施することが多い。

3) 自己啓発

自己学習である。自らへの意思, 関心に応じて, 施設外で学ぶ。たとえば, 栄養士・管理栄養士の職能団体である栄養士会の研修を受講するなど専門的な知識やスキルの獲得が期待できる。

2.5.5 情報的資源の事務管理

(1) 事務管理

事務管理は, 適切に事務処理を行い, 必要な情報を, 必要なときに, 正確に取り出すことができるように, 手段を講じて管理する。また, 事務の効率化や, 事務の簡素化, 合理化に努める必要がある。組織で仕事をするには, 1つの仕事に対して, 自分だけが仕事の内容を理解しているのではなく, 複

*1 **帳簿** 業務上必要なことがらや会計などを連続的に記録した帳面・冊子であり、業務を蓄積して記録や資料とし、業務に活用するものである。記録の蓄積により業務の現状把握や今後の計画の資料となる。

*2 **伝票** 業務発生と同時にある部門で作成される業務上の収支計算の取引の伝達や責任の所在を明らかにする紙片で、情報伝達の基礎になり、業務とともに他に移動する。口頭伝達による業務上のミスやトラブルを防ぐ役割がある。

数の人が同一の仕事について十分に理解していることが大切である。組織内の連絡を密にし、決まった事柄については記録し、組織外への情報の提供は、正確に伝達することが重要である。

(2) 給食（経営管理に関する）の帳票類

給食経営管理では、多くの帳票類（**帳簿**[*1]と**伝票**[*2]）を扱う。

主なものは、栄養・食事管理、食材管理、食事提供管理、安全・衛生管理、施設・設備管理、人事管理、会計、予算などがある。日常業務の中で、監督官庁の指導や監査に備えて、保管する。管理業務と帳票名称とその役割を**表 2.14** に示した。

また、各給食施設は、事務の迅速・正確・合理化や、情報収集、過去

表 2.14 給食施設の帳票

項目		帳票名	帳票の役割
直接的給食管理業務	栄養・食事計画関係	給食人員構成表（＊一般食患者年齢構成表） 給与栄養目標量 食品構成表 予定献立表（レシピ） 実施献立表 ＊特定治療食献立表（レシピ） 栄養出納表 ＊病棟別配膳表	・給与栄養目標量の算定基礎資料 ・給食対象者の荷重平均栄養所要量 ・給与栄養目標量を健康面と食品の栄養成分特性の関係から使用量を決定 ・給食実施の基礎資料、食材料の使用量算定、調理作業の指示をする ・給食実施後、結果を記録保存する ・医師の発行する治療食食事せんによる献立表 ・一定期間の給与栄養量を算定し、その適正度を判断する ・ベッドサイド給食の場合
間接的給食管理関係業務	給食実施関係	＊院内約束食事せん ＊食事せん 給食管理記録簿 ＊個人別特別治療食管理記録簿 残食調査 嗜好調査 廃棄率調査 食品使用量計画表 食材料受払簿 食材料発注計画表 検食簿記録簿	・医師と栄養士の間における入院患者に対する給食実施に関する栄養量、主食形態などの事前約束 ・約束食事せんに基づき医師の発行する治療食の指示せん ・個人の喫食数の記録、病院給食は一般食患者対象 ・特別治療食患者の食事歴記録 ・残食から嗜好傾向を把握する ・給食対象者の食材、料理の好みを知る ・調理による廃棄率を確認。献立作成の食材使用量、栄養計算の資料 ・予定献立表から期間使用計画算定 ・献立表による食材料の使用計画 ・食材料の入出庫を記録し、常に在庫量を確認できるようにする ・食材料使用計画と食材料受払簿により発注計画を作成する ・盛り付け、味、食品衛生面から、食事提供の適否を総合的に判断し記録する
	食材関係	注文書 納品書・受領書 購入台帳 出庫伝票	・即日使用食品は献立表により使用の都度、貯蔵品は在庫状況による。給食関係は注文の都度注文業者宛て発行 ・食材料、給食関係物品納入時業者から ・食材料、給食用物品の購入時に記録 ・食材料、給食用物品出庫時に発行
経営管理業務	各種記録保存帳簿	給食日誌 健康診断記録簿 検便記録簿 清掃点検記録簿 設備修理記録簿 給食委員会会議記録簿	・毎日の給食実施状況、業務上保存を必要とする事項を記録する ・労働安全衛生法による定期健康診断 ・経口感染症、とくに食中毒対策として ・調理室を重点に、施設全体が対象 ・調理機器など ・給食委員会会議の議事内容記録
給食管理関係（指導官庁報告）		特定給食運営現況報告書 給食施設栄養管理状況調査票 病院給食施設栄養管理状況調査	・法令に基づき、指導官庁に提出

注：1. ここに示した内容は、一例であり、実際には給食施設の状況により違いがある。
　　2. ここに掲げた帳票類は、各種給食施設共通の主要なものである。
　　3. 帳票等の名称は、一例である。したがって給食施設の業務上の都合、指導官庁の指導により、帳票の名称や備え付け帳票に違いがあることもある。
　　4. ＊主に病院給食で使用されるものである。

出所）富岡和夫：給食経営管理論、医歯薬出版(2019)
　　　社会保険研究所：看護関連施設基準食事療養等の実際(2022)

の情報の再現化，問題発生時の対応，温度および集中管理などをするためコンピュータシステム，IT機器を導入している。

医療施設でのコンピュータ導入の効果は，情報を複数の部門で共有するために，オーダリングシステム，電子カルテ，診療情報，予約情報，待ち時間情報やレセプト(診療報酬計算書)などにもITが導入され，事務処理や患者サービスの向上に寄与している。コンピュータの活用により，献立作成，食数管理，食札管理，食材料管理，在庫管理，調理作業指示書作成，管理資料作成(日報・月報・年報など)，栄養分析などの業務を迅速にできる。また，帳票は，日常業務の他，指導監督官庁(行政)の提出に必要である。

① 医療施設の帳票類

病院における入院時食事療養の帳票類(施設基準関係帳票類)である。（表2.15）。

表2.15　入院時食事療養に必要な帳票類(施設基準関係帳票類)と機能

帳票類	内容
食事箋および食事変更伝票	医師が患者の姓，年齢，体位，病態等から食事の内容を決定し発行する食事指示箋。また，食事変更が生じた場合に発行する伝票。
約束食事箋	院内の食事内容等についての指示書となる。
献立表	栄養計画と給食の運営計画に基づいて具体的な料理を組み合わせたものであり，実際の調理を行う際の指示書となる。
食品構成表	食事箋の指示内容に沿って食品を選択し，数量を一覧にしたもの。
発注書	予定献立に基づき，必要な食材料を選定業者に注文する際の指示書。
納品書	発注した食材料が確実に納品されたかを確認する帳票。
食材料消費日計表	食事提供業務の円滑化に向けて，食材料の出納を明確にし，食材料管理を的確に行うための記録簿。
食数管理表	食事を提供した総数を日・月ごとに病棟別・疾患別にまとめたもの，特に特別食加算を算定した場合は患者の把握が必要である。（日報・月報）
栄養出納表	給与した栄養素量が適切であるか，また，実施献立表から一定期間の食品群実給与平均値が食品構成の基準値と合っているかを評価する。
普通食(常食)患者年齢構成表および給与栄養目標量表	毎月15日入院患者全員の年齢，性別を分類して，それぞれの人数を求め，該当する給与栄養目標量を算出する。常食の献立作成の目安となる。
細菌検査結果表	食品衛生上の事故を未然に防ぐ観点から，月1回(夏場は2回)の検便による健康診断を実施することが定められている。
検食簿	給食責任者が調理後に，提供する料理について栄養，衛生，嗜好的観点等からチェックした結果を記録に残したもので，食事提供内容改善の資料として役立たせる。検食者は医師または管理栄養士・栄養士。
栄養管理員会議事録	食事提供業務全般に関する事項について，医学的，栄養学的，かつ衛生的見地に基づき行われているかを，医師，看護師，管理栄養士・栄養士，事務等により定期的に議論した内容を綴ったもの。
病院給食食品表	適切に食事が提供されているか，1か月を単位として食品構成との比較を行う場合に使用する。
嗜好調査結果表	利用者による食事評価を行い，満足度を高める努力を行う。また，調査から得られた意見を献立に反映できるように努める。
残食調査結果表	提供された食事の残量を調べることにより，適切な食事内容が提供されたかを確認する。
健康診断結果記録簿	食事提供に従事する従業員について，年1回以上の健康診断を受診させ，健康管理を行うことが義務付けられている。
出勤簿	職員の勤務状況の把握，人事管理を行う際に必要。
管理栄養士・栄養士免許証	病院給食の提供業務を行う際に必要な資格・免許証。
栄養指導箋および報告書	栄養指導を行う際に用いる。栄養素内容が記入された指示箋および指導内容の報告書。診療報酬算定確認時に必要。
栄養管理計画書	入院患者で栄養状態に問題がある者に対し，解決方法(栄養補給など)の計画を立案し記載したもの。
委託契約書(委託の場合)	食事提供業務を第三者に委託している場合には，その内容などを明記した契約書を作成し，病院側，委託側双方が契約書を保有する。

出所)三好恵子，山部秀子編：第5版給食経営管理論，第一出版(2023)

【演習問題】

問1 会社の社員食堂におけるマーケティング戦略と，その具体的な活動の組合せである。正しいのはどれか。1つ選べ。 （2018年国家試験）

(1) マーケティングリサーチ ── 期間限定メニューの商品化計画
(2) セグメンテーション ─── 購入傾向分析による利用者集団の細分化
(3) ポジショニング ──── 社内メールによる減塩フェア開催の告知
(4) マーチャンダイジング ── 社員の来店頻度調査
(5) プロモーション ──── 近隣飲食店とのサービスの差別化

解答（2）

問2 特定給食施設における経営資源に関する記述である。資金的資源の管理として，最も適当なのはどれか。1つ選べ。 （2020年国家試験）

(1) 盛付け時間短縮のための調理従事者のトレーニング
(2) 調理機器の減価償却期間の確認
(3) 業者からの食材料情報の入手
(4) 利用者ニーズの把握による献立への反映
(5) 調理従事者の能力に応じた人員配置

解答（2）

問3 マーケティングの4Cと事業所給食での活用方法の組合せである。

（2021年国家試験）

(1) 顧客価値（Customer Value）：利用者がメニューの特徴を確認できるよう，SNSで情報を発信する。
(2) 顧客価値（Customer Value）：利用者が食塩摂取量を抑えられるよう，ヘルシーメニューを提供する。
(3) 顧客コスト（Customer Cost）：利用者が選択する楽しみを広げられるよう，メニュー数を増やす。
(4) 利便性（Convenience）：利用者が話題の人気メニューを食べられるよう，イベントを実施する。
(5) コミュニケーション（Communication）：利用者が健康的な食事を安価に利用できるよう，割引クーポンを発行する。

解答（2）

問4 給食経営管理におけるトータルシステムに関する記述である。最も適当なのはどれか。1つ選べ。 （2021年国家試験）

(1) 食材料を資源として投入し，食事に変換するシステムである。
(2) 資源を組織的に組み合わせるシステムである。
(3) オペレーションシステムである。
(4) 管理業務を単独で機能させるシステムである。
(5) 7原則と12手順からなるシステムである。

解答（2）

問5 事業所給食における情報資源とその活用の組合せである。最も適当なのはどれか。1つ選べ。　　　　　　　　　　　　　（2021年国家試験）

(1) 対象集団の人員構成　——————————————　食材料費の算出

(2) 健康診断による有所見者の割合　——————————　メニューの見直し

(3) 料理別販売実績　——————　調理従事者の衛生講習会の計画

(4) 食材の卸売市場の価格動向　————————　給与栄養目標量の見直し

(5) 食中毒統計データ　————————————————　食品構成の見直し

解答（2）

問6 事業所の給食運営を食単価契約で受託している給食会社が，当該事業所の損益分岐点分析を行った。その結果，生産食数に変化はないが，損益分岐点が低下していた。その低下要因である。最も適当なのはどれか。1つ選べ。　　　　　　　　　　　　　　　　　　　（2021年国家試験）

(1) 食材料費の高騰

(2) パートタイム調理従事者の時給の上昇

(3) 正社員調理従事者の増員

(4) 食堂利用者数の減少

(5) 売れ残り食数の減少

解答（5）

📖 参考文献・参考資料

石田裕美，登坂三紀夫，高橋孝子編：給食経営管理論（第3版），南江堂（2019）

市川陽子，神田知子編：給食経営管理論，16，119-129，医歯薬出版（2021）

岩井達，名倉秀子，松﨑政三編：新版給食経営管理論（第2版），建帛社（2021）

小倉高宏：第1章戦局をつかむための環境分析・第2章戦い方を決める―戦略策定，第3章マーチャンダイジング，マーケティング，2-133，中央経済社（2022）

加藤篤士道：第1章総論―経営トップ層に求められていること，経営の基本（改訂版），2-25，中央経済社（2023）

香西みどり，佐藤瑶子，辻ひろみ編：特定給食施設の経営管理，給食経営管理論，9-17，東京化学同人（2016）

佐々木恒男編：第2章ファヨール理論の構造，ファヨール，文眞堂（2011）

清水均：経営者のための中間幹部育成の原理・原則，フードサービス攻めの組織・人材育成，58-92，商業界（2003）

社会保険研究所：看護関連施設基準食事療養等の実際（2022）

棚部得博：マーケティングとは他，マーケティングがわかる辞典，30-36，日本実業出版社（2000）

富岡和夫，冨田教代編：給食経営管理論（第4版），医歯薬出版（2019）

中野崇：調査企画の設計，プロが教えるマーケティングリサーチとデータ分析の基本，29-37，すばる舎（2018）

名倉秀子編：給食経営管理論（第3版），学文社（2022）

西澤脩監修：第1章給食管理学概論，給食経営学，1-24（1976）

韓順子，大中佳子：給食経営管理論（第7版）第一出版（2019）

三好恵子，山部秀子編：給食経営管理論（第5版），第一出版（2023）

3 栄養・食事管理

3.1 栄養・食事管理の概要

3.1.1 栄養・食事管理の意義と目的

　栄養・食事管理とは，利用者の身体状況，栄養状態，生活習慣などを定期的に把握する栄養アセスメントにはじまり，これらに基づく栄養ケア計画，計画に沿った食事の生産・提供，**品質管理**(QC：quality control)，栄養教育，評価，改善までのプロセス全体の活動をさす。利用者に適した栄養量の提供と食事摂取，その評価を，栄養素レベル，食事レベルで管理する業務である。

　栄養・食事管理の目的は，対象者の栄養状態の保持と改善，QOL (quality of life：生活の質)の向上，健全な食生活のための啓発であるが，これらの目的は給食施設の種類によらず共通である。提供する食事により利用者個人の健康の維持・増進，疾病予防，あるいは疾病の治癒・回復を図り，さらに健康や栄養に関する情報提供を行って望ましい食習慣に導き，QOL の向上を目指す。一方，給食施設が属する組織にはそれぞれ，施設の理念や目標がある。給食もまた，施設の理念，使命や目標に沿ってその品質を決定し，運営しなければならない。

3.1.2 栄養・食事管理システム

　特定給食施設における栄養・食事管理は，健康増進法第 21 条に定められており，その詳細は健康増進法施行規則第 9 条「**栄養管理の基準**」に記載されている。給食の運営プロセスの中で「栄養管理の基準」に基づいた栄養管理を展開するためには，**栄養・食事管理システム**を構築し，業務を体系的に行う必要がある。特に栄養・食事管理は，給食経営管理業務の中枢的な役割を担うため，食材管理，生産管理，品質管理などの他の**サブシステム**と連動させ，各管理業務が適正に行われるようなシステムの構築が求められる。

　栄養・食事管理システムは，利用者にとって最適な栄養・食事計画を立て，栄養ケアを行い，それを評価するための「栄養ケアシステム」と，食事の生産・サービスを効率的，効果的かつ安全に行うための「食事提供システム」に大きく分けることができる。給食施設における栄養ケアは，適切な食事の提供があってはじめて成り立つものであるため，両者を連動的にとらえて管理を行う(図 3.1)。

　図 3.1 は，給食における栄養・食事管理のフローを示したものである。目

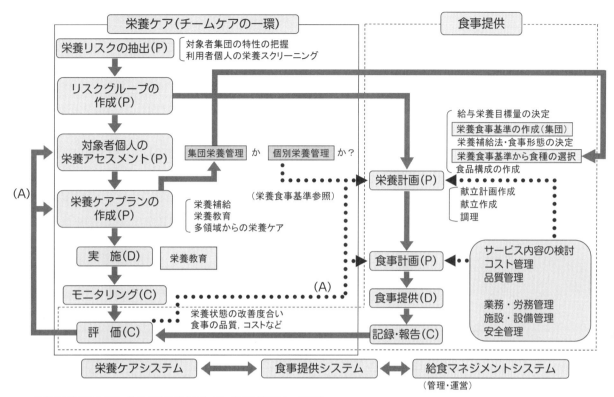

出所)小松龍史ほか編著：改訂 給食経営管理論，75，建帛社（2011）を一部改編

図3.1 給食における栄養・食事管理の流れ

的・目標を達成するために，① 計画を立て(Plan)，② 実行し(Do)，③ 結果を評価し(Check)，④ 次の計画へ改善して結びつける(Act)という4段階の循環過程は，**PDCA サイクル**とよばれるマネジメントの手法である。給食経営管理では，トータルシステムおよびすべてのサブシステムにおいて，このサイクルを機能させることが重要であるが，栄養・食事管理においても PDCA サイクルのプロセスに従って管理業務を行う。具体的な内容を以下に示す。

① Plan：栄養リスク者の抽出，リスクグループの作成，栄養アセスメント(身体状況，栄養状態，食習慣など)，利用者ニーズの把握，アセスメント結果に基づいた栄養管理目標の設定，栄養計画の立案(給与栄養量，栄養補給方法，食事配分など)，食事計画の立案(食品構成，献立の設計)，栄養教育計画の立案

② Do：食事の生産(調理)，食事およびサービスの提供，喫食，栄養教育

③ Check：喫食率調査，嗜好調査，満足度調査，給与栄養量(栄養出納表，栄養状況報告書の作成)などによる評価・モニタリング

④ Act：計画の見直し，改善

また，給食の運営プロセスに沿った栄養・食事管理業務のシステム化のためには，各業務をいつ，誰が，どのような方法で実施するのか，組織の中で

決定・確認しておく必要がある。さらに，栄養管理部門（給食部門）以外の他部門，他職種の協力が必要な事項を明らかにし，施設全体として取り組める体制を整えることでシステムの構築が完成する。

3.1.3　給食と栄養教育

給食の提供と同時にその給食の内容に合わせた正しい情報の提供を行うことで，利用者自身の健康管理や食生活への関心を高め，望ましい食行動へ導く教育の効果を高めることが期待できる。利用者の栄養や健康に対する認識の程度，食習慣などを十分に把握した上で，栄養教育の目的を明確にし，給食との関連をもたせた，受け入れやすく実践しやすい内容や方法を取り入れる。

また，「栄養管理の基準」に示されている献立表の掲示，栄養成分の表示等は，給食と連動させて実施すべき事項である。特に，カフェテリア方式，バイキング方式の提供スタイルでは，**モデルメニュー**（望ましい料理の組合せ例）の掲示やリーフレットの配付など，事前の栄養教育が必要である。

3.2　栄養・食事のアセスメント

3.2.1　利用者の身体状況，生活習慣，食事摂取状況（給食と給食以外の食事）

栄養・食事管理のプロセスを PDCA サイクルで進める際，まず利用者の身体の状況，日常の食事の摂り方などについてアセスメントし，問題点を把握することが出発点である。**栄養アセスメント**とは，健康状態，栄養状態の改善の必要性，そのための食事改善の必要性を明らかにすることを目的とし，利用者の身体計測，臨床検査，食事調査などから得た主観的または客観的情報により，栄養状態を総合的に評価・判定することをいう。栄養管理の目標を設定し，適正な栄養ケア計画を立案する上で，栄養アセスメントはきわめて重要である。

(1)　集団特性のアセスメント

給食施設の種類，給食の目的によって必要なアセスメント項目は異なるので，施設の特徴に合わせたアセスメントを実施し，栄養計画に反映させる。給食利用者でもある施設所属者の健康状態の把握は，施設として他部門，他職種が実施することが多い。データの使用について施設長の理解を得るとともに，情報を共有できる協力体制を整えておく必要がある。集団の特性把握に不可欠なアセスメント項目として年齢，性別，身体活動レベル，**体格指数**（**BMI**）がある。個人を対象に実施したこれらの結果をもとに，集団の中で類似の特性をもつ利用者をグループに分け，グループごとに目標を設定し，栄養計画を立てる。すべての利用者のアセスメント実施が難しい場合であっても，一部の利用者に対して実施した結果を用いたり，類似の集団の既報値を

活用したりするなど，資料の収集に努める。

(2) 個々に対するアセスメント

身体状況を示す簡便な指標として，前述の体重と体格指数(BMI)がある。非侵襲的に(体を傷つけずに)全身の栄養状態が把握でき，エネルギー管理の観点から最も有効な指標であるので積極的に用いる。食事提供後は，提供量，摂取量の妥当性の判定や，栄養計画の見直しに利用する。体格を評価する指標には，このほか**腹囲**や**体脂肪率**などがあり，測定誤差について理解した上で必要に応じて利用することが望ましい。なお，利用者の病状，摂食機能のアセスメントについては後述する(3.2.2)。

(3) 食事摂取状況のアセスメント

食事摂取状況のアセスメントでは，給食に由来するものだけではなく，すべての食事を対象として利用者の1日当たりの習慣的な摂取量を評価することが求められる。それにより，利用者にとって1日に摂取することが望ましいエネルギーおよび栄養素量のうち，どのくらいを給食で提供するべきかを考え，栄養計画に反映させることができる。また，食事の内容や量だけでなく，食事を摂る時間帯などの生活習慣についても把握する必要がある。

食事摂取状況のアセスメントには，食事記録法，思い出し法，食物摂取頻度調査などさまざまな方法があるが，それぞれの長所，短所についても理解しておかなければならない。個人における栄養素摂取量には日間変動があり，そのことが調査結果に与える影響の大きいことにも留意する。また一般的に，やせ気味の人には実際の摂取量より多めに申告する「過大申告」の傾向があり，肥満気味の人には実際の摂取量より少なめに申告する「過少申告」の傾向があるといわれている。

給食からの摂取量(喫食量)は，提供量，**残菜量**[*1]から算出することができるが，提供量にばらつきがないこと，**摂取量調査**[*2]の方法に妥当性があることが条件となる。また，エネルギー摂取量の過不足を評価する場合は，食事摂取状況アセスメントの結果だけでなく体重またはBMIの増減から判断するなど，他のデータと組み合わせて総合的に評価する必要がある。

3.2.2 利用者の病状，摂食機能

病院や高齢者施設の給食では，個々の利用者の低栄養リスクを早期に発見し，栄養状態の問題点を把握して個別栄養ケアにつなげる必要があるため，効率的かつ詳細な栄養スクリーニングとアセスメントが求められる。現在，多くの病院では，まず体重や食物摂取の変化，消化器症状，簡便な身体計測値などの確認から成る**主観的包括的評価**(**SGA**：subjective global assessment)を用いてスクリーニング的な栄養評価を行い，高リスクと判断された者には，次に身体計測値，血液生化学検査値，食事調査による摂取量などの**客観的データ**

*1 **残菜量** 喫食者による料理別や献立別の食べ残し量。供食重量に対する食べ残し量の割合(残菜重量/供食重量×100)を残菜率(%)といい，栄養管理，品質管理，原価管理などの評価項目のひとつとして活用する。残菜と残食は，本来，異なる意味である。後者は，調理(仕込み，準備)をしたが提供(購入)されずに残った「食事」を指す。

*2 **摂取量調査** 個人のエネルギーや栄養素摂取量を把握し，適否を評価することを目的とした調査。病棟などで目測により，「全量摂取」「1/2摂取」「1/4摂取」といった概量を調べる。

栄養評価(**ODA**：objective data assessment)によって詳細な栄養アセスメントを実施している。また，高齢者の栄養評価には，**簡易栄養状態評価表**(**MNA**®：mini nutritional assessment®)などの評価表が広く使用されている。

　利用者の栄養状態は，得られる情報が多いほど現状の把握に有利である。また，食欲，**摂食機能**(咀嚼力，嚥下能力)，消化・吸収能力，手指の身体機能などについてもアセスメントが必要である。傷病者では，病気による消化・吸収能力の低下，味覚や食欲の変化のほか，薬の影響などによっても栄養状態は変化するため，SGA などによる経時的なモニタリングに加え，客観的データ(ODA)による的確な栄養状態の評価・判定が重要となる。栄養アセスメントから得られた問題点は医師や他職種と情報を共有し，臨床的に重要度の高い項目を優先して具体的な栄養ケアの目標設定につなげる。また，高齢患者や施設入所者では，歯の欠損，咬合異常などによる咀嚼力低下や，加齢による嚥下反射の低下，脳血管疾患の後遺症，認知症などによる嚥下障害，唾液の分泌低下もみられ，「**摂食・嚥下障害**[*]」を起こしているケースが多い。そのため，食事量の低下から **PEM** (protein energy malnutrition：たんぱく質・エネルギー低栄養状態)に陥りやすく，誤嚥性肺炎も起こしやすい(嚥下障害は，疾病や障害により若年者でも起こり得る)。また，手指の運動機能低下や障害により自力での食事が困難な場合もある。管理栄養士・栄養士は，利用者の摂食機能に合った**食事形態**の食事を提供し，栄養ケアを行うため，歯科衛生士や言語聴覚士(ST：speech-language-hearing therapist)，作業療法士(OT：occupational therapist)などのコメディカルスタッフとともに，摂食機能の評価にも参加しなければならない。

3.2.3　利用者の嗜好・満足度調査

　栄養管理はサービスとしてとらえることができる。利用者の身体状況，食習慣や嗜好に配慮した給食を提供し，その摂取によって栄養状態の維持や改善，食事に対する満足感などの効果がもたらされなければならない。そして，その評価をするのは利用者である。**顧客満足**(**CS**：customer satisfaction)を含めた利用者側からの評価は，栄養・食事計画やサービスの改善，向上の基礎資料となるため，利用者に対して定期的に嗜好や，食事に対するニーズやウォンツを調査し，提供する食事について多角的に検証する必要がある。

3.2.4　食事の提供量

　利用者の性別，年齢，身体活動レベルによって，必要とするエネルギー，栄養素量は異なるため，ふさわしい食事の提供量もさまざまとなる。特定給食施設では，対象が集団であってもその構成員である個人の状態に応じた適正な栄養管理を実施し，すべての利用者に個々の望ましい食事を提供するように計画することが求められる。

＊摂食・嚥下障害　加齢による機能低下や脳血管疾患の後遺症などによって生じる，食べることに必要な機能に関する摂食障害と，嚥下反射の低下，唾液分泌の低下などによって飲み込みがうまくできない嚥下障害の2つを合わせた呼び方。摂食・嚥下障害により食べ物が気管に入ってしまうことを，「誤嚥」という。

表 3.1　日本人の食事摂取基準(2020 年版)での栄養素の指標

推定平均必要量(EAR：estimated average requirement)
ある母集団における平均必要量の推定値。 ある母集団に属する 50 ％の人が必要量を満たすと推定される摂取量。 栄養摂取不足を防ぐための指標。 集団では不足が生じる人を少なくするために EAR より少ない人をできるだけ少なくする。
推奨量(RDA：recommended dietary allowance)
ある母集団のほとんど(97 ～ 98 ％)の人において必要量を満たすと推定される摂取量。 理論的には,「推定必要量の平均値＋2×推定必要量の標準偏差」として算出されるが,実際には推奨量＝推定平均必要量×(1＋2×変動係数)＝推定平均必要量×推奨量算定係数 として算出。 栄養摂取不足を防ぐための指標。 集団では,摂取量の平均値が RDA と同じであっても 16 ～ 17％の不足者が存在する。
目安量(AI：adequate intake)
特定の集団における,一定の栄養状態を維持するのに十分な量。 十分な科学的根拠が得られず,EAR が算定できない場合に算定する。 栄養摂取不足を防ぐための指標(EAR, RDA が設定できない場合)。 目安量付近を摂取していれば,適切な摂取状態にあると判断される。
耐容上限量(UL：tolerable upper intake level)
健康障害をもたらすリスクがないとみなされる習慣的な摂取量の上限を与える量。 栄養素の過剰摂取を防ぐための指標。 通常の食品を摂取している限り,達することがほとんどない量であり,近づくことを避ける量。
目標量(DG：tentative dietary goal for preventing life-style related diseases)
生活習慣病の一次予防を目標とした指標。 現在の日本人が当面の目標とすべき摂取量。 目標量だけを厳しく守るのではなく,対象者や対象集団の特性,長期間を見据えた管理などが必要。

出所) 厚生労働省：日本人の食事摂取基準(2020 年版),第一出版(2020)および食事摂取基準の実践・運用を考える会編：日本人の食事摂取基準(2020 年版)の実践・運用,第一出版(2020)より

　「**日本人の食事摂取基準**(2020 年版)」は,国民の健康の保持・増進と共に,生活習慣病予防と重症化予防の徹底を図ることに加えて,高齢者の低栄養,フレイル予防を視野に入れて策定されている。対象は,健康な個人並びに集団とするが,フレイル状態や低栄養状態の人および高血圧,脂質異常,高血糖,腎機能低下に関するリスクを有していても自立した日常生活を営んでいる人を含む。食事摂取基準では,確率論的な考え方が用いられており,我々が健康的に生活する上で望ましい栄養摂取量,あるいは目指したい栄養摂取量の「範囲」を推定平均必要量,推奨量,目安量,耐容上限量,目標量の 5つの指標を用いて示している(**表 3.1**)。また,栄養素によってその範囲(設定項目)はそれぞれ異なっており,「望ましい摂取量の範囲」には幅がある。管理栄養士は,この摂取量の幅を常に念頭に置いた柔軟な対応が必要である。

3.3　栄養・食事の計画

3.3.1　給与エネルギー量と給与栄養素量の計画

　栄養・食事計画を立案し,それに沿った食事を調理・提供する際には,食事の種類や内容を取り決めた基準が必要となる。提供する食事から給与する

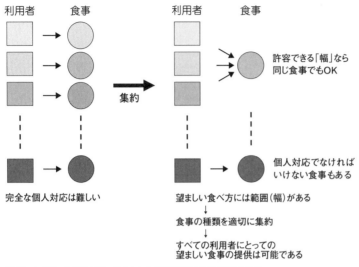

利用者　　食事　　　　利用者　　食事

許容できる「幅」なら
同じ食事でもOK

集約

個人対応でなければ
いけない食事もある

完全な個人対応は難しい　　望ましい食べ方には範囲（幅）がある
↓
食事の種類を適切に集約

すべての利用者にとっての
望ましい食事の提供は可能である

出所）山本茂・由田克士編：日本人の食事摂取基準(2005年版)の活用
　　　—特定給食施設等における食事計画編，28，第一出版(2005)より改編

図 3.2　特定給食施設における望ましい対応

エネルギー，栄養素量の目標値のことを**給与栄養目標量**といい，献立作成時の目標あるいは目安とする。給与栄養目標量は，すべての利用者に対して望ましい適正栄養量を算定しなくてはならない。しかし，特定給食施設において，一人ひとりに完全対応した食事提供を行うことは現実的には困難である。そこで，食事の提供を適正かつ合理的に行うために，利用者個人の身体状況や栄養状態，身体活動レベルなどをアセスメントし，食事摂取基準をもとに個人の栄養必要量を算出して，適切な**許容範囲内**で食事の種類（食事量，食事形態など）をできる限り**集約**する（図3.2）。

　給与栄養目標量の算定方法は，大きく分けて2つある。

(1) 監督官公庁から示された基準または目標を参照する方法

　たとえば学校給食については，文部科学省から学校給食実施基準の告示や，詳細な取り扱いや内容についての通知が示されている。また，保育所給食は，厚生労働省から出されている「児童福祉施設における食事の提供に関する援助及び指導について[*1]」や，「保育所における食事の提供について[*2]」などの通知を参照する。

*1　令和2年3月31日子発0331
　　第1号／障発0331第8号

*2　平成22年6月1日雇児発
　　0601第4号

(2) 日本人の食事摂取基準に基づいて算定する方法

　利用者個人の栄養アセスメントの結果から，日本人の食事摂取基準をもとに，個人が必要とする栄養素量を算出し，個人が多数集まって「集団」になっていると考え，許容範囲内で集約して給与栄養目標量を算定する。集約は，まずエネルギーベースで行い，給与エネルギー量を算出する。次にエネルギー産生栄養素，ビタミン，ミネラル，食物繊維，食塩などの設定を行う。また，疾患を有する，あるいは疾患に関する高いリスクを有する個人並びに集団に対して，治療を目的とする場合は，食事摂取基準の食事摂取量におけるエネルギー及び栄養素の摂取に関する基本的な考え方を理解した上で，その疾患に関連する治療ガイドライン等の栄養管理指標を用いる。特定給食施設における給与栄養目標量の算定手順Step 1 〜 5を以下に示す。

Step 1　対象集団を決定するための対象者特性の把握

栄養・食事計画の対象者の範囲を確定し，対象者の特性や人員構成を確認するに当たって，まず，対象者の ① 性別・年齢階級，身体活動レベル(表 3.2)，② 身体特性(身長・体重・BMI)の把握は必須項目である。可能ならば知りたい項目としては，③ 血液生化学データ・疾病者の頻度の分布，④ 栄養素等摂取常用，食習慣状況，職種等の経年変化，施設の食事の利用状況等のアセスメント事項がある。

表 3.2　ある施設における人員構成(例)　(人)

身体活動レベル	低い(Ⅰ)		ふつう(Ⅱ)		高い(Ⅲ)	
性別	男性	女性	男性	女性	男性	女性
18 ～ 29 歳	40	41	29	21	0	0
30 ～ 49 歳	44	36	34	20	0	0
50 ～ 64 歳	38	39	29	16	0	0
小計	122	116	92	57	0	0
合計	387					

Step 2　推定エネルギー必要量の分布を確認

Step 1 をもとに，対象者の推定エネルギー必要量を確認する(表 3.3)。対象者の望ましいエネルギー量の分布状況を確認する(表 3.4)。

表 3.3　推定エネルギー必要量 [1]　(kcal/日)

身体活動レベル	低い(Ⅰ)		ふつう(Ⅱ)		高い(Ⅲ)	
性別	男性	女性	男性	女性	男性	女性
18 ～ 29 歳	2,300	1,700	2,650	2,000	3,050	2,300
30 ～ 49 歳	2,300	1,750	2,700	2,050	3,050	2,350
50 ～ 64 歳	2,200	1,650	2,600	1,950	2,950	2,250

注 1) 日本人の食事摂取基準(2020 年版)より

Step 3　エネルギーベースで集約し，給与エネルギー量を算出，設定数の決定

大まかにエネルギーベースで食事の種類をできる限り集約する。すべての対象者に対して適切な**許容範囲内**(1 日当たり ± 200 kcal 程度，または ± 10 ％程度)での食事が提供可能かを検討する。提供する食事の種類数は，給食施設の設備条件や，給食システムにより制約を受けるため，それらを考慮し，給与栄養目標量をどのように設定するかを決定する。

表 3.4　推定エネルギー必要量の分布

推定エネルギー必要量(kcal/日)	人数	該当対象者の特徴		
		性別	年齢	身体活動レベル
1,650	**39**	女性	50 ～ 64	Ⅰ
1,700	**41**	女性	18 ～ 29	Ⅰ
1,750	**36**	女性	30 ～ 49	Ⅰ
1,950	**16**	女性	50 ～ 64	Ⅱ
2,000	**21**	女性	18 ～ 29	Ⅱ
2,050	**20**	女性	30 ～ 49	Ⅱ
2,200	**38**	男性	50 ～ 64	Ⅰ
2,300	**84**	男性	18 ～ 29	Ⅰ
2,300		男性	30 ～ 49	Ⅰ
2,600	**29**	男性	50 ～ 64	Ⅱ
2,650	**29**	男性	18 ～ 29	Ⅱ
2,700	**34**	男性	30 ～ 49	Ⅱ
合計	387			

表 3.5　給与エネルギー量の算出例

① 推定エネルギー必要量 (kcal/日)	人数	② 荷重平均による代表値 (kcal/日)	許容範囲 ②-① (kcal)	③ 集約例1 丸め値 (kcal/日)	許容範囲 ③-① (kcal)	④ 集約例2 丸め値 (kcal/日)	許容範囲 ④-① (kcal)	⑤ 推定エネルギー必要量 (kcal/回)	⑥ 荷重平均による代表値 (kcal/回)	許容範囲 ⑥/⑤比 (%)	⑦ 集約例3 丸め値 (kcal/回)	許容範囲 ⑦/⑤比 (%)	⑧ 集約例4 丸め値 (kcal/回)	許容範囲 ⑧/⑤比 (%)
1,650	39		500		50		50	578		23		4		4
1,700	41		450	1,700	0	1,700	0	595		21	600	1	600	1
1,750	36		400		-50		-50	613		18		-2		-2
1,950	16		200		50		200	683		9		3		9
2,000	21	荷重平均値 =2150.1	150	2,000	0		150	700	荷重平均値 =752.5	7	700	0	750	7
2,050	20		100		-50	2,150	100	718		4		-2		4
2,200	38		-50		50		-50	770		-3	800	4		-3
2,300	84	↓ 丸め値 2,150	-150	2,250	-50		-150	805	↓ 丸め値 750	-7		-1		-7
2,600	29		-450		50		50	910		-21		2		2
2,650	29		-500	2,650	0	2,650	0	928		-24	930	0	930	0
2,700	34		-550		-50		-50	945		-26		-2		-2
合計	387													
給与エネルギー量の例		A		B		C			D		E		F	

※「1日当たり」は①②③④、「昼食1回あたり（1日の35%）」は⑤⑥⑦⑧

荷重平均による1段階の基準では，1日の許容範囲幅（±200 kcal）を逸脱する者が多数出る。

複数の段階を設けた集約で，1日の許容範囲幅（±200 kcal）に収めることが可能となる。

何段階に集約するかは，利用者の特徴や給食施設の条件などを考慮する。

推定エネルギー必要量に対し，許容範囲が±10%程度になるか確認する。

Step 4　エネルギー産生栄養素の給与栄養目標量の設定（PFC 比率）

食事の種類ごとにエネルギー産生栄養素の給与栄養目標量を決定する。

Step 5　ビタミン・ミネラル等の設定

食事の種類ごとに対象者のビタミン・ミネラル等の食事摂取基準を確認し，幅をもたせて設定値を決定する。基準値の最も高い人が，推定平均必要量（EAR）を下回らないように注意する。対象者の身体状況により，適切な範囲での調整を行う。

表 3.6　給与エネルギー量 F（表 3.5）を例にした場合の給与栄養目標量の設定

推定エネルギー必要量 (kcal/日)	給与エネルギー量 F（表3.5）より (kcal/回)	人数	性別	年齢	身体活動レベル
1,650	600	39	女性	50~64	I
1,700	600	41	女性	18~29	I
1,750	600	36	女性	30~49	I
1,950	750	16	女性	50~64	II
2,000	750	21	女性	18~29	II
2,050	750	20	女性	30~49	II
2,200	750	38	男性	50~64	I
2,300	750	40（84）	男性	18~29	I
2,300	750	44	男性	30~49	I
2,600	930	29	男性	50~64	II
2,650	930	29	男性	18~29	II
2,700	930	34	男性	30~49	II

栄養素		定食1	定食2	定食3
エネルギー	(kcal)	600	750	930
%Enたんぱく質	(%)	17(14~20)	17(14~20)	17(14~20)
たんぱく質	(g)	26	32	40
%En脂質	(%)	25(20~30)	25(20~30)	25(20~30)
脂質	(g)	17	21	26
%En炭水化物	(%)	57.5(50~65)	57.5(50~65)	57.5(50~65)
炭水化物	(g)	86	108	134
ビタミンA	(μgRAE)	215	315	315
ビタミンB_1	(mg)	0.39	0.49	0.49
ビタミンB_2	(mg)	0.42	0.56	0.56
ビタミンC	(mg)	35	35	35
カルシウム	(mg)	228	280	280
鉄	(mg)	3.9	3.9	2.6
食物繊維	(g)	6以上	7以上	7以上
食塩相当量	(g)	2.3未満	2.3未満	2.6未満

3.3.2 栄養補給法および食事形態の計画

給食の利用者は健常な成人だけでなく，成長期の子どもや高齢者，傷病者などさまざまであり，食欲，栄養状態，消化・吸収能力，摂食能力(咀嚼・嚥下能力)，摂食に関係する身体機能などが個々で異なる。利用者の状態に合わせた適切な栄養補給法と食事形態を選択して栄養を提供しなければならない。

(1) 栄養補給法

栄養補給法は，① **経腸栄養法**と，② **経静脈栄養法**の2種類に大きく分けられる(図3.3)。① 経腸栄養法は腸を経る(通る)栄養補給法のことであり，さらに口から食物を摂取する**経口栄養法**と，口を介さない**非経口栄養法**とに分類される。

経口栄養法は，口から食べ，咀嚼・嚥下，消化を経て腸管より栄養素を吸収して体内に取り入れる，最も一般的で生理的な栄養補給法である。一方，非経口栄養法は，咀嚼や嚥下機能に問題があって経口摂取は困難だが，腸管からの吸収能力は保たれている時に，消化吸収しやすく栄養価が高い経腸栄養剤を，チューブ(または胃瘻，空腸瘻)を用いて胃や小腸に直接注入する方法である。経腸栄養剤には，天然濃厚流動食と，人工濃厚流動食(半消化態栄養剤，消化態栄養剤，成分栄養剤)があり，食品扱いのものと薬剤扱いのものがある。病院給食で取り扱うのは，経口栄養法の一般治療食と特別治療食，非経口栄養法の経腸栄養剤のうち，食品扱いのものである。

経静脈栄養法は，腸を使わず静脈から栄養剤を注入する栄養法で，輸液の投与ルートにより中心静脈栄養法(TPN)と，点滴として知られる末梢静脈栄養法(PPN)に分けられる。

① 経腸栄養法は，② 経静脈栄養法よりも生理的であり，管理が容易で安全性が高く，コストも安い。また，できるだけ消化管を使って消化・吸収をさせることが，消化管機能と正常な生理作用の退化を防ぐことが明らかになっており，利用者の状況に合わせて可能な限り経腸栄養法を選択することが望ましい。

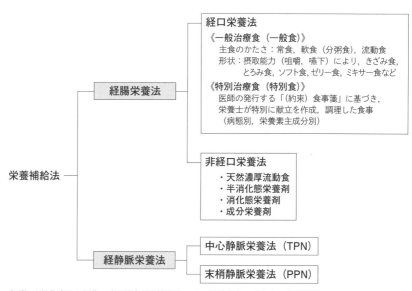

出所) 小松龍史ほか編著：改訂給食経営管理論，181，建帛社(2011)より，部分改編

図3.3　病院等における栄養補給法および食事形態

(2) 食事形態

食事形態は，食事の ① かたさ，② 形状でいくつかの食種に分類される。

かたさによる分類では，主食のかたさにより常食，軟食，分粥食（七分，五分，三分など），流動食（重湯など）に分けられる（**主食形態別**）。病院給食における「**一般治療食**」の食種はこの主食形態別である。副食も主食に合わせて調理法や食品の選択に配慮する。**流動食**は流動体で水分が多く，食物残渣（ざんさ）が少なく，消化吸収のよい食事である。見かけは固形でも口腔内で流動体になるゼリーなどの食物も流動食に用いられる。

形状による分類には，きざみ食，とろみ食，ソフト食，ゼリー食，ミキサー食などがある。食種の呼称と形態は必ずしも統一されておらず，施設により異なる。また，使用するとろみ剤（ゲル化剤）によって出来上がりの性状が変わることもある。近年，摂食・嚥下障害者向け食品や料理の物性（かたさ，付着性，凝集性など）を，レベルごとに標準化するための基準（ユニバーサルデザインフード，嚥下食ピラミッドなど）が登場している。利用者の消化吸収能力，摂食機能のアセスメント結果から適切な食事形態を選択して提供することはもとより，調理における品質管理（食種ごとのかたさ，形状などの標準化）も重要である。

3.3.3 献立作成基準

栄養計画に基づいた食事内容の設計を行うことを**食事計画**といい，献立作成基準の作成，食品構成の立案，献立計画，提供方法やサービス内容の計画までの業務が含まれる。献立作成基準には，食事の種類（提供する食事区分と回数），献立の種類（単一献立，複数定食献立，カフェテリアなど），料理様式や形態，献立サイクル，献立の展開数などの事項がある。

利用者に満足感を与える食事を提供するためには，給与栄養目標量を満たしながらも，可能な範囲で使用食材や調理法に変化をもたせた献立が求められる。そこで，給与栄養目標量と栄養比率に配慮して，1人1日または1回当たりにどのような食品をどれだけ摂取すればよいかを，食品群別の使用目安量に置き換えた基準を作成し，献立作成に利用する。この食品群ごとの使用量の目安を**食品構成**といい，一覧にしたものが食品構成表である。**食品構成表**は，献立作成を効率的にするとともに，実施給食の評価にも利用することができる。さらに，利用者への栄養教育・栄養指導にも活用できるものである。以下，食品構成表の作成を中心とした献立作成の流れを示す。

(1) 食品群別荷重平均栄養成分表の作成

食品群別荷重平均栄養成分表とは，食品構成の作成や，給食実施後の栄養管理報告書類の作成に用いる食品群別の栄養成分表のことである（**表3.9**）。

食品の分類には，3群，4群，6群，13〜18群などがあり，目的によって

使用する分類数が異なる。各施設で献立作成上，使用しやすいものを用いればよい。また，特定給食施設では行政から栄養管理報告書の作成が義務づけられているため，その様式に合わせた分類数にすると効率的である。食品群別荷重平均栄養成分値を求めるには，次の3つの方法がある。

1) 施設の過去1年間の食品の使用実績から求める方法

食品群別に1年間の各食品の純使用量（可食量）を集計する。次に，各食品の使用構成比率を求め，合計が100%になるように調整する。使用構成比率（%）を食品群の100g中の構成重量（g）として置き換える。この重量に対して日本食品標準成分表を用いて各栄養成分値を算出する。算定に必要な日数は原則1年だが，各施設や季節によって献立に使用する食品の種類や量が異なるため，1年を季節ごとで4期に分け，各季節で食品群別荷重平均栄養成分値を算出するなどの配慮も必要である（**表 3.7, 3.8**）。

表 3.7　食品群別使用量集計例（魚介類）

食品群	食品名	使用重量 (kg)	使用構成比率*1(%)	使用構成比率の調整(%)	構成重量 (g)
魚介類 (生)	まだら	300	44	45*2	45
	しろさけ	250	37	37	37
	まさば	50	7	7	7
	メルルーサ	50	7	7	7
	まあじ	30	4	4	4
	合計	680	99.0	100.0	100.0

注 *1　1%未満を四捨五入した。
　 *2　使用構成比率を100にするため，使用量の最も多いまだらに1を足し，合計を100%になるようにした。

表 3.8　食品群別荷重平均栄養成分表の算出例（魚介類）

食品群	食品名	構成重量 (g)[1]	エネルギー (kcal)	たんぱく質 (g)	脂質 (g)	カルシウム (mg)	鉄 (mg)	ビタミン A (μgRAE)	B1 (mg)	B2 (mg)	C (mg)	食物繊維 (g)	食塩相当量 (g)
魚介類 (生)	まだら	45	32	6.4	0.0	14	0.1	5	0.05	0.05	Tr	(0)	0.1
	しろさけ	37	46	7.0	1.4	5	0.2	4	0.06	0.08	0	(0)	0.1
	まさば	7	15	1.2	0.9	0	0.1	3	0.01	0.02	0	(0)	0.0
	メルルーサ	7	5	1.0	0.0	1	0.0	0	0.01	0.00	Tr	(0)	0.0
	まあじ	4	4	0.7	0.1	3	0.0	0	0.01	0.01	Tr	(0)	0.0
	合計	100	102	16.3	2.4	23	0.4	12	0.14	0.16	0.0	(0)	0.2

注1) 構成重量は，**表 3.7** より。
出所) 日本食品標準成分表 2020 年版（八訂）による算出。

2) 食品群を代表するいくつかの食品から求める方法

新設された給食施設で食品の使用実績がない場合や，献立内容を改善する場合は，食品群を代表するいくつかの食品を選出して適宜その使用比率（%）を設定し，以下，1）と同様に荷重平均値を求める。

3) すでに発表されているものを使用する方法

適切な栄養管理を行うためには，各施設で独自に作成することが望ましい

表3.9　食品群別荷重平均栄養成分表(15群の例)

（可食部100 g あたり）

食品群名		エネルギー (kcal)	たんぱく質 (g)	脂質 (g)	カルシウム (mg)	鉄 (mg)	ビタミン A (μgRAE)	ビタミン B₁ (mg)	ビタミン B₂ (mg)	ビタミン C (mg)	食物繊維 (g)	食塩相当量 (g)
穀類	米類	355	6.2	1.3	6	0.8	0	0.10	0.00	0	0.8	0.0
	パン類	276	9.3	3.0	19	0.8	0	0.10	0.00	0	15.3	1.2
	めん類	204	6.0	1.4	10	0.5	0	0.00	0.00	0	1.8	0.5
	その他の穀類	382	10.4	10.4	164	2.1	1	0.20	0.00	2	4.0	0.3
いも類	じゃがいも類	113	1.4	0.1	12	0.5	0	0.10	0.10	27	1.5	0.0
	こんにゃく類	7	0.1	0.1	69	0.6	0	0.00	0.00	0	3.0	0.0
砂糖類		360	0.1	0.0	13	0.3	0	0.00	0.00	1	0.2	0.0
菓子類		0	0.0	0.0	0	0.0	0	0.00	0.00	0	0.0	0.0
油脂類	動物性	745	0.6	81.0	15	0.1	510	0.00	0.00	0	0.0	1.9
	植物性	895	0.3	97.2	2	0.1	6	0.00	0.00	0	0.0	0.2
豆類	豆・大豆製品	137	9.6	6.6	137	1.9	0	0.12	0.05	0	3.5	0.0
	みそ	217	9.7	3.0	80	3.4	0	0.05	0.10	0	5.6	6.1
魚介類		118	19.4	3.9	25	0.5	38	0.10	0.17	1	0.0	0.4
肉類		198	18.9	12.5	5	0.9	14	0.34	0.19	2	0.0	0.1
卵類		152	12.3	10.4	51	1.8	160	0.06	0.43	0	0.0	0.4
乳類	牛乳	67	3.3	3.8	110	0.0	38	0.04	0.15	1	0.0	0.1
	その他の乳類	110	4.8	7.8	150	0.0	75	0.04	0.15	1	0.0	0.3
野菜類	緑黄色野菜	31	1.4	0.2	43	0.8	280	0.07	0.09	30	2.3	0.1
	その他の野菜	29	1.4	0.2	24	0.4	6	0.04	0.06	12	2.2	0.0
果実類		57	0.6	0.3	13	0.2	16	0.04	0.02	29	1.1	0.0
海草類		36	3.6	0.5	240	6.5	110	0.08	0.21	4	10.3	2.8
調味料類		98	4.1	0.9	29	1.2	5	0.03	0.07	1	0.9	12.3
調理加工食品類		237	2.9	10.6	4	0.8	0	0.12	0.06	40	3.1	0.0

参考）松月弘恵ほか編者：トレニーガイドPDCAによる給食マネジメント実習, 19, 医歯薬出版(2013)より一部改変

が，施設を指導・監修している行政機関などからすでに発表されている成分表を利用する，あるいは同種・同規模の施設の成分表を利用することも可能である。

(2) 食品構成の作成

食品構成の作成に当たって，まず ① エネルギー比率を設定し，② 穀類，③ 動物性食品，④ 植物性食品，⑤ 油脂類，⑥ その他の食品，⑦ 砂糖類の摂取目標量を算定し，⑧ 食品構成表へのまとめを行い，給与栄養目標量との確認を行う（表3.10～3.12）。エネルギー比率などの設定は，施設の特性，利用者の嗜好，食材費なども考慮する。食品構成は，献立作成時や料理や食品を組み合わせる上で目安になるものであるが，1食単位で目標値に合わせることは献立内容に変化を付けにくく現実的でないため，1～4週間単位の平均値が目標値に近づくよう調整して献立作成を行う。食品構成表の作成手順と算出例を表3.11，3.12に示す。

表3.10　栄養素比率

栄養素	栄養素比率(%エネルギー)
たんぱく質エネルギー比	13～20(16.5)[1]
動物性たんぱく質比	40～50
脂質エネルギー比	20～30(25)
炭水化物エネルギー比	50～65(57.5)
穀類エネルギー比	45～60

（　）内は範囲の中央値を示したものであり，最も望ましい値を示すものではない。
資料）日本人の食事摂取基準(2020年版)の実践・運用より改変
注1) たんぱく質エネルギー比は，年齢区分により比率が異なる。

表3.11　食品構成表作成のための食事計画（例）

Step 1：食事計画

栄養素		栄養素の比率(%)		給与栄養目標量(幅)の設定		
		幅	中央値*1	（算出式）	中央値　（幅）	
エネルギー	給与栄養エネルギー量				2150	kcal
	推定エネルギー必要量				2150	kcal
穀類	炭水化物エネルギー比	50~65	57.5	$2150 × 0.575 = 1236.3 ≒$	1240　(1075~1400)	kcal
	穀類エネルギー比	45~60	52.5	$2150 × 0.525 = 1128.8 ≒$	1130　(970~1290)	kcal
たんぱく質	たんぱく質エネルギー比	14~20*2	17	$(2150 × 0.17) ÷ 4*3 = 91.4 ≒$	90　(75~108)	g
	動物性たんぱく質比	40~50	45	$90(g) × 0.45 = 40.5 ≒$	40　(36~45)	g
脂質	脂質エネルギー比	20~30	25	$(2150 × 0.25) ÷ 9*4 = 59.7 ≒$	60　(48~72)	g

期間献立（1週間）	
食事提供回数	21回
主食の内容と割合	米：14回　パン：5回　めん：2回
主菜の内容と割合	魚：7回　肉：9回　卵：3回　豆：2回
イベント食の有無	なし

*1：給与栄養目標量には幅があるが，食品構成作成時には中央値を参考にする。
*2：対象となる構成集団の年齢区分や特徴を考慮する。
*3：たんぱく質のアトウォーター係数＝4
*4：脂質のアトウォーター係数＝9

表3.12　食品構成表の作成手順と算出（例）

手順	食品群名		分量(g)	エネルギー(kcal)	たんぱく質(g)	脂質(g)

Step 2：穀類量の算出

	1回使用量(g)	使用回数(回)	1日使用量(g)の算出*1
米類	100	14	$100×(14/21)×3=200$　**200**
パン類	90	5	$90×(5/21)×3=64$　≒ 60
めん類	200	2	$200×(2/21)×3=57$　≒ 60
その他の穀類	15	7	$15×(7/21)×3=15$　**15**

荷重平均栄養成分表(表3.9)にて算出

食品群名		分量(g)	エネルギー(kcal)	たんぱく質(g)	脂質(g)
① 穀類	米類	200	710	12.4	2.6
	パン類	60	166	5.6	1.8
	めん類	60	122	3.6	0.8
	その他の穀類	15	57	1.6	1.6
① 小計			1055	23.2	6.8

Step 3：動物性食品の算出

	1回使用量(g)	使用回数(回)	1日使用量(g)の算出*1
魚介類	90	7	$90×(7/21)×3=90$　**90**
肉類	90	9	$90×(9/21)×3=116$　≒ 115
卵類	65	3	$65×(3/21)×3=27$　≒ 30
乳類　牛乳	200	5	$200×(5/21)×3=143$　≒ 140
その他の乳類	100	2	$100×(2/21)×3=29$　≒ 30

食品群名		分量(g)	エネルギー(kcal)	たんぱく質(g)	脂質(g)
② 魚介類	生もの	90	106	17.5	3.5
③ 肉類	生もの	115	228	21.7	14.4
④ 卵類		30	46	3.7	3.1
⑤ 乳類	牛乳	140	94	4.6	5.3
	その他の乳類	30	33	1.4	2.3
②~⑤ 小計			507	48.9	28.6

Step 4：植物性食品の算出

	1回使用量(g)	使用回数(回)	1日使用量(g)の算出*1
豆腐	70	2	$70×(2/21)×3=20$　≒ 20
大豆製品	40	1	$40×(1/21)×3=6$　≒ 5
みそ	15	7	$15×(7/21)×3=15$　**15**
いも	80	3	$80×(3/21)×3=34$　≒ 35
こんにゃく	40	2	$40×(2/21)×3=11$　≒ 10
緑黄色野菜			150
その他の野菜			200
果物			200
海草			2

食品群名		分量(g)	エネルギー(kcal)	たんぱく質(g)	脂質(g)
⑥ 豆腐	豆・大豆製品	25	34	2.4	1.7
	みそ	15	33	1.5	0.5
⑦ いも類	じゃがいも類	35	40	0.5	0.5
	こんにゃく類	10	1	0.0	0.0
⑧ 野菜類	緑黄色野菜	150	47	2.1	0.3
	その他の野菜	200	58	2.8	0.4
⑨ 果実類		200	114	1.2	0.6
⑩ 海藻類		2	1	0.1	0.0
⑥~⑩ 小計			328	10.6	3.5
①~⑩ までの小計			1890	82.7	38.9

Step 5：油脂類の算出

油脂類からの脂質量(g)＝脂質の給与目標量－(穀物＋動物性食品＋植物性食品からの油脂量)
＝$60 - (6.8 + 28.6 + 3.5) = $ **21.1(g)**
→動物性：植物性＝3：7に分ける
動物性油脂量＝$21.1 × 0.3 × (100/81.0*2) = 7.8 ≒ 8$
植物性油脂量＝$21.1 × 0.7 × (100/97.2*2) = 15.2 ≒ 15$

食品群名		分量(g)	エネルギー(kcal)	たんぱく質(g)	脂質(g)
⑪ 油脂類	動物性	8	60	0.0	6.5
	植物性	15	134	0.0	14.6
⑪ 小計			194	0.0	21.1

Step 6：その他の食品の算出

各施設における菓子類，調味料類(砂糖は含まない)，加工食品類の実績値を用いる。

食品群名	分量(g)	エネルギー(kcal)	たんぱく質(g)	脂質(g)
⑫ 菓子類	0	0	0.0	0.0
⑬ 調味料類	20	20	0.8	0.2
⑭ 調理加工食品類	15	36	0.4	1.6
⑫~⑭ 小計		56	1.2	1.8
①~⑭ 小計		2140	83.9	61.8

Step 7：砂糖類の算出

砂糖からのエネルギー量(kcal)＝給与エネルギー目標量－
(穀物＋動物性食品＋植物性食品＋油脂類＋その他からのエネルギー)
＝$2150 - (1055 + 507 + 328 + 194 + 56) = 10$
砂糖量(g)＝砂糖からのエネルギー10(kcal)×$(100/360*2) = 2.8 ≒ 5(g)$

食品群名	分量(g)	エネルギー(kcal)	たんぱく質(g)	脂質(g)
⑮ 砂糖類	5	18	0.0	0.0
⑮ 小計		18	0.0	0.0

Step 8：給与栄養目標量の範囲内にあることを確認

	分量(g)	エネルギー(kcal)	たんぱく質(g)	脂質(g)
①~⑮ 合計		2158	83.9	61.8
給与栄養目標量		2150	90.0	60.0

*1　1日当たり使用量＝1回使用量×期間献立での使用回数×3食(1日3回食)
*2　エネルギー(kcal)から重量(g)への換算係数として，荷重平均成分表(表3.9)の値を引用

(3) 献立の作成・運用

1) 献立の意義

栄養計画に基づき立案された献立作成基準が，製品(食事)に反映され，利用者に摂取されなければ，栄養管理の目的を達成することはできない。したがって，食事を通しての栄養計画の具体化は献立の善し悪しにかかっている。

2) 献立の役割

献立表には，**予定献立表**と**実施献立表**がある。予定献立表は，計画どおりの品質の食事を提供し，サービスするために必要な計画書としての機能をもつのと同時に，食材管理(発注計画など)の資料，調理作業計画の資料，調理指示書，栄養教育の資料になる。実施献立表は，予定献立表をもとに実施された献立のことであり，生産(調理)の過程で生じた変更点について，予定献立表に直接修正を加えたものである。実施記録や報告書としての機能をもち，次の献立作成のための資料としても活用する。

3) 献立の種類

献立の種類と特徴について**表3.13**に示す。献立の種類は大きく**単一献立**と**複数献立**に分けられる。単一献立は，主食，主菜，副菜などを組み合わせた定食型の献立を1種類だけ提供する方式である。複数献立には，2種類以上の定食形式と，主食，主菜などの何種類かの単品料理から利用者が自由に組み合わせるカフェテリア方式がある。

表3.13　献立の種類と特徴

種類	単一献立	複数献立	
形式	1種類のみの定食形式 (単一定食)	2種類以上の定食形式 (複数定食)	カフェテリア形式 (主食，主菜，副菜，汁物などの多数の単品料理から自由に選択する)
給与栄養目標量の設定数	1	定食の種類数	・提供料理の種類数に応じて ・利用者のエネルギー必要量の分布範囲に応じて
長所	・栄養管理が容易 ・対象者の仲間意識が強まる ・偏食の矯正や栄養教育を行いやすい ・業務や経費の管理がしやすく効率的	・利用者がいずれかを選択できる	・利用者が食事を自由に選択できる
短所	・利用者が食事を選択できない	・定食形式の場合は，料理の組合せの自由がない ・栄養管理，業務管理，経費管理などの多様化，複雑化(効率よい運営システムの検討が必要)	
献立作成，運用のポイント	・多数人の嗜好に合う献立にする ・単調にならないよう，変化をもたせる	・選択された食事で栄養の偏りが生じないように，料理の種類や一品に使用する食材や量に配慮する ・性別や年齢による嗜好の差を考慮する ◎栄養バランスがとれた料理の組合せができるように，栄養教育の実施が必要	

4) 献立作成の留意点

献立の作成には, 利用者の特徴(疾病の有無, 摂食・嚥下障害の有無など)や施設の設備などによりさまざまな条件や制約があるが, それらをふまえた上で, 適切な献立が作成されなければならない。献立を作成する際の留意点を以下に示す。

① 食品構成に基づいて作成し, 1週間から10日単位でみた時のエネルギー, 栄養素量の平均が給与栄養目標量に適合するように考える。ただし, 1日でも給与栄養目標量の±200 kcal 程度または±10 %の範囲を目安にする。また, 朝食, 昼食, 夕食への配分のバランスにも配慮すること

② 利用者の嗜好, 食習慣, 栄養・健康状態を反映させること

③ 衛生管理がなされ, 安全であること

④ 施設の経営方針に沿い, 経費の範囲内であること

⑤ 施設・設備の規模や状態, 調理機器, 給食従事者の技術能力に見合ったもので, ムリ・ムラ・ムダなく調理できること

⑥ 適温で提供できること

⑦ 旬の食材や行事食を取り入れるなどして, マンネリ化を防ぎ, 変化をもたせること

5) 献立の基本形式

料理の様式には和風, 洋風, 中華風などがあるが, いずれの様式も図3.4の「献立の基本型」を参考に料理の組合せを考えると, さまざまな献立に応用しやすい。主食, 主菜, 副菜1, 副菜2, 汁物, デザートがそろった献立を基本型とし, これをもとに応用型に展開する。たとえば, 八宝菜のような炒め物は, 主菜にあたる肉類や魚介類と, 副菜1にあたる野菜類を主材料として作られる料理である。つまり, 「主菜+副菜1」の組合せで1皿の料理となる。これをさらに, 主食であるご飯にのせ, 中華丼にすると「主食+主菜+副菜1」の組合せ料理となる。食品構成と味の調和を考慮して, 残りの副菜2, 汁物, デザートを組み合わせれば献立が完成する。料理の組合せは,

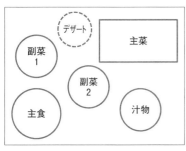

主食：食事の中心的な位置を占める穀物を主材料とする(ごはん, パン, 麺類)
主菜：肉, 魚, 卵, 大豆などを主材料とするメイン料理
副菜1：主に野菜を使った, ビタミン, ミネラルの供給源となる料理
副菜2：主菜1と同様, 野菜を主材料にした料理
　　　　　(不足している野菜を補うような料理とする)
汁物：主食, 主菜, 副菜に変化と豊かさを増す料理
　　　　(季節感を考慮し, 他の料理と調和させると良い)
デザート：果物や甘味の料理
　　　　　　(献立を豊かにし, 食後の楽しみや満足感を与える)

出所) 富岡和夫編著：エッセンシャル給食経営管理論(第3版), 123, 医歯薬出版(2013)

図3.4 献立の基本型

味付けの重複を避け，色彩，香り，テクスチャーなど，五感に訴えるように調理法(煮，焼，炒，揚，蒸など)を工夫し，おいしさ，楽しさ，食べやすさに配慮する。

3.3.4 個別対応の方法

乳幼児や児童にとっては，日々提供される食事が心身の健全な発育にとって大切である。食事の摂取量，残菜量などの把握に加え，成長曲線を用いて栄養状態が良好か評価することも必要である。また，食物アレルギーをもつ子どもについては，安易な食事制限や食品除去をせず，医師の指示や保護者との相談のもとで対応する。特に身体発育に必要な栄養素が不足しないように栄養のバランスを調整し，調理時のアレルゲン食品の混入や誤食に注意する。食品の除去や代替食品の対応が困難な場合には，保護者の協力，支援が必要である。

高齢者は，身体状況が必ずしも実年齢と相関せず，個人差が大きい。さらに何らかの疾患を患っていることが通常であることから，適切な栄養スクリーニングときめ細かな栄養アセスメントを実施し，栄養計画を立てる必要がある。また，定期的に喫食状況(食事摂取量)と，体重，可能であれば血液生化学検査値などにより栄養状態の把握を行い，食事内容を評価して栄養・食事計画にフィードバックさせる。

3.4 栄養・食事計画の実施，評価，改善
3.4.1 利用者の状況に応じた食事の提供とPDCAサイクル

栄養・食事計画の実施とは，献立を実際に調理して利用者に提供する作業と，利用者がそれを摂取することである。利用者の特徴は，健康状態，生活習慣，食嗜好などによってさまざまであり，特に個人差の大きい子どもや高齢者，疾患などを有する傷病者には，個別に管理した栄養・食事計画とそれに沿った食事の提供が必要となる。まず栄養アセスメントを行い，現状を把握し，健康や栄養上の問題点とニーズを発見することから始め，PDCAサイクルを繰り返し，常に利用者の状況に合った栄養量，食事内容を提供できるように運営する必要がある。個々の栄養状態などの評価とともに，給与栄養目標量などの見直しも定期的に行う(図3.5)。

3.4.2 栄養教育教材としての給食の役割

給食は，「生きた教材」である。特定給食施設においては，給食そのものが利用者に食品や栄養の知識を与え，望ましい食習慣や正しい食事マナーを身につけさせる役割を担っている。たとえば病院では，入院中に提供される食事が最も具体的な栄養教育教材(実物教育)である。退院後に患者や家族がすぐに実践できるよう，調理法が簡便であること，特殊な食材が不要なこと，

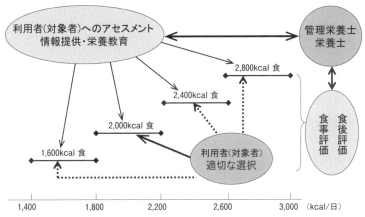

出所）山本茂・由田克士編：日本人の食事摂取基準（2005 年版）の活用―特定給食施設等における食事計画，34，第一出版（2005）

図 3.5 利用者へのアセスメント・食事計画・利用者の適切な選択・事後評価の関連

おいしいことなども考慮されなければならない。

3.4.3 適切な食品・料理選択のための情報提供

栄養・食事計画に基づき作られた食事が，利用者に適切に摂取されるためには，利用者の立場（状況）に応じた栄養情報の提供や，栄養教育の方法について検討し，効果的に実践していく必要がある。特に複数献立を取り入れている事業所などの特定給食施設では，利用者が自らの意志で食事の種類や内容を選択することが多い。このため，利用者が自分に合った適切な食事を正しく選択できるように，食事量や食事内容への興味や理解を深め，望ましい食習慣への行動変容を促すための情報提供がきわめて重要となる。

3.4.4 評価と改善

目標の達成度の確認が評価である。栄養・食事管理の評価には，摂取量に対する評価，利用者の栄養状態の評価，利用者の知識や態度の評価，食習慣・食行動の評価，顧客満足度などがあり，食事提供者側と利用者側の双方の立場から，栄養管理計画・食事管理計画に沿って実施されたかについて検討する。また，行政では健康増進法施行規則第 9 条の「栄養管理の基準」に沿って，その内容を確認する「**栄養管理報告書**」（表 3.14）の作成と提出（年に 1 ～数回）を求めており，栄養管理のプロセスにも重点を置いた内容で栄養管理の実施水準をチェックしている。このほかにも「**栄養出納表**[*]」などの評価・記録表があり，栄養管理報告書とともに給食施設の自己評価のツールとしても有効である。

利用者の栄養状態の評価は，アセスメントを再度実施し（リアセスメント），変化を確認する。このことは，栄養計画や実施方法の妥当性，栄養・食事管理体制全体を評価することにもつながる。

*栄養出納表 実施献立が，給与栄養目標量や食品構成を満たしていたかを評価する目的で作成する。ある一定期間内の平均値として，利用者 1 人 1 日当たりの食品群別使用量，エネルギーや栄養素の給与状況，栄養比率を算出し記録する。「栄養管理報告書」と同様，監督官公庁への報告や内部評価にも活用する。

表 3.14　栄養管理報告書の書式例

栄養管理報告書(給食施設)

保健所長　殿

施設名
所在地
管理者名
電話番号

　　　　　　　年　　　　月分

Ⅰ　施設種類	Ⅱ　食事区分別1日平均食数及び食材料費				Ⅲ　給食従事者数				
1 学校	食数及び食材料費					施設側(人)		委託先(人)	
2 児童福祉施設	定食(単一・選択)		カフェテリア食	その他		常勤	非常勤	常勤	非常勤
3 社会福祉施設	朝　食	食(材・売　　　円)	食	食	管理栄養士				
4 寄宿舎	昼　食	食(材・売　　　円)	食	食	栄　養　士				
5 矯正施設	夕　食	食(材・売　　　円)	食	食	調　理　師				
6 事業所	夜　食	食(材・売　　　円)	食	食	調理作業員				
7 自衛隊	合　計	食(材・売　　　円)	食	食	事務職員等				
8 一般給食センター	再　掲　職員食 ＿＿＿＿＿＿食				合　　計				
9 その他(　　　)									

Ⅳ　利用者の把握	
【利用者の把握】年1回以上施設が把握をしているものに印をつける □ 性別　□ 年齢　□ 身体活動レベル　□ 身長 □ 体重　□ BMI などの体格指数 □ 生活習慣(給食以外の食事状況,運動・飲酒・喫煙習慣等) □ 疾病・治療状況(健康結果・既往歴(アレルギー)含む) □ 把握していない	【利用者に関する把握・調査】該当に印をつけ頻度を記入する 1 食事の摂取量　□ 実施(頻度:毎日・　回・月・　回／年)□ 実施していない 2 嗜好・満足度　□ 実施　□ 実施していない 3 その他(　　　　　　　　　　　　)

Ⅴ　給食の概要(※5～7については,事業所のみ記入)	
1 給食の位置づけ	□ 利用者の健康づくり　□ 望ましい食習慣の確率　□ 充分な栄養素の摂取 □ 安価での提供　□ 楽しい食事　□ その他(　　　　　　　　　　)
1-2 健康づくりの一環として給食が機能しているか	□ 十分機能している　□ まだ十分ではない　□ 機能していない　□ わからない
2 給食会議	□ 有(頻度:　　　回／年)　□ 無
3 作成している帳票類	□ 献立表　　□ 作業指示書　　　□ 作業工程表
4 衛生管理	①衛生管理マニュアルの活用　□ 有　□ 無　②衛生点検表の活用　□ 有　□ 無
5 安全衛生委員会と給食運営の連携※	□ 有　　□ 無
6 健康管理部門と給食部門との連携※	□ 有　　□ 無
7 利用者食事アンケート※	□ 有(頻度:　　回／年)　　□ 無
7-2 実施部署※	□ 施設側　　□ 委託先

Ⅵ　栄養計画	
1 対象別に設定した給与栄養目標量の種類	□ 1種類のみ　　　種類　□ 対象別には作成していない
2 給与栄養目標量を設定するために使用している項目	□ 性別　□ 年齢　□ 身体活動レベル　□ 身長　□ 体重　□ その他
3 給与栄養目標量の設定対象の食事(該当に印をつける)	□ 朝食　□ 昼食　□ 夕食　□ 夜食　□ おやつ
4 給与栄養目標量の設定日	平成　　　年　　　月
5 給与栄養目標量と給与栄養量(最も提供数の多い給食に関して記入)	対象:年齢　　歳～　　歳　性別:男　女　男女共

	エネルギー (kcal)	たんぱく質 (g)	脂質 (g)	カルシウム (mg)	鉄 (mg)	ビタミン				食塩相当量 (g)	食物繊維総量 (g)	炭水化物エネルギー比(%)	脂肪エネルギー比(%)
						A(μg) (RE当量)	B₁ (mg)	B₂ (mg)	C (mg)				
給与栄養目標量													
給与栄養量(実際)													

6 給与栄養目標量と給与栄養量(実際)の比較	□ 実施している(　毎月　　報告月のみ　)　□ 実施していない
7 給与栄養目標量に対する給与栄養量(実際)の内容確認及び評価	□ 実施している(　毎月　　報告月のみ　)　□ 実施していない

Ⅶ　情報提供	Ⅷ　栄養指導		
□ 栄養成分表示　□ 献立表の提供　□ 卓上メモ □ ポスターの掲示　□ 給食たより等の配布　□ 実物展示 □ 給食時の訪問　□ その他(　　　　　　　)	実施内容		実施数
	個別		延　　　　　人
			延　　　　　人
			延　　　　　人
Ⅸ　施設の自己評価・改善したい内容等	集団		回　　　　　人
			回　　　　　人
			回　　　　　人
Ⅹ　委託:有　無(有の場合は記入)	作成者	所属	
名称:		氏名	
電話　　　　　　　　　　FAX		電話　　　　　　　　FAX	
委託内容:献立作成　発注　調理　盛付　配膳　食器洗浄　その他(　　)		職種:管理栄養士　栄養士　調理師　その他(　　　)	
		保健所記入欄	特定給食施設　　その他の施設

出所) 鈴木久乃ほか編:給食経営管理論(改訂第2版),27,南江堂(2012)

　給食の運営，経営管理において献立計画や給与栄養量・栄養摂取量の評価を行う際には，食品の「3つの重量」を理解して活用する必要がある。はじめに，レシピ（献立表）を作成する際，料理に使用する食品の分量として「① 生の重量」が必要となる。次に，「① 生の重量」に廃棄量を考慮して，「② 発注重量」を算出する。食品のコスト管理や食品ロスの削減の観点から，各施設で廃棄率調査等を行い，無駄のない発注を行うことが求められる。さらに栄養計算では，以前は通例として，「① 生の重量」を用いていたが，調理による重量変化や栄養素の損失を無視することは望ましくない。そこで，可能な限り食品の「③ 調理後の重量」を把握し，人が食事を摂取する時点での栄養量を評価することが重要となっている。日本食品標準成分表には，改訂・増補を重ねるたびに，食品の「生」の成分値だけでなく「調理後（ゆで，焼き，油いため等）食品」の成分値の収載が増えている。「③ 調理後の重量」の実測値，または成分表に収載された「重量変化率」を使い，できるだけ摂取時の栄養量に近い値を算出することが求められる。

　また，栄養素の吸収率にも配慮したい。吸収率は生体の状況でも異なり，個人差がある上，カルシウムや鉄などのミネラル類には，もともと吸収率の低い栄養素が多い。吸収率の良い食品や，体内での利用効率に配慮した食品の組合せを選択して，単なる数値合わせにならないよう献立計画を立てることも，管理栄養士・栄養士の栄養・食事管理における重要な技術といえる。

　顧客満足度は，一般的にアンケート調査により分析することが多いが，食事の時間帯に食堂や病室を訪問して，利用者に直接聞き取り調査することも大いに参考となる。評価項目は，食事の内容，分量，味付け，温度，盛付け（見た目）などの食事に対する意見や感想のほか，利用者の嗜好（好き嫌いなど）や，食事提供のサービス，食環境，適切な情報提供，食事指導などへの評価も含む。残菜調査（喫食状況調査）による食べ残し量（喫食率）も，実給与栄養量の把握だけでなく利用者の嗜好を知る手段のひとつとなる。残菜は単に分量が多いことだけでなく，味や品質に問題がある場合もある。さまざまな評価項目から原因を明らかにして献立や調理に反映させ，喫食率が向上すれば，利用者の栄養状態の改善に結びつくだけでなく，残菜処理の経費削減にもつながる。

　また，サブシステムにおける各管理業務の評価についても，主に帳票書類の作成によって行われる。評価の結果は，次回の栄養管理計画・食事管理計画に活かし，業務の改善につなげる。

【演習問題】

問1 食品構成表に関する記述である。最も適当なのはどれか。1つ選べ。

（2021 年国家試験）

（1）料理区分別に提供量の目安量を示したものである。

（2）1食ごとの献立の食品使用量を示したものである。

（3）一定期間における1人1日当たりの食品群別の平均使用量を示したものである。

（4）使用頻度の高い食品のリストである。

（5）利用者の食事形態の基準を示したものである。

解答（3）

問2 A小学校の１年間の給食運営について評価を行ったところ，微量栄養素について，給与栄養量と給与栄養目標量の差が大きいことがわかった。原因を検討した結果，食品構成を見直す必要があると判断された。この時，同時に見直すべきものとして，最も適切なのはどれか。１つ選べ。

(2017年国家試験)

（1）給与栄養目標量
（2）食品群別荷重平均成分表
（3）食材料費
（4）献立

解答（2）

問3 社員証で電子決済ができるカフェテリア方式の社員食堂における，栄養・食事管理の評価に関する記述である。最も適当なのはどれか。１つ選べ。

(2023年国家試験)

（1）利用者集団の料理選択行動の課題を，料理の組合せに関する販売記録から評価する。
（2）利用者個人のエネルギー摂取量を，残食数から評価する。
（3）利用者集団の栄養状態を，食堂の利用率から評価する。
（4）利用者個人の給食に対する満足度を，検食簿から評価する。
（5）微量栄養素の給与目標量を，社員のBMIの分布から評価する。

解答（1）

📖 **参考文献・参考資料**

小松龍史ほか編著：改訂給食経営管理論，建帛社（2011）

佐々木敏：食事摂取基準 そのこころを読む，同文書院（2010）

食事摂取基準の実践・運用を考える会編：日本人の食事摂取基準（2020年版）の実践・運用，第一出版（2020）

鈴木久乃ほか編：給食経営管理論（改訂第2版），南江堂（2012）

富岡和夫ほか編著：エッセンシャル給食経営管理論（第3版），医歯薬出版（2013）

日本給食経営管理学会監修：給食経営管理用語辞典，第一出版（2011）

藤原政嘉ほか編：新実践給食経営管理論—栄養・安全・経済面のマネジメント（第2版），みらい（2010）

松月弘恵ほか編者：トレーニーガイドPDCAによる給食マネジメント実習，医歯薬出版（2013）

4 給食の品質管理

4.1 品質と標準化

4.1.1 給食経営における品質と品質管理の意義

品質とは，品物またはサービスが使用目的を満たしているかどうかを評価するための固有の性質・性能のことである。

給食における品質には，設計品質，適合品質(製造品質)，総合品質がある(図4.1)。

(1) 設計品質

栄養・食事計画において，食事やサービスの品質を決定することであり，管理栄養士・栄養士が対象者ニーズの品質基準を満たすための目標達成に向け，販売面，技術面，原価面などを考慮して設計した品質であり，栄養的な価値・量，外観(彩り，食器，盛り付け方等)，おいしさ(味，香り，温度，テクスチャー)，衛生などを含み，献立やレシピ(作業指示書)に示される。

(2) 適合品質（製造品質）

設計品質とできあがりの食事の品質の適合度を示すものを適合品質，また

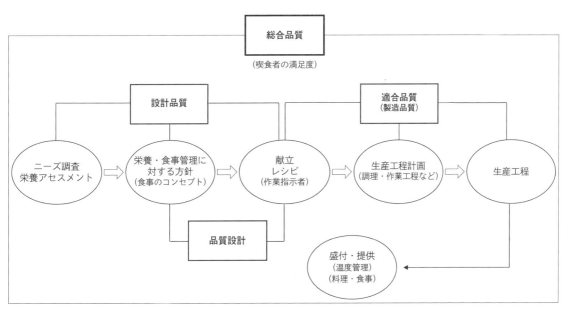

出所）石田裕美：給食マネジメント論，第一出版(2008)を参考に改変

図 **4.1** 給食における品質

は製造品質という。設計段階と同様に（予定どおりに）できたかということであり，実際に製造されたものの形状，味，外観，衛生面，重量，献立やレシピ（作業指示書）どおりの栄養量かどうか等が関わる。この適合品質を良好に保つためには，生産管理が重要となる。

(3) 総合品質

　設計品質と適合品質を組み合わせたものであり，両者の品質が良くなければ総合品質は向上しない。食事の利用者，すなわち喫食者の満足度で評価される。給食の総合品質は，喫食者のニーズを把握して献立を立て（設計品質），献立に示された量と質（栄養，味，外観，衛生など）の食事を生産する（適合品質）ことである。これには図 4.1 に示されるように，多くの要因が含まれる。

　食事やサービスの品質は，給食の目標・目的の達成に大きな影響を及ぼす。

　まず，栄養・食事計画において，食事やサービスの品質を決定する。これを**設計品質**という。そして，設計品質どおりの食事が生産・提供できて初めて目標の達成となる。設計品質とできあがりの食事の品質の適合度を**適合品質（製造品質）**という。設計品質と適合品質の両方の品質（**総合品質**）が高ければ，喫食者の満足度も高いものになると考えられる。これらの品質管理が，目標達成のためには重要である。

　また，製造する食事（給食）の特性を設計することは，利用者ニーズの目標達成に向け，設計者が販売面，技術面，原価面などについて，無理や無駄がないことを考慮して決めることを品質設計という。

　品質管理（quality control）は，しばしば QC と省略される。給食におけるサブシステムのひとつで，**JIS**（日本工業規格）では，「買い手の要求に合った品質の品物やサービスを経済的に作り出すための手段の体系」とされている。顧客ニーズに合った品質の製品やサービスを提供する過程において，組織の全部門が品質の改善と維持に取り組む体系を生み出し，顧客の要求を満たす品質やサービスを，経済的につくり出すための管理技法である。つまり，品質を一定レベルに保持するための方法であり，対象者や利用者の要求に合った質の高い給食やサービスを，安く，安全に，タイミング良く提供するための活動である。

　給食施設における対象者の栄養管理は，提供する食事の品質が管理されなければ成立しない。食事提供の過程や対象者に対する食事の品質変動を少なくするための管理・統制活動を指す。

　一般的に，品質管理の不備が原因で，利用者になんらかの危害を与え，経済損失を与えた場合，**製造物責任法**（product liability law：PL 法）により，損害賠償責任が生じる。特定給食施設が提供する食事もこの法律における「製造物」に該当する。したがって，給食とそのサービスの品質管理を厳重に行い，利

用者の信頼を得ることが大切となる。

　総合品質を保つためには，設計品質と適合品質に加えて，適温・適時の提供が必要である。利用者が食事を口にした温度は，味の濃度の感知に影響を及ぼす。つまり，食事の温度管理は，品質管理における目標のひとつであるといえる。

　また，調理済みの料理を食器に盛り付ける量，外観も重要となる。加熱等の操作，吸水膨潤などにより，料理別の盛り付け量は食品の純使用量と異なる場合が多い。提供にあたり，盛り付け量の誤差を一定範囲内に収めておくことは品質管理上，重要な意味をもつ。

　さらに，適切な価格設定も重要である。コストパフォーマンスが良いこと（品質に見合う価格）は利用者の満足を得るために必要なことである。

4.1.2　給食の品質基準と献立の標準化

　栄養・食事管理は，対象者の健康の維持・増進，疾病の予防と治癒，心身の健全な発育・発達を促すことなどを目的として行う。給食施設の喫食者の特性に合わせて決定された給与栄養目標量，安全性，サービス内容等，効率的な質の高い食事の提供が求められる。食事の安全性，栄養価，嗜好性（外観・味）などの水準を一定に保つシステムの構築，調理従事者の教育が求められる。

　(1) 食事の安全性：HACCPの概念を取り入れた「大量調理施設衛生管理マニュアル」を実施する。さらに「ISO9000シリーズ[*1][*2]」を取得するなど，食材の購入・保管から，調理，提供サービス，残菜廃棄までの全工程において，各工程別に管理し，事故防止に努めることが重要である。

　(2) 栄養価：生産（調理）工程において，食品中の栄養成分は変動するが，生産（調理）工程，盛り付けの精度を保つシステムを構築することで，変動を一定にし，供給栄養量を確保する。

　(3) 嗜好性（外観・味など）：供給される栄養価の充足とともに，生産（調理）工程の標準化により一定の品質を保持するよう品質管理する。

　栄養・食事管理は，栄養計画，食事計画，献立計画に基づいて給食を実施し，喫食状況の評価とともに，利用者の食事に対する質，量，嗜好，咀嚼・嚥下機能，満足度，栄養状態を判定し，適切な栄養教育をすることによって行われる。したがって，適正な栄養管理に基づいた給食を，品質管理を行ったうえで供食することが，総合品質を向上させることにつながる。

　一定の品質を得るために，工程や作業の基準を設定することを**標準化**(standardization)という。設計品質を目標に，品質を一定に保つために機器の能力に適した処理量を調理単位として，具体的調理操作の基準や調理工程の基準を設定することである。また，決められた作業条件の下で，その仕事に対して要求される適性と充分な熟練度をもった作業者が，毎日維持していくことの

*1　**ISO（国際標準化機構）**　製品，サービスなどについて，国際的な基準，単位の統一を目的に規格づくりを進めている組織。本部はジュネーブにある。設立目的は，「物資及びサービスの国際交流を容易にし，知的，科学的，技術的及び経済的活動分野の協力を助長させるために，世界的な標準化及びその関連活動の発展・開発を図ること」である。ISOの規格に法的強制力はないが，最近では国際化が進む中，ISOネジや写真フィルムなど事実上の統一規格となってきている。

*2　**ISO9000シリーズ**　給食に関するISOのひとつで，品質マネジメントシステムである。品質管理及び品質保証に関する事項の標準として規格化されたものであり，製造物や提供されるサービスの品質を管理監督するシステムのことを指す。ISO9000シリーズは1987年に標準化され，2000年の改定では，顧客重視の「品質マネジメントシステム」という「管理体制」となった。

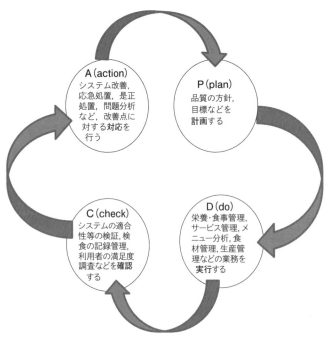

図 4.2 給食の標準化における PDCA サイクル

できる最高のペースで作業を行い，1つの作業量を完成するための所要時間を**標準時間**といい，目標の設定，評価，人員配置計画，原価の予測などに用いられる。

「良い色だからそろそろ火を止める頃合い(ころあい)か」というような主観的判断における調理作業で常に一定の品質にすることは，熟練の調理師であればともかく，ほとんどの調理従事者にとっては不可能に近い。このことから，標準化作業は，給食における品質を一定に保つために大変重要となる。

標準化にあたっては，基準となる方法をもとにして，施設で使用される機器類の種類や配置，人材等を考慮しながら調整し，レシピ(作業指示書)に反映させる必要がある。さらに，提供時温度管理，塩分濃度，盛り付け量，見た目等の生産管理の観点，**検食**や喫食者アンケートなどから評価を行い，**PDCA サイクル**にのっとり，改善していく必要がある(図4.2)。

(4) 献立の標準化：給食の献立は，給食業務を統制する機能をもち，高品質の食事の提供を維持するためには，施設設備や調理従事者，時間などを効率的に用い，調理操作，調理機器などを考慮したうえでマニュアル化することにより，誰でも同様の調理作業が行えるようにする標準化が必要となる。調理工程の標準化には，献立・レシピ(作業指示書)の段階での**標準化**が不可欠となる。

献立の標準化は，管理栄養士・栄養士(栄養・食事計画など)，調理従事者(調理時間，調理技術，調理機器の種類・性能など)，施設関係者(食材料費，利用者の様子など)が，それぞれの立場からの情報交換をしながら，利用者の声(味，外観，季節性など)も取り入れ，意識を共有し，常に研究しながら行う必要がある。標準化された献立は，サイクルメニューに活用することも可能である。単一定食形態では，料理の組合せ(主食，主菜，副菜，汁物，デザートなど)を標準化する。選択食形態については，複数献立で選択できる料理の種類(主菜の選択，副菜の選択など)を標準化する。カフェテリア方式では，料理の種類数を標準化し，料理の種類による盛り付け量などを標準化する。

4.1.3 調理工程と調理作業の標準化

先に述べたように，給食の品質を保つためには，調理工程と作業工程の標準化が必要となる。**調理工程，作業工程**の標準化は，品質として献立やレシピを一定に保つことに加えて，衛生面，作業効率化の点からも重要である。

食事の品質基準，提供時刻を設定し，作業方法と標準時間を設定してから，各工程を効率よく行うためや，品質を向上させるために標準化を行う。

以下に，調理工程の標準化における留意点や利点を示す。

① 作業工程表を作成して，調理操作の種類と順序，調理時間を標準化することにより，作業時間短縮，品質の安定化が期待できる。

② 機器の取り扱い方を理解しておくことや，調理従事者の教育を行うことで，調理時間の均一化を図ることができる。

③ 大量調理では，仕込み量，機器の種類，調理従事者が複数であることなどが，少量調理とは異なり，水分の蒸発量，温度上昇速度，冷却速度などに影響するため，水分量，加水量，設定温度，加熱時間等それぞれ標準化することで，品質水準を一定に保つことができる。

4.1.4 大量調理の特性の理解と大量調理機器を活用した品質管理

給食施設の多くは大量調理施設衛生管理マニュアルに基づいた衛生的な大量調理が行われており，少量調理と異なる点を理解した上で，標準化を取り入れた品質管理を行う必要がある。

大量調理に特化した各調理工程における標準化には次のようなものがある。

(1) 下処理操作の標準化

食材の洗浄方法(付着水を最小限にする方法と時間)，切り方(廃棄量，供食までの時間から加熱時間，対象者の特性等を考慮した切り方)，下味操作(調味順序，調味濃度)などを標準化する。

(2) 加熱調理の標準化

乾式加熱と湿式加熱を理解し，加熱時間，調味タイミング，衛生管理などを考慮し，標準化する。

(3) 新調理システムにおける標準化

新調理システムとは，**クックサーブ**(従来の調理方式)に加え，**クックチル・クックフリーズ**システム，**真空調理法**および**アウトソーシング**[*2]の４つの調理，保存，食品活用を組み合わせ，システム化した集中生産方式である。多くの施設でスチームコンベクションオーブンが取り入れられている現代において，新調理システムを導入することは，作業効率化等において重要な役割を果たす。

真空調理法は，下処理した食材料と熱処理して冷却した調味液等を真空包装し，温度時間管理(**TT管理**)可能な加熱機器において袋ごと加熱する。機器で温度と時間を管理するため，標準化しやすい。油脂の酸化を抑制でき，食

*1 **クックチル・クックフリーズシステム** クックチルは，食品・料理の保存法のひとつであり，計画的に加熱調理した食品を急速冷却し，その後チルド(0〜3℃)状態で低温保存し，必要時に再加熱を行って提供するシステム。
クックフリーズは，冷却・保存温度を食品の芯温−18℃以下で行うため，長期間の保存が可能となる。

*2 **アウトソーシング** 外部の食品製造業者が加工し，冷凍またはチルド状態で保存する加工済み食品を購入し，自施設内で再加熱して提供する方法。外部加工調理品活用。オードブル関連，先付，前菜に用いられることが多い。

　給食施設内にクックチルや真空調理などの新調理システムに対応できる機器が設置されていても，クックサーブシステムで運営している施設もあるであろう。確かに，温度時間管理ができるスチームコンベクションオーブンに加熱を任せることで，加熱時間の間に片付け等の他の作業を行うことができ，安全でおいしい食事を合理的に提供することが可能となるなど，システムが機能しているのであれば問題ない。しかし，調理従事者確保が難しい昨今においては，それは厳しいのではないか。真空調理やクックチルシステムなどを導入することで，調査員減少の問題が解決する可能性がある。品質を落とさないための再加熱条件について研究が進められているが，各施設での標準化を検討することに一歩踏み出してみると，新しい扉が開けるかもしれない。

材の旨味や風味を活かした料理に仕上げることができる。

　クックチル・クックフリーズシステムでは，調理から供食までの過程で，料理の栄養価・味・香り・テクスチャーなどの変化に留意して標準化する。近年では，チルド状態のまま料理の盛り付けを行い，器ごと再加熱するニュークックチルシステムが導入される施設もあり，クックサーブシステムと比較し，再加熱条件によっては品質が著しく低下する場合がある。そこで，再加熱方法と提供方法の標準化を行うことで，品質を低下させず限られた時間内に適温で提供することができる。また，煮崩れを起こしにくいため，外観は一定に保ちやすい。真空調理を行い，真空包装の状態で保存してから提供する場合や，アウトソーシングの場合も同様である。スチームコンベクションを有効に用いた方法を標準化し，平常時の食事提供システムに導入することは，作業の効率化，人件費削減にもつながる可能性があり，さらに，災害時には前倒し調理による保存食品を利用できることも想定される。

4.1.5　品質評価の指標・方法

　品質評価の目的は，栄養・食事計画(栄養管理)，献立(栄養管理)，調理(食材管理，生産管理，安全衛生管理)，サービス(栄養管理，安全衛生管理)において，それぞれの品質管理の目標達成度を評価し，問題がある場合は分析し，品質の改善・向上につなげること，また，品質基準の設定の基礎資料とすることであり，最終的には，総合品質を高め，喫食者満足を得ることである。

(1) 評価の指標

　評価対象は，① 製品の性質，② 顧客の満足度(CS：customer satisfaction)などである。

　① 製品の性質：給食では，料理の味，外観，温度，量，栄養成分などが評価の指標となるが，評価の目的によって，設計品質および適合品質とで評価され，その指標も異なる。

　② 顧客満足度：給食利用者の満足度は，総合品質として評価する。その指標は，総合的なおいしさ，健康状態などが考えられるが，コストパフォー

表 4.1　給食の品質評価の指標・方法

指標	内容	品質	方法	実施者	頻度
味	予定：利用者に好まれる味(濃度)の設定か	設計品質	満足度調査	栄養士・管理栄養士	
	実際：予定どおりの濃度となったか	適合品質	検食	施設管理者等	毎食
			食塩濃度の測定	栄養士・管理栄養士	毎食
外観 (色・形状)	予定：利用者に好まれる外観の設定か	設計品質	満足度調査	栄養士・管理栄養士	
	実際：予定どおりに仕上がったか	適合品質	検食	施設管理者等	毎食
温度	予定：利用者に好まれる提供・喫食温度設定か	設計品質	満足度調査	栄養士・管理栄養士	
	実際：予定どおりに仕上がったか	適合品質	検食	施設管理者等	毎食
	予定の喫食温度で配膳できたか		温度調査	栄養士・管理栄養士	毎食
量	予定：残食・不足のない量の設定か	設計品質	満足度調査	栄養士・管理栄養士	
			残菜量(摂取量)調査	栄養士・管理栄養士	毎食
	実際：予定の盛り付け量か	適合品質	検食	施設管理者等	毎食
			盛付量調査	栄養士・管理栄養士	毎食
栄養	予定給与栄養量：喫食者の健康維持・増進・改善に適切な栄養量設定か	設計品質	栄養状態調査	栄養士・管理栄養士	毎食
	実施給与栄養量：予定給与栄養量を提供できたか	適合品質	栄養出納表	栄養士・管理栄養士	毎月
衛生	HACCP による安全衛生が実施できたか		点検表	調理従事者	毎食
	健康保菌者の有無		腸内細菌検査	従事者全員	毎月

マンスも大切な要素となる。

(2) 評価の方法（表 4.1）

評価の方法は，評価する立場によって異なる。

① 提供する側の評価：食事提供者が行う主な評価の方法は，**検食**である。検食は食事の適合品質(製造品質)を評価する。評価指標は，評価者にとってわかりやすい基準を設定する。また，評価者の個人内，個人間のばらつきを小さくするための教育・訓練などが必要となる。

② 喫食者側の評価：喫食者が行う評価の方法として代表的なものに**満足度調査**がある。満足度調査は聴き取り調査やアンケート用紙を用いて行い，設計品質が評価されるが，これは適合品質(製造品質)管理が完全に行われて，成立するものである。したがって，満足度調査は総合品質の評価と考えられる。

(3) 評価の時期・期間

評価には，計画・実施・結果のどの段階で行うか，どのくらいの期間をおいて行うか(毎食，毎日，毎週，毎月，毎年)，また，定期的あるいは不定期に行うか，など検討する必要がある。評価ごとに，どのような結果が得られるのかをきちんと把握し，目的に合った評価時期を設定することが重要である。

4.1.6　品質改善と PDCA サイクル

品質を改善するためには，新たにさらに上の段階の目標を設定し，その目標到達のための改善策を決定し(plan)，実行し(do)，計画どおり実行できたかを確認し(check)，目標到達していない場合は処置行動をとり(act)，次の計

画の策定へと結びつけるという循環過程が必要となり，これを，それぞれの英単語の頭文字をとって PDCA サイクルという（**図 4.2**, p.64）。具体的には総合品質を，設計品質，適合品質のそれぞれに照合・検討し，改善点を見出し，修正していく。改善点をみつけた場合には，必ず原因をつきとめることが重要である。

① 設計品質管理：栄養・食事計画を，喫食者のニーズに合わせたものにする PDCA 活動
② 適合品質管理：献立・レシピどおりに生産（調理）を行うための PDCA 活動
③ 総合品質管理：利用者の満足度を維持・向上するための，給食部門全体の運営活動に対する PDCA 活動

最終的に高い総合品質を得るために，PDCA サイクルにのっとり，改善を行っていく。

【演習問題】

問1 給食の品質管理に関する記述である。最も適当なのはどれか。1つ選べ。
（2023 年国家試験）

(1) 設計品質は，ABC 分析で評価する。
(2) 適合（製造）品質は，期末在庫量で評価する。
(3) 適合（製造）品質は，検食で評価する。
(4) 総合品質は，ISO14001 で評価する。
(5) 総合品質は，給与栄養目標量で評価する。

解答（3）

問2 給食の品質管理における評価項目と品質の種類の組合せである。最も適当なのはどれか。1つ選べ。
（2022 年国家試験）

(1) 出来上がった汁物の調味濃度 ── 設計品質
(2) 盛り残した量 ───────── 設計品質
(3) 提供時の温度 ─────── 適合（製造）品質
(4) 利用者の満足度 ─────── 適合（製造）品質
(5) 献立の栄養成分値 ───── 総合品質

解答（3）

問3 ポークソテーの検食時の品質の評価結果に問題が認められた。評価項目と見直すべき事柄との組合せである。最も適当なのはどれか。1つ選べ。

（2021 年国家試験）

(1) 量 ———— 肉の産地
(2) 焼き色 —— 肉の種類
(3) 固さ ———— 中心温度の測定回数
(4) 味 ———— 塩の調味濃度
(5) 温度 —— 加熱機器の設定温度

解答（4）

問4 給食で提供する米飯の品質管理について，生産・提供時の標準化に関する記述である。正しいのはどれか。2つ選べ。（2018 年国家試験）

(1) 米飯の品質基準は，炊き上がりの重量の倍率を用いる。
(2) 作業指示書に，米の単価を記載する。
(3) 炊飯調理の担当者は，特定の作業従事者とする。
(4) 米の浸漬時間は，米の重量により決定する。
(5) 1人当たりの提供量は，盛り付け作業による損失率を考慮する。

解答（1），（5）

📖 **参考文献・参考資料**

殿塚婦美子編：改訂新版 大量調理—品質管理と調理の実際，学建書院（2011）

中山玲子，小切間美保 編：新食品・栄養科学シリーズ 給食経営管理論（第5版）新しい時代のフードサービスとマネジメント，化学同人（2021）

日本給食経営管理学会監修：給食経営管理用語辞典（2011）

藤原政嘉，河原和枝，赤尾正編：栄養科学シリーズ NEXT 献立作成の基本と実践（第2版），講談社（2023）

5 給食の生産（調理）管理

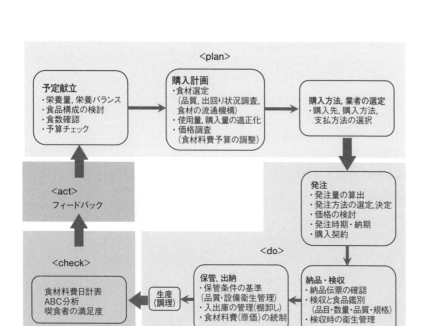

図 5.1　食材管理のプロセス

5.1　食品材料

5.1.1　給食と食材

給食で用いる食材の品質は，栄養価だけでなくおいしさにも影響するため，どのような食材を用いるかは非常に重要である。加えて，給食の食材料費は，給食経費全体の約 40 ～ 50 ％を占めるといわれており，そのため，限られた予算の中でいかに質の良い食材を確保するかが課題である。

栄養管理に基づいた献立を実現するためには，購入計画，発注，検収，保管，原価の把握，出納の管理等，食材に関わる一連の業務について適切に管理する必要がある。具体的な業務を（図 5.1）に示す。

食材の安全性や品質などの規格基準や表示について，**食品表示法**[*1]によって規定されている。これらは食材を選択する際に，判断の拠りどころとなる。食材の購入に際しては，積極的に情報を収集し，利用者のニーズに応じた選定や購入方法を検討することが大切である。

5.1.2　食材の開発・流通

（1）食材の開発

近年，給食においても輸入食材，なかでも，冷凍**カット野菜**[*2]や**チルド食品**[*3]の利用が増加している。**冷凍食品**[*4]の消費量は，飛躍的に増加し，2020 年の国内消費量は 284 万トンにものぼっている（（一社）日本冷凍食品協会調べ）。また，伝統的な保存加工技術に変わって，包装技術の進展に伴い**レトルトパウチ食品**[*5]や真

*1　**食品表示法**　食品表示に関する制度は，食品衛生法（2019 年最終改正），JAS 法（2017 年最終改正），健康増進法（2021 年最終改正）の 3 法が根拠となり，消費者庁が食品表示法を一元化した。

*2　**カット野菜**　カット野菜は料理形態に合わせて切り込みを行った状態で流通する野菜であり，生鮮食品に分類される。購入価格は高くなるが，人件費などの生産工程における経費節減，ゴミの削減が可能である。

*3　**チルド食品**　おおむね 5 ℃以下の低温で未凍結状態に保持した食品。加熱調理されたものを急速冷却し，低温で保存・流通される食品で，再加熱して料理として喫食される。一般には－5 ～ 5 ℃の温度帯で流通販売されている。

*4　**冷凍食品**　食品の栄養成分や風味などをそのままの状態で長期間保存することを目的として冷凍した食品。食品衛生法冷凍食品保存基準では品温は－15℃以下となっている。

*5　**レトルトパウチ食品**　食品をフィルムに完全密封した後，120℃で 4 分以上相当の加圧加熱し，殺菌された食品。調理済み食品が多く，常温での流通や長期保存が可能である。未開封で袋のまま湯煎するだけで簡便に喫食できるものが多い。

空包装食品[*1]などの調理済み，半加工製品が開発され衛生面からもますます注目されている。

(2) 食材の流通

食材の流通は，生産者から卸売業者そして小売業者を通じて消費者へ，という従来の流れのほかに，生産者から，直接消費者へ流通する産地直送型，価格抑制のための共同購入など，多様になっている。

一般により多くの流通段階を経ることで価格は上昇する。中間の流通段階を省略することで経費削減が実現し，給食経費を抑えることが可能となる(図5.2)。

近年，食の安全性に大きな関心が向けられている。ここ数年で普及している**トレーサビリティ**(traceability)とは，生産，加工，流通の段階を通じて，食品の移動を把握することであり，生産者，製造業者，外食・中食業者などが導入することで，有事においての原因食材の特定ができ，影響を最小限に抑えることへの効果が期待できる。

また，生産から消費までそれぞれの食品に適した低温，氷温，冷凍の温度帯別に輸送・保管される低温流通システム(コールドチェーン，cold chain)が確立している。この低温流通システムを活用する食品を**低温流通食品**[*2](food distributed on cold chain)という。

(3) 食材の分類

1) 食品群による分類

日本食品標準成分表(2023)においては，25,388食品が18の食品群(food groups)に分類されている。施設では，独自に策定し，使用している食品構成(dietary composition)に基づいて作成する食品群別の分類がある。

2) 保管条件による分類

食品は保管条件によって，生鮮食品，貯蔵食品，冷凍食品に分類することができる。さらに，貯蔵食品は，短期貯蔵食品と，長期貯蔵食品とに分けられる(表5.1)。

① 生鮮食品 (perishable food)

生の魚介類，肉類，野菜類，果実類，乳など，生鮮な状態で流通し販売される食品を生鮮食品という。これらの食品は鮮度が重要で，即日使用が原則である。ただし，適切な保管設備(storage facility)がある場合，数日分まとめて購入することも可能である。それでも保存期間の目安は1〜3日である。

*1 真空包装食品　下処理した食品と調味液を真空包装用の樹脂フィルムに入れ，真空包装機で空気を除去し密封シールされた状態。真空調理法は，真空包装された食品をＴ－Ｔ・Ｔ管理が行えるよう加熱器で袋ごと低温加熱する調理法である。

*2 低温流通食品　流通過程で低温(常温より低い温度)管理を必要とする食品である。クール(10〜5℃)食品，チルド(5〜−5℃)食品，フローズン(−15℃以下)食品，フローズンチルド食品(製造時凍結，流通段階でチルド食品として販売)に分類される。

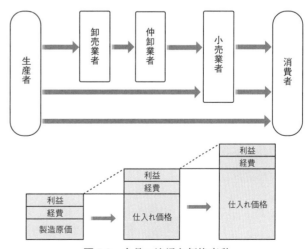

図5.2　食品の流通と価格変動

表 5.1　食品の保存条件による分類

	保存条件	食 品 類	保 管 期 間
生鮮食品	常温 冷蔵 氷温	果物類（りんご，なしなど） 卵類 乳製品（チーズ，ヨーグルトなど）	・短期貯蔵可能 ・1〜2週間単位
		穀類（生めん類，パン） 魚介類，肉類およびその加工品 牛乳，生クリーム 大豆製品（豆腐，納豆など） 野菜類（葉菜類，きのこ類） 果物類（さくらんぼ，いちごなど）	・購入即日，消費が 　原則 ・1〜2日間単位
		肉類，魚類	・肉，魚によっては 　2〜5日間単位
貯蔵食品	短期貯蔵 食品	常温 冷蔵 氷温	いも・根菜類 バター，ラード，マヨネーズ類 漬物	・1〜2週間単位
	長期貯蔵 食品	常温 冷蔵 氷温	穀類，豆類，乾物類 缶詰，瓶詰類 油脂類 嗜好品類（茶，コーヒー，紅茶） 調味料類 など	・週，月〜年単位 ・標準在庫量保持
冷凍食品	冷凍	野菜類，魚介類，肉類およびその 加工品	・2〜4週間単位

② **貯蔵食品（storageable food）・備蓄食品（在庫食品）**

a　短期貯蔵食品：卵，マヨネーズ，生クリーム，バターなど，冷蔵庫で短期間保存可能な食品で，ある程度まとめて購入できる。

b　長期貯蔵食品：穀類，乾物，缶詰，瓶詰，調味料など一定期間常温保存可能な食品で，長期間にわたり品質を保持できるので，長期保存可能であり，大量購入が可能である。また，常時使用する食品だけでなく，災害時の備えとして貯蔵食品を非常食として計画的に購入している施設も多い。

③ **冷凍食品（frozen food）**

冷凍食品は「前処理を施し，品温が−18℃以下になるように急速凍結し，通常そのまま消費者に販売されることを目的として包装されたもの」と規定されている（「自主的冷凍食品取り扱い基準」(社)日本冷凍食品協会）。

冷凍食品は，(1)素材への前処理，加工処理が施されており，利便性に優れ，(2)廃棄部分が少なく，無駄がなく，(3)食品の栄養成分や風味なども冷凍前に近い状態で保存可能，(4)生鮮食品と比較して価格変動が小さく必要に応じた量を多種多様なメニュープランに利用できるなどの理由により，購入されている。ただし，冷凍食品を上手く利用するためには，解凍方法に注意を払う必要がある。保管方法と解凍方法を誤ると解凍ムラができたりドリップが生じたりする（**表 5.2**）。

冷凍食品の品質保持期間は貯蔵する温度によって異なり，品質を変化せずに保存できる期間と保存温度の間には，個々の食品ごとに一定の関係があるといわれている（**T-TT 理論**：time-temperature tolerance：時間−温度　許容限度）（**図 5.3**）。

3）　加工度による分類

近年，生鮮食品の他に，加工・調理された，多種多様な加工度の食品が流通している。どの程度加工された食品が必要なのか，施設のニーズに合った加工状態のものを選択することが求められる。加工度によって第一次，第二次，第三次加工品に分類されている（**表 5.3**）。

表 5.2　冷凍食品の解凍方法

解凍の種類		解凍方法	解凍機器	解凍温度	適応する冷凍食品の例
緩慢解凍	生鮮解凍 (凍結品を一度生鮮状態に戻した後，調理するもの)	低温解凍	冷蔵庫	5℃以下	魚肉，畜肉，鳥肉，菓子類
		自然 (室温解凍)	室温	室温	果実，茶碗蒸し
		液体中解凍	水槽	水温	
		砕氷中解凍	水槽	0℃前後	魚肉，畜肉，鳥肉
急速解凍	加熱解凍 (凍結品を煮熟または油ちょう食品に仕上げる。解凍と調理を同時に行う)	熱空気解凍	自然対流オーブン，コンベクションオーブン，輻射式オーブン，オーブントースター	電気，ガスなどによる外部加熱 150～300℃(高温)	グラタン，ピザ，ハンバーグ，コキール，ロースト品コーン，油ちょう済食品類
		スチーム解凍 (蒸気中解凍)	コンベクションスチーマー，蒸し器	電気，ガス，石油などによる外部加熱 80～120℃(中温)	シュウマイ，ピザ，まんじゅう，茶碗蒸し，真空包装食品(スープ，シチュー，カレー)，コーン
		ボイル解凍 (熱湯中解凍)	湯煎器	電気，ガス，石油などによる外部加熱 80～120℃(中温)	(袋のまま)真空包装食品のミートボール，酢豚，ウナギ蒲焼など (袋から出して)豆腐，コーン，ロールキャベツ，麺類
		油ちょう解凍 (熱油中解凍)	オートフライヤー，あげ鍋	電気，ガス，石油などによる外部加熱 150～180℃(高温)	フライ，コロッケ，天ぷら，唐揚げ，ギョウザ，シュウマイ，フレンチフライポテト
		熱板解凍	ホットプレート(熱板)，フライパン	電気，ガス，石油などによる外部加熱 150～300℃(高温)	ハンバーグ，ギョウザ，ピザ，ピラフ
	電気解凍 (生鮮解凍と加熱解凍の二面に利用される)	電子レンジ解凍(マイクロ波解凍)	電子レンジ	低温または中温	生鮮品，各種煮熟食品，真空包装食品，米飯類，各種調理食品
	加圧空気解凍 (主として生鮮解凍)	加圧空気解凍	加圧空気解凍器	―	大量の魚肉，畜肉

出所) 日本冷凍食品協会「冷凍食品取扱マニュアル」

4)　その他の食材

①　輸入食品

　わが国では，農産物をはじめとして食肉，魚介類等の多くを輸入に依存している。背景には，輸送技術や貯蔵技術の進歩に加え，農産物輸入の自由化や，国内の農業就労者の減少と老齢化など，いくつもの要因が考えられる。一方で利用の拡大とともに，残留農薬，生産地偽装など，食の安全性を脅かす問題も起きてきた。

②　遺伝子組換え食品（GM food：genetically modified food）

　遺伝子組換え技術を用いて育種された農産物と，これを原料とする加工品の総称を遺伝子組換え食品という。耐害虫性，耐病性などの付加により，生産性の向上を図っている。現在，国による安全性審査が終わって輸入，製造，販売等が許可されている遺伝子組換え食品は，大豆，とうもろこしなどの農作物 326 品種と添加物 59 品目である(2021年 9 月現在)。

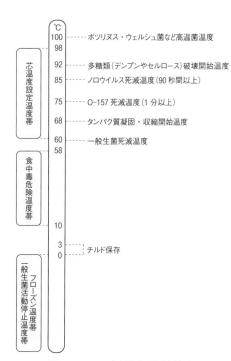

図 5.3　T-T (時間と温度)管理

表5.3　食品の加工度による分類

	種類	食品例
第一次加工品 (下処理により調理の第一段階の加工をしたもの)	野菜類	室温・冷蔵：漬物 冷凍：カット野菜，冷凍野菜(グリーンピース，ベジタブルなど)
	魚肉類	室温・冷蔵：干物 冷蔵：肉切り身，挽肉，魚切り身
	調味料	室温：砂糖，酒類，味噌，醤油，塩，油，ソース
第二次加工品(半調理品) (前半の調理段階が終了した状態。後半の調理によって料理として使用可)	野菜類	室温：ネクター，ジャム 冷凍：冷凍野菜(ゆで処理野菜)
	魚肉類	冷蔵：ハム，ソーセージ，ベーコン，水産練り製品 冷凍：ハンバーグ，コロッケ，シュウマイ，フライ類，むきえびなど
	調味料	室温：スープの素，缶詰 冷蔵：マーガリン，マヨネーズ 冷蔵・冷凍：ソース類(ホワイトルー，カレールー)
第三次加工品(完全調理品) (そのままか，調理による加熱，冷却を短時間で行うことによって料理として使用可)	調理済み食品	室温・冷蔵：製菓，カップ麺 チルド：調理済みチルド食品 冷凍：惣菜食品

*1　**有機食品**　農薬や化学肥料を原則として使用せず，堆肥などによって土づくりを行った土壌で生産された作物。有機 JAS 規格を満たすには，水稲や野菜など 1 年生作物は植え付けや種まきの前 2 年以上，果物などの多年生作物については 3 年以上，禁止されている農薬や化学肥料を使用していない土壌で栽培された作物であることが求められる。

*2　**JAS 法**　正式名称は「日本農林規格等に関する法律」である。
JAS 法の目的は，① 適正かつ合理的な農林物資の規格を制定し，普及させることによって，農林物資の品質の改善，生産の合理化，取引の単純公正化および使用または消費の合理化を図ること，② 農林物資の品質に関する適正な表示を行わせることによって，一般消費者の選択に資し，農林物資の生産および流通の円滑化，消費者の需要に即した農業生産等の振興並びに消費者の利益の保護に寄与することである。

*3　**JAS 規格**　正式名称は「日本農林規格(Japanese Agricultural Standard)」である。一般 JAS 規格(製品ごとに品位，成分，性能その他の品質についての基準を定めたもの)と特定 JAS 規格(特別な生産や製造方法，特色ある原材料などの生産の方法についての基準を定めたもの)がある。

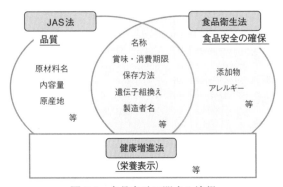

図5.4　食品表示に関する法規

③ 有機(オーガニック)食品[*1]

(organic food)

化学肥料を使用せず，無農薬で栽培・収穫された農産物や，成長ホルモンや抗生物質などを使わずに飼育され生産された畜産物を有機食品という。食の安全に対する関心と，健康志向の高まりによって，有機食品の消費は伸びている。有機食品について，2009 年に **JAS 法**[*2]が改定され，**JAS 規格**[*3]に適合した検査結果がないと表示ができないことになった。

5) 食品の表示と規格

食品の表示と規格は，食品の選択に重要な情報を含むため，理解しておく必要がある(図 5.4)。また，施設の設備に適応させた食品の規格一覧を作成することも必要である。

5.1.3 購買方針と検収手法

(1) 食材の購入業者と契約方法

食材の購入先は，食品の種類によって，

① 青果物などは生産者，② 水産物などは市場，③ 食肉類，水産物，青果物，米などは卸売業者，④ 調味料などは売店，のように大別される。

食材の購入業者の選定には，食品の種類に適した購入方法，契約方式を検討し，適正な運営が可能か検討しなければならない。選定の条件としては，以下のような 5 点を挙げることができる。

① 品質の良い食材を適正価格で納入できる。

② 食材の種類・規格が豊富で献立に必要な品揃えができる。

③ 従業員，施設および搬入経路に関する衛生管理が徹底している。

④ 社会的な信頼があり，健全な経営が行われ

ている。

⑤ 配送条件が整っており，指定日時に確実に納入できる。

(2) 契約の方法

購買契約の方式には，**随意契約方式**[*1]，**相見積りによる単価契約方式**[*2]，**指名競争入札方式**[*3]，**単価契約方式**[*4]などがある。

(3) 食材の購入時期

施設の規模や購入量が大きい場合には，購入の合理化を図るために，**カミサリー**[*5]形式を取り入れると，計画購買・一括購入が可能となり，旬のものを購入する場合に有利となる。

生鮮食品の出回りの時期を旬といい，その時期が最も食味が良く，栄養価が高く，価格が安定している。

(4) 発注（order）

1）発注量の算出

購入にあたっては，発注量の算出が必要である。予定献立表における 1 人当たりの純使用量（net amount of use）に廃棄量（amount discarded）を加算し，予定食数を乗じたものが総使用量である。得られた総使用量の端数は，発注可能な数字に切り上げて発注量とする。

$$総使用量 ＝ 純使用量 ÷ (100 － 廃棄率) × 100 × 食数$$

また，あらかじめ発注換算係数表を作成しておくと，総使用量が簡便に計算できる。

発注換算係数（coefficient of ordering）
$$＝ 100 ÷ (100 － 廃棄率) ＝ 100 ÷ 可食部率$$
$$総使用量 ＝ 純使用量 × 発注換算係数 × 食数$$

総使用量算出の際に用いる廃棄率（percentage of unused portion）は，日本食品標準成分表の廃棄率を用いることが多い。しかし給食施設の廃棄率は食材の大きさ，切り方や調理方法，調理員の技術などによってその率は変動するため，実態に見合った適正な廃棄率を使用する必要がある。各施設の廃棄量記録などを活用することで，実態に見合った廃棄率を把握することが可能である。なお，できるだけ廃棄率を低くし，その変動も少なくすることで，無駄を減らすことができる。

2）発注の方法

発注の方法は，いくつかの方法があるが，基本的には発注伝票（purchase

*1 随意契約方式（negotiated contract） 購入業者を任意に選定して契約する方式。生鮮食品や価格が安定していない食材を購入する場合に用いられる。

*2 相見積りによる単価契約方式（cost estimates from multiple traders） あらかじめ品目，数量を示して複数の業者に見積書を提出させ，適切な業者と契約する方式。

*3 指名競争入札方式（competitive bidding among designated traders） あらかじめ複数の業者を決め，提出した納入条件（品目，数量）を同時に入札させ，最も低価格の業者と契約する方式。価格変動の少ない備蓄食品を購入する場合に多く用いられる。

*4 単価契約方式（unit price contract） 相見積りや入札方式によって品目ごとに単価を決定して契約しておき，品物の納入量に応じて支払う方式。品質が安定していて使用量が多い食材を購入する場合に用いられる。

*5 カミサリー（commissary） カミサリーとは，食材やそのほか関連する資材を集中仕入れ，保管，配送を行う配送拠点施設。

order）を用いる。発注伝票には，食材名，規格，数量，納入月日，価格，備考などの欄があり，複写で作成し，控えを使用して検収作業を行う。

① 電話：手軽だが，言い間違い，聞き間違いなどが生じやすい。

② 伝票の手渡し：発注伝票を作成して直接渡すので，内容に関して説明を加えることが可能で，より確実だが，急な変更や追加注文には対応が困難。

③ ファクシミリ：業者が不在でも発注伝票の内容を正確に迅速に伝えることが可能。業者から受け取る見積書なども同様で利便性が高い。

④ 電子メール：電子メールの普及により，利用も増加し，迅速に内容を伝えることが可能で，他の手段と比較して経済的である。

⑤ 店頭：直接出向いて食材を確認して発注するため，品質などについての不確実性を低くすることが可能である。しかし店頭に出向く時間を要するので，特別な配慮を要する場合など，個別性の高い発注に適する。

3）発注時期

① 生鮮食品：発注時期は，業者によって違い，納入の数日前に発注する方法や，1週間分をまとめて発注する方法などがある。納入は使用当日が原則である。

② 貯蔵食品：品目ごとに，使用実績に基づいて，1日の最大使用量（下限量），保管可能な量（上限量）をあらかじめ定めておき，在庫管理をする。発注は，下限量に納入までの日数を考慮した必要量を加え，さらに若干量を加えた量になった時点で行う。各施設の実態に応じて限界在庫量として目安を定めておくとよい。

(5) 検収[*]（inspection）

検収には，食品鑑別ができる栄養士や調理主任が立ち会うのが望ましい。納品された食材と，納品伝票・発注控伝票などを照合し，間違いのないことを確認した上で受け取る。

納品された食品の検収では，数量，品質，規格，価格，衛生状態，期限表示などを確認する。表5.4に示す項目について，原産地，仕入元の名称，ロットなどの情報は記録する。

なお，納入された食品が不適格であった場合には，原則返品し，代替品の納入を依頼する。生鮮食品などで衛生上問題がある場合に

表5.4 検収項目

項　目	確　認　内　容
食品の種類	注文通りの食材量であるか。規格確認。
数　量	重量を計量して確認。個数や枚数単位のものは総数を数えておく。
鮮　度	生鮮食品は鮮度確認。貯蔵品は品質保持期限を確認。
価　格	契約時の価格で納品されているか。適正な単価であるか。
品温（表面温度）	納品時の品温（特に冷蔵品や冷凍食品の表面温度）を測定し，記録する。
衛生状態	ダンボールやケースなどの表面の汚れなどを確認。
異物混入	昆虫やごみの混入がないか確認。
ロット番号	ロット番号またはロットが確認できる年月日などを記録する。

＊検収　発注した食材が指定した日時に，指定した場所に納品伝票とともに納入されたことを確認する業務である。

は使用してはならない。

検収時の注意点として，業者の立ち入りは検収室(receiving inspection area)までとし，出入り業者には定期的に細菌検査の結果を提出させる。検収簿を作成し，記録する。

5.1.4 食材の保管・在庫

食品の保管のための温度については「**大量調理施設衛生管理マニュアル**」に基づき，保存する。冷蔵

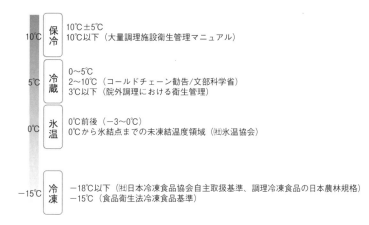

図5.5 保管温度基準

保存によって**低温障害**[*1]を受けて品質が劣化する場合があり，注意が必要である(図5.5)。

食材の入出庫は伝票により，食品受払簿(inventory sheet)と在庫量(stock volume)は一致するが保管中に損失する場合もあるので，定期的に在庫量をチェックする。この作業は**棚卸し**[*2](inventory)といい，出庫時や月末に実施する。棚卸しによって原価計算などに必要なデータを得ることができる。最近ではコンピュータの在庫管理システムを使用して給食管理業務の合理化が図られている。

食材の在庫管理では，重要度に応じて管理すると効率が良い。金額がかさみ，製造に大きな影響を与えるものから順にA，B，Cとランク付けし，Aを最も重点的に管理し，B，Cと管理精度を粗くしてゆく手法を**ABC分析**(ABC管理，ABC analysis)という(図2.6)。

5.1.5 食材管理の評価

また棚卸し時の記録から，食品の購入価格を用いて，直接材料費の評価をすることは，給食の管理会計においてきわめて重要である。

食材原価(食材料費)は，在庫金額，支払金額をもとにして以下の式で計算する(図5.6)。

食材原価(食材料費)

＝(**期首在庫金額**)＋(期間中に購入した食材の費用)−(**期末在庫金額**)

食材料費原価＝(期首在庫金額＋期間内購入金額)−期末在庫金額*
＊期末在庫金額は棚卸しをすることにより算出する

図5.6 期間食材料費

＊1 低温障害 低温障害の例として，バナナの黒皮化，トマトの異常軟化などが知られている。食材の保管にあたっては，温度管理が重要である。

＊2 棚卸し 量，品質，記入事項などを調査し，相違があった場合には原因を明確にし，在庫管理(inventory management)の徹底を図る。

5.2 生産(調理)と提供

5.2.1 給食のオペレーション(生産とサービス)

オペレーションとは一般的に機械などの操作，作業などをいうが，給食にあてはめると，調理操作や調理作業のことを指す。

表 5.5　各生産システムの特徴

		特　徴
コンベンショナルシステム	加熱調理後速やかに提供する方式。生産から提供が連続的に行われるシステム。	従来から行われている方法。
レディフードシステム	提供日より前に調理・保存しておき，提供時に加熱して提供する方法。クックチル，クックフリーズなどの方法がある。	調理作業が効率化される。また必要なときに必要な食数の提供が可能である。メニューも多様化する。
【クックチル】	加熱調理後，急速冷却して冷蔵保管し，提供直前に再加熱する方法。	調理日と提供日を含めて最長5日間の保管が可能。
【クックフリーズ】	加熱調理後，急速冷凍して冷凍保存し，提供直前に再加熱する方法。	クックチルより保管期間は長くなるが，適用できる食材料に制限がある。
【真空調理システム】	食材料を真空包装して加熱調理するシステム。	熱伝導が良く，加熱・冷却が速いので食品の持ち味を生かすことができる。
セントラルキッチンシステム	1ヵ所の厨房でまとめて調理し，調理済みの食事を配送する方式。	合理的，効率的な運営が可能になる。
アッセンブリーサーブシステム（コンビニエンスシステム）	調理済み食品，加工品として購入し，提供前（盛付け前）に加熱する。	

給食における食品製造プロセスの全体像をみると，いくつかの基本的で共通するさまざまなオペレーションを組み合わせたシステムである。

給食施設により食数や食事の種類，その提供方法が異なるため，どのようなシステムを採用するかは，給食を運営していく上で重要になる。給食の目的に合わせて，効率的に行うためのさまざまな**オペレーションシステム**（operation system）があり，代表的なシステムには，コンベンショナルシステム，レディフードシステム，セントラルキッチンシステム，アッセンブリーサーブシステムなどがある（表5.5）。

5.2.2　生産計画（調理工程，作業工程）

(1) 生産管理の目標・目的

生産管理（production control）とは，所定の品質の製品を，所定の期間内に経済的に製造するために，生産を予測し，合理的に製造工程を計画し統制して，むだ，むら，むりがないように生産全体を最適化することをいう。給食施設では，安全性の確保，品質・サービスの管理，納期の厳守，原価コストの低減を図りながら，生産管理し，利用者が満足する食事の提供が求められる。

給食は，食材の調達から調理を経て料理を提供し，廃棄物を処理するまでの一連の流れにおいて，技術面，ヒトの行動面と作業工程における衛生面，食事の栄養面，経済面の管理も十分に行わなくては，目的を達成することはできない。また，品質管理（quality control）では食材や料理などの物質面に加えて，サービスについても求められる。

生産工程を管理するためには，単純化（simplification），**標準化**（standardization），専門化（specialization）の 3S という考え方が有効である。また，ヒト（man）およびモノ（material），設備（machine），方法（method）の「生産の4M」を合理的に管理・統制して食事を提供することが重要である。クックサーブの一般的な生産工程は，調理，配膳，配食，下膳処理，厨房および食堂の清掃という流れになる（図5.7）。

図5.7　生産工程の流れ

下　処　理
↓
主　調　理
↓
配膳（盛付け）
↓
配　　食
↓
供　　食
↓
食　器　回　収
↓
洗　浄・清　掃
↓
消　　毒
↓
廃　棄　物　処　理

給食施設での調理は，決められた時間内に複数の作業員の共同作業で行われるため，生産計画(production planning)を立てることは有益である。生産計画は一連の工程を図式化し，総合的観点から最適工程を求めるための管理手法である。

(2) 工程管理

工程には，食材に視点を置いた**調理工程**(cooking process)と人に視点をおいた**作業工程**(work process)がある。

調理工程は，食材の下処理から料理の盛付け・提供までを時系列で把握すると同時に，調理場区分の下処理，主調理における食材料の調理方法を機器類の稼働，衛生管理，作業内容の点から適切に管理する。調理工程の標準化では，料理ごとに食材料の重量，調味配合，調理方法(焼く，蒸す，揚げる，煮る，炒めるなど)，調理時間，調理温度などを決定し，施設の設備に合わせた表を作成する。**標準化**により，生産効率が向上し，ひいては品質の向上にもつながる。調理工程表の一例を**図 5.8** に示す。

作業工程は，調理従事者が食材を料理に仕上げ，食事として提供するまでの作業に携わる内容を組み立て管理することであり，食器の回収，洗浄，清掃，厨芥処理までの範囲が含まれる。作業環境，料理ごとに品質基準を設定して調理方法(切り方など)，時間，使用機器およびその扱い方，作業エリア，調理作業者などを時系列に示し，それらをまとめたものが**作業工程表**である。なお，標準作業時間は作業員全員の平均的な調理作業時間を前提として，作業ごとの標準作業時間(standard working hours)を決定し，その時間をもとに，提供時刻から遡って料理別に作業開始時刻を決定する。この場合，不測の事態に備えて多少の余裕時間をみておく必要がある。複数の調理従事者の分担を，作業の順番や内容，作業区域の移動などを考慮して組み立てる必要がある。

(3) 生産管理の評価

給食における生産管理の評価(evaluation)の意義は，各項目の作業の問題点を発見し，原因分析を行い，改善のための対策を立てるとともに，給食運営の統制機能を向上させることにある。評価では，食事の適合(製造)品質，生産工程の効率化などの観点だけではなく，利用者へのサービスや満足度を図り知り，フィードバックさせることが重要である。評価すべき対象としては，調理工程の評価，給食の品質評価，作業の安全性の評価，労働生産性の評価，調理従事者の疲労度評価などがある。

① 調理工程の評価：工程ごとの作業時間，設備機器の効率運用などの分析を行い，場合によっては改善活動をして機器の新規導入の検討も行う。

② 給食の品質評価：盛付け，味，重量，提供温度などの評価は調理従事者側から実施するだけではなく，喫食者側の反応も合わせて調査し，問題点

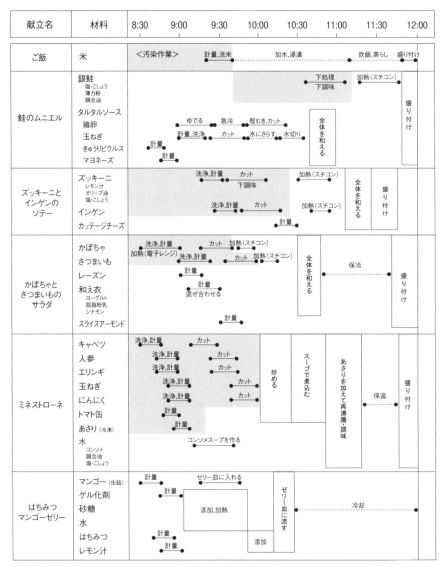

図 5.8　調理工程表の例

を分析する。

　③作業の安全性の評価：細菌検査や保管温度などの評価をいつ・誰が・どのように行うかを予め分担し，分析結果を評価する。

　④労働生産性の評価：人，物，金など給食の資源の投入量に対する生産量の比率を数値化し，労働生産性を評価する。労働生産性の評価の方法としてはいろいろな方法があるが，労働生産性は作業効率を表し，生産管理や経営管理の評価に用いられる（**表 2.10** を参照）。

　⑤調理従事者の疲労度の評価：調理作業が効率的に安全に行われていたか評価する上で必要であり，調理従事者の疲労による集中力の低下は間違いや事故につながる可能性があるため，作業管理の評価として疲労度調査（fatigue survey）を行う。

　生産のむだ，むら，むりを減らし作業能率を高めるために定期的に生産管理の分析を実施し，改善策を見出すことが重要である。改善が進み，作業員の労力が軽減され，安全で楽しく作業ができるようになれば，生産管理の目的である「喫食者に対して安全で，安価で，おいしい給食の供与」が達成されるであろう。

5.2.3　大量調理の方法・技術

　大量調理では計量が基本となる。食材や水，調味料，出来上がった料理の重量を量り，温度や時間を計ることが，大量調理の標準化につながる。また，大量調理では容量よりも重量で量ることが多い。そのため，使用する容器は予め重量を明記しておくと便利である。量りは目的にあった目盛りの量りを選び，効率よく作業できるように工夫する。

（1）下処理

　納入された食材に最初になすべき工程は，**洗浄**である。いも類など土がついている食材は，下処理室に持ち込む前に下洗いをする。野菜類は生で食する場合には 200mg/L の次亜塩素酸ナトリウム（sodium hypochlorite）水溶液に 5 分間浸漬して殺菌する。衛生的な洗い方が推奨される。この際，葉物などは内部まで浸漬液が行き渡るようにかきまぜ，また比重の小さい食材は浸漬液につかるように重しをするなど工夫する。その後，流水中で充分にすすぎ洗いをする。ただし，栄養成分が流出しないように，洗浄する必要がある。

　洗浄された食材は下処理操作として切砕される。特に大量調理では，加熱時間を均等にするためにも食材を同じ大きさに揃えて切ることが大切である。同じ大きさに揃っていると，外観が良いばかりではなく，主調理作業での加熱操作の標準化が容易となる。さまざまな種類の切砕機があるので上手に使うと作業の効率化につながる。切砕機を使用する際の注意点は，繊維の方向を考えて使用する。葉物は葉と茎に切り分けておくと加熱操作がしやすい。

（2）主調理

　主調理は，下処理によって準備された食材が，料理になるまでを指す。主調理のなかで最も重要な操作は，加熱操作である。加熱操作は大別すると**湿式加熱**[*1]，**乾式加熱**[*2]，**誘電加熱**[*3]，**電磁誘導加熱**[*4]に分けられる。

　特に，大量調理の場合，加熱される程度が個々の食材の大きさによって異なるため水分蒸発量が異なる。火加減では，余熱を考え 80 ％くらい煮えたところで火を止め，加熱の程度が均等に行き渡るまで待つのがこつである。

　調理中に栄養成分が何らかの影響を受けるのは避けることができない。献立表の栄養価と提供した給食の栄養量に差が生じないような調理方法を検討する。

*1　湿式加熱　湿式加熱は水を媒体とし，ゆでる，煮る，蒸すなどの操作がある。

*2　乾式加熱　乾式加熱は，焼く，炒める，揚げるなどの操作がある。水の沸点（100℃）を超える高温で加熱するが，水分含量が多い食材では加えた熱が水の相変化に使われるため，中心温度はほぼ100℃に保たれる。加熱温度が高く（160～190℃），食材の表面と中心部の温度差が大きくなり，加熱むらが生じやすい。

*3　誘電加熱　電子レンジ加熱は，マイクロ波によって食品中の水分子の振動により発熱させる誘電加熱である。

*4　電磁誘導加熱　電磁誘導加熱は電気で磁力線を出し，鍋の発熱によるもので，電磁調理器のことである。

食中毒や異物混入などは特に気をつけなければならない。調理工程中での食材の安全性を確保するためには，大量調理施設衛生管理マニュアルに基づく衛生的な調理が求められる。

調理中の食材は非常にデリケートな物理的化学的変化が起こるため，温度管理と共に時間管理を意識して工程を管理することが肝要である。給食は「決められた時間に食事を提供しなければならない」という納期があるため，各料理の調理作業に要する時間をあらかじめ割り出しておく必要がある。調理に要する時間が異なる複数の料理を取り扱わざるを得ないので，特定の時間に作業が集中しないように注意し，作業ごとに標準作業時間を決定する。

大量調理においては，食材の廃棄率は規格や調理機器・操作によって異なる。また，調理による目減りや品質低下が生じやすいため，提供時に足りなくなるということが起きないよう，食材発注時に配慮が必要となってくる。さらに，調理開始から配食・供食までの時間が長くなるなど，調理操作の面で少量調理と出来上がりの状況が異なる点をよく理解して，大量調理における標準化を確立させておく必要がある。

1) 新調理システム

HACCPの概念が導入され，クックチルシステム (cook chill system)，クックフリーズシステム (cook-freeze system)，真空調理 (sous vide) など新調理システム (new production system) が，わが国でも病院，および院外調理の老人福祉施設などで，取り入れられている。新調理システムの導入は，徹底した衛生管理と計画的な生産工程を可能とする。作業の平準化，生産性の向上，人件費の適正化，品質の安定化，在庫管理の効率化による食材コストの削減につながっている。新調理システムにはそれぞれに適した料理があり，適切に組み合わせて活用することが望ましい。

① クックチルシステム

クックチルシステムとは，加熱調理 (cook：中心温度75℃，1分以上) した食品を，加熱後30分以内に冷水または冷風により急速冷却 (90分以内に中心温度3℃以下まで冷却) し，チルド状態で運搬，保存 (chill) して，提供直前に再加熱 (中心温度75℃，

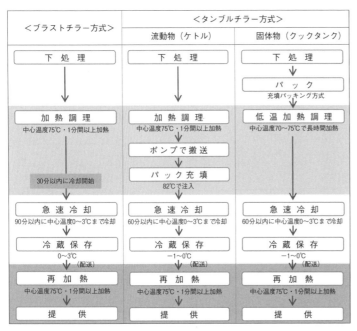

図 5.9　クックチルシステムの種類とプロセス

1分以上)して盛付け・配膳する調理方法である(図5.9)。クックチルに適して
いる料理は，カレーなどの固形物とソースが一体となった料理や蒸し物，ゆ
で物，焼き物など多岐にわたる。一方，炒め物，和え物，パリッとした食感
の料理などはクックチルに不向きである。また，再加熱後2時間以内に提供
しなかったものは廃棄しなければならないこと，冷凍に比べ調理後の冷蔵保
存許容限度が短いことを忘れてはならない。

② 真空調理法

　真空調理とは，鮮度管理された食品を生のまま，あるいは下処理をして調
味液とともに真空包装し，パックごと低温加熱(加熱到達温度は食材の中心温度
で60〜95℃の範囲)し，これを急速冷却または冷凍し，チルドまたは冷凍保
存して，提供前に再加熱する調理法である(図5.10)。食材を真空包装するこ
とにより，調味液が食材に浸透し，熱伝導がよく，風味・香りを逃がさずに
加熱調理できる。また，保存期間を調節することによって，調理作業を分散
化・平均化することが可能であり，計画調理が容易となる。真空調理に適し
ている料理は，煮物，蒸し物などである。焼き物，炒め物，揚げ物などをパ
ック内で行うことは難しいが，再加熱後，パックから取り出し，焼き色つけ
や余分な水分を飛ばすことで，類似の仕上げにすることは可能である。

③ その他の新調理システム（ニュークックチルシステムとインカートクックシステム）

　ニュークックチルシステムは芯温75℃以上に加熱調理した食事を急速に
チルド状態(0〜3℃)にまで冷却し，そのまま保存した後，チルド状態のまま
トレイに一人分ずつ配膳し，再加熱カート(配膳車)に入れるというものである。

温かい料理は温かい状態で，冷たい料理
は冷たい状態で提供される。このシステ
ムは，加熱終了から喫食までの時間を短
縮することができ，最終加熱後2時間以
内に，安全で，温かい食事を提供するこ
とが可能である。

　また近年，トレイに下処理した生の食
材を盛り付けた主食，主菜，汁物の食器
を乗せ，IHフードカートに差し込み，そ
れぞれ同時に自動加熱調理するインカー
トクックシステムなども開発されている。
各料理は蓋をした状態で加熱されるため，
衛生環境が高く，加熱終了から喫食まで
の時間が短く，炊きたてのご飯・温かい
みそ汁が楽しめ，煮崩れしやすい食材の

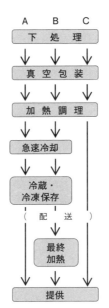

A：一次加熱の必要な冷製料理
B：保存しておいた温製料理
C：温製で提供するすべての料理

食材をフィルムに入れ，真空パック機にかける

スチームコンベクション，湯煎器などにより
温度と時間を設定し加熱する

加熱後，90分以内に10℃以下に冷却

・数日間の保存・・・冷蔵（チルド帯0〜3℃）
・長期間の保存・・・冷凍（−22℃以下）

提供直前に行う加熱（中心温度75℃・1分間以上加熱）
食材の中心温度は基本的に1時間以内に一次加熱と同じ
温度帯に上げる
（食中毒予防にも効果的）

冷製料理・・・10℃以下
温製料理・・・提供温度65℃以上

図5.10　真空調理法の調理手順

盛り付けが簡単，素材のおいしさを保持できるメリットがある。さらには，人件費・食材費などの削減も期待される。

5.2.4　大量調理の調理特性

大量調理(volume cooking)では，少量調理と異なり，脱水・蒸発・加熱・冷却などの操作に要する時間が長くなる。食材の洗浄後の脱水に時間がかかるようになると，限られた作業時間の範囲では付着水が多く残ることになり，最終的に料理に含まれる水分が多くなってしまう。料理の最終的な味の調整が必要になり，調味料の量を変更するなどの工夫が総合品質の視点からも必要となる。一般的に，大量調理では加熱時の温度変化が緩慢であるため，加熱時間が長くなり栄養成分の変化が生じやすくなりがちである。このように調理工程での温度管理においては，時間と調理機器に対する注意が必要となってくる。

(1) 廃棄率

廃棄率は同じ食材であっても品質や規格，生産時期，調理操作方法，使用機器，切り方などによって異なる。また，調理員の調理スキルによっても廃棄率は異なる。したがって食品標準成分表に記載されている廃棄率は参考にはなるが，各施設の廃棄量の記録から，それぞれの施設の廃棄率表を作成しておくことが望ましい。

(2) 調理時間

大量調理での加熱時間は，少量調理での最適条件とは異なることも多く，調理機器によってもその差は大きく，一般的に作業時間が長くなる。

(3) 食品の水分量および加熱時の水分変化

食材の洗浄，調味，加熱などの調理操作によって水分量は変化する。

① 付着水(remaining water)：洗浄後の水切りや食品の構造的な形態により付着水量が異なり，その後の吸水量が変化し，調味濃度，加熱温度に影響を及ぼす。そのため，洗浄により付着水量を，計量，把握しておく必要がある。洗浄後の付着水は，きのこ類で 30 ～ 50 %，野菜類で 20 ～ 30 %，米で 10 %位である。サラダなどでは水切りを充分に行わないと味の浸透が悪くなる。

② 脱水：和え物などの野菜に調味料を用いると，時間経過に伴い脱水作用が生じ味付けが薄くなり，歯触りや色彩が悪くなる。脱水による品質低下を抑えるために，提供の直前に調味するなどの配慮が必要である。

③ 加熱時の水分蒸発：加熱による水分蒸発を考慮して加水量を決める。その場合，加熱時間と火力管理を行い，蒸発量を一定に調整することが必要である。一般に大量調理は小規模の調理と比較して蒸発速度が遅い。したがって煮詰めるという操作は少量調理のように容易ではないため，最初に加水量を加減する。加熱時の加水量，蒸発量は使用食品の種類，調理法，使用機

器の種類，大きさ，型，火加減，加熱時間などにより大きく異なるので標準化しておくとよい。また，外気による影響もあり，関東圏では湿度の高い夏季より低湿度の冬季の方が，蒸発量が大きくなり，汁物の味などには注意が必要である。

(4) 調味濃度

加熱中の水分蒸発量が小さいために味のバランスをとることが難しく，味付けには十分注意しなければならない。煮物などの場合は，調味料は全体量の約80％を入れ，残りは味を確かめながら加えていく。大量調理の調味については重量パーセントを用いる。

(5) 調理における温度管理

大量調理のために水や油の適温までの温度上昇は緩やかである。加熱調理の際，沸騰水または適温の揚げ油に大量の食材を入れると温度低下が著しく，温度回復に時間がかかり，均等加熱ができなくなる。1回に投入する食材の適正量は，水量の通常50％以内が好ましい。特に冷凍食品では，素材の温度が低いため油の温度が下がりすぎないように注意する。また，加熱終了後もそのまま放置すると余熱により加熱が継続されるため，余熱を考慮した調理が必要である。近年の加熱機器類は，温度センサーによるコントロール性能がよくなり，温度回復や一定温度の保持がしやすくなっている。

(6) 煮くずれ

でんぷん食品や魚類などは温度上昇が遅いが，保温性が良いため，煮えすぎによる煮くずれを起こしやすいので注意する。でんぷん量が多いほど熱保温性が良いので早めに火を止め，煮えすぎに気をつけることが大切である。料理ごとに火加減や加熱時間をマニュアル化しておくと，加熱時の作業が便利である。

5.2.5　施設・設備能力と生産性

給食施設がどのような生産システム（production system）を採用するかによって，施設・設備の内容は異なる。どのようなシステムにおいても，生産性（productivity）を高めることは，経営管理（management）の観点からも重要である。投入する物的資源や人的資源と生産量により，生産性の程度を分析し，経営者，施設設置者とともに，管理栄養士や調理従事者も生産性を意識した業務を行うことが大切である。

生産性とは能率と同じ概念で，生産現場での投入量（人・物・金）に対する生産量の比を表したもの（生産性＝生産量／投入量）である。作業が効率的に遂行できているかを数値で評価し，作業の改善策などを検討する。

作業効率を上げるためには，器具などを作業動線に合わせて配置する。器具や材料の配置場所は，作業効率に差が出るばかりでなく作業者の疲労度に

も影響する。また，調理作業分担を細分化すると担当作業範囲が把握できず，作業効率の低下につながるため大まかに分担する方が良い。

さらに給食の労働生産性を上げるためには，設備機械の機能を最大限に活用し，施設・設備機器の改善を適宜行い，クックチルや真空調理などの新調理システムの導入も検討し，生産性・再現性を持ち合わせた施設・設備に整備していくことが必要である。

5.2.6 廃棄物処理（disposal of waste）

「廃棄物の処理及び清掃に関する法律」において，廃棄物は一般廃棄物と産業廃棄物に分類され，特定給食施設から廃棄されるごみは，事業系一般廃棄物として，排出事業者が責任をもって処理業者を選定し，処理を行わなければならない。処理の方法には，施設が属する地域の条令などに準じて処置しなければならない。一般に，厨芥は焼却場に運ばれ焼却されるが，最近では地球環境問題を考慮し，生ごみを堆肥化し，リサイクルするシステムが進んでいる。また，2001（平成13）年（2007年最終改正）の食品リサイクル法（food recycling law）においても，食品廃棄物は「食品循環資源」として位置づけられ，堆肥化，飼料化を検討すべきものとされており，特定給食施設においても十分な対応が必要である。[*1]

廃棄物処理時の注意点としては，**非汚染作業区域**（non-contaminated zone）を通らずに搬出でき，迅速な処理ができ，収集日まで廃棄物を格納する衛生的なスペースを確保することが重要である。食材の廃棄部分，残食などの厨芥は，水分，栄養素含有量が多く，腐敗しやすく，害虫などの温床となりやすいため，水分を除き密封容器などに収納し，所定の場所に保管するほか，極力速やかに処理業者に引き渡し処分することが望ましい。

5.2.7 配膳・配食の精度

（1）配　　膳

配膳[*2]は，調理工程の最終作業であり，料理を食器に盛り付ける作業のため料理の品質を低下させないように，時間管理，温度管理，衛生管理に十分注意する。また，提供分量を正確にすることが給与栄養量（nutrient provision）の精度につながり，配膳の良し悪しは，利用者に与えるおいしさに影響し，摂取栄養量にも関係する。

（2）配　　食

配食[*3]時間は，適時適温の食事提供を行うために調理，配膳作業を含めて計画する。喫食までに時間を要する時は，保温食器（heat-retaining dishes）や，保温トレー，冷温蔵配膳車（temperature control cart）を利用する。

（3）配膳・配食時の温度管理

適温給食（food（meal）service at suitable temperature）は高品質の料理を提供する上

*1　調理工程で食材の非可食部が廃棄されることに加えて，提供された料理のうち食されなかった残菜が廃棄物として発生する。そのため，常に無駄の出ないように献立計画（menu planning），購入計画（purchase planning），調理管理を行うことや納入業者に対して梱包の簡素化などを指示することで，廃棄物を極力減らすよう努力する必要がある。

*2　配膳作業とは，出来上がった料理を最適の状態で食器に盛り付け（dish up），提供することである。

*3　配食作業とは，盛り付けた料理をトレーに組み合わせる作業と料理を喫食者に渡す作業とからなる。

80

で重要である。喫食条件や個人差はあるが，一般に料理の適温は体温(36～37℃)±30℃とされている。衛生管理の観点では，料理の仕上げから提供までの品温を細菌の増殖を抑える温度帯，冷菜では10℃以下，温菜では65℃以上にすることが望ましいとされている。利用者に冷たい料理は冷たく，温かい料理は温かく提供することが大切であり，適温給食を行うために配膳・配食作業に工夫が必要である。

(4) 配膳・配食方式

配膳・配食の方法には中央配膳や分散配膳，食堂配膳などがある。

① 中央配膳（centralized tray-setting system）

病院などで多く採用されている方法で，厨房で喫食者ごとの盛付けを行い，配膳車等で搬送し食事を提供する。配膳開始から喫食までに時間を要するため，冷温蔵配膳車等を利用して適温での供食に配慮する。

② 分散配膳（food dished up in room）

学校給食や，病院における病棟配膳などで多く用いられている方法で，必要な分量の料理を食缶などの容器に分配し，喫食場に運搬して盛付けを行う。温度管理はしやすいが，給食担当者以外が盛り付けることになるので盛付け作業人員が増え，1人当たりの分量が変動したり，衛生管理の徹底が難しい。

③ 食堂配膳

社員食堂や学生食堂で採用されることが多い方法で，喫食者が各自で，喫食場に備え付けられたトレイ，カトラリー類，湯のみ，料理を取る。適温を保つため，冷・温ショーケースの設置やウォーマーテーブルなどの利用を配慮する。提供方式には**セルフサービス**や**カウンターサービス**などがある。

【演習問題】

 問1 クックチルシステムに関する記述である。最も適当なのはどれか。1
  つ選べ。   （2023年国家試験）
 （1）クックサーブシステムに比べ，多くの調理従事者が必要である。
 （2）前倒し調理により，調理作業の閑忙の平準化が可能である。
 （3）加熱調理後は，90分以内に中心温度5℃まで冷却する。
 （4）クックフリーズシステムに比べ，保存日数が長い。
 （5）提供直前の加熱は，中心温度65℃，1分間以上加熱する。
 解答（2）

問2 食材料管理に関する記述である。最も適当なのはどれか。1つ選べ。

（2022 年国家試験）

(1) 生鮮食品の納品量は，食品支払簿に記録する。
(2) 在庫食品は，発注から納品までの期間に不足しない量を確保する。
(3) 植物油は，当日消費量を発注する。
(4) 米の棚卸し金額は，予定献立表の使用量から算出する。
(5) 砂糖の期首在庫量は，当月の購入量から算出する。

解答（2）

問3 給食のオペレーションシステムに関する記述である。最も適当なのはどれか。1つ選べ。 （2022 年国家試験）

(1) コンベンショナルシステムは，サテライトキッチンで盛付け作業を行う。
(2) クックサーブシステムは，調理後，冷凍保存するシステムである。
(3) クックチルシステムは，クックサーブシステムに比べ，労働生産性が低下する。
(4) クックフリーズシステムは，前倒し調理による計画生産が可能である。
(5) アッセンブリーサーブシステムでは，調理従事者の高い調理技術が必要である。

解答（4）

問4 冷気の強制対流によって急速冷却を行う調理機器に最も適当なのはどれか。1つ選べ。 （2021 年国家試験）

(1) 真空冷却機
(2) タンブルチラー
(3) ブラストチラー
(4) コールドテーブル
(5) コールドショーケース

解答（3）

📖 **参考文献・参考資料**

岩井達ほか編：新版 給食経営管理論（第2版），建帛社（2021）
栄養法規研究会編：わかりやすい給食・栄養・管理の手引，新日本法規出版（2006）
幸林友男ほか編：給食経営管理論（第4版），講談社（2019）
中山玲子ほか編：給食経営管理論（第2版），化学同人（2021）
日本給食経営管理学会監修：給食経営管理用語辞典，第一出版（2020）
三好恵子ほか編：給食経営管理論（第5版），第一出版（2023）

6 給食の安全・衛生管理

6.1 安全・衛生の概要

6.1.1 安全・衛生の意義と目的

給食は，安全かつ衛生的で，安心して食べられることが前提である。食中毒や異物混入などの事故を未然に防ぐとともに，給食施設内における事故や災害などの発生を防止し，調理従事者が安全に作業を行える環境を整備することも重要である。管理栄養士は，給食施設において発生しうる衛生上および安全上の問題点の原因・予防方法を正しく理解し，給食の安全性を確保すると同時に，調理従事者の労働安全衛生，調理施設・設備など給食業務全般にわたって安全・衛生管理を徹底する必要がある。

表 6.1 給食の安全・衛生に関わる法規

食品の製造や給食の生産に関わる法規	食品衛生法・同施行規則 食品安全基本法 労働安全衛生法・同施行規則 医療法・同施行規則 水道法 製造物責任法(PL 法) 感染症の予防及び感染症の患者に対する医療に関する法律(感染症法)
原材料などに関わる法規	JAS 法(農林物資の規格及び品質表示の適正化に関する法律) 農薬取締法 BSE 対策特別措置法 家畜伝染病予防法 と畜場法 食鳥処理の事業の規制及び食鳥検査に関する法律 飼料の安全性の確保及び品質の改善に関する法律

給食の安全・衛生管理に関わる主な法律は表 6.1 に示す通りである。

厚生労働省は，2000(平成 12)年に「**食の安全推進アクションプラン***」を策定し，食の安全対策の方向性を示すとともに消費者への情報提供に努めた。また，農林水産省は，2003(平成 15)年に食品の安全性確保に関わる施策を推進することを目的に「食品安全基本法」を策定し，食品安全委員会を設立した。これに伴い，**食品衛生法**や JAS 法が改正され，HACCP システム，ISO 認証制度，PL 法なども設定され，日本における食品の安全性確保の動きが活発となった。また，食物アレルギーの表示制度は従前は食品衛生法で規定されていたが，平成 27(2015)年から食品表示法で規定されることとなった。2018(平成 30)年には，日本の食を取り巻く環境変化や国際化等に対応するために食品衛生法が大幅に改正され，すべての食品等事業者に対して HACCP に沿った衛生管理が義務づけられた(2021(令和 3)年 6 月完全施行)。

＊食の安全推進アクションプラン
厚生労働省 HP：https://www.mhlw.go.jp/topics/0101/tp0118-1.html (2023.11.30)

6.1.2 給食と食中毒・感染症

給食施設における**食中毒**や感染症の発生は，利用者の健康や生命に危険を

及ぼすだけでなく，被害規模が大きくなる可能性が高く，社会に多大な影響を与える。調理従事者，調理工程，調理施設・設備等，給食業務全般において徹底した安全・衛生管理を行い，給食の安全性を確保して，食中毒・感染症の発生を防止することは極めて重要である。

(1) 食中毒

食中毒とは，有害微生物や有害・有毒な化学物質により汚染された食品をヒトが摂取することにより起こる健康障害である。

食中毒の種類は，その原因物質から，微生物性(細菌性・ウイルス性)，化学性，自然毒性(植物性・自然毒性)，その他に大別される。さらに細菌性食中毒には，感染型，毒素型，中間型がある。1999(平成11)年に「感染症の予防及び感染症の患者に対する医療に関する法律」(感染症新法)が施行され，コレラ菌，赤痢菌，チフス菌およびパラチフスA菌についても，病因物質の種別にかかわらず，食品に起因して発生したことが明らかな場合は食中毒として取り扱われることになり，食中毒事件票が改正された。

食中毒の毎年の発生状況等は，厚生労働省ホームページ「**食中毒統計**[*1]」において，① 都道府県別，② 月別，③ 原因食品別，④ 病因物質別，⑤ 施設別に公表されている。近年の大規模な食中毒事故としては，1996(平成8)年に腸管出血性大腸菌O157による食中毒，1998(平成10)年にノロウイルスによる食中毒が発生し，発生件数は3,000件を超えた。現在の発生件数は1,000件前後で推移しており，患者数は2万人程度である。病因物質別の発生件数では微生物性食中毒が半数を占め，なかでもカンピロバクター・ジェジュニ/コリやノロウイルスによる食中毒が多くなっている。最近は寄生虫であるアニサキスによる食中毒も急増中である。

ノロウイルスによる食中毒の患者数は細菌性食中毒を上回って最も多く，半数以上を占めている。冬季に多発する傾向があり，年間をとおしての衛生管理が重要である。2015(平成27)年1〜3月には，遺伝子変異による新型ウイルスが流行した。また，最近のノロウイルス食中毒は，食品を扱う人(給食従事者)がノロウイルスに汚染された手指で触れた食品を介しての感染が増えている。食品汚染によるものが6〜7割を占める。発症者だけでなく，症状を示さない**無症状病原体保有者**[*2]の食品汚染による食中毒の事例も多く報告されている。ノロウイルスによる食中毒の予防策は，「持ち込まない」「広げない」「加熱する」「付けない」の4原則である。

これらの統計データをもとに，給食施設の責任者は食品および食品を扱う人(給食従事者)，さらには施設・設備の徹底した衛生管理を行い，食中毒発生防止に努めなければならない。

食品衛生法第21条の二では「食品，添加物，器具又は容器包装に起因す

*1　食中毒統計　https://www.mhlw.go.jp/stf/seisakunitsuite/bunya/kenkou_iryou/shokuhin/syokuchu/04.html (2023.12.1)

*2　無症状病原体保有者(不顕性感染者)　下痢や嘔吐などノロウイルス感染による症状が現れず健康な状態であるが，検便によりウイルスが確認される者。

る中毒患者又はその疑いのある者」を食中毒患者と定義しており，第63条においてこのような症状の患者を診断した場合，医師は食品衛生法施行規則に従い，24時間以内に食中毒の届出をするよう定められている。

(2) 感染症

＊感染症　https://www.niid.go.jp/niid/ja/contacts.html（2023.12.1）

感染症は，細菌，真菌，ウイルス，寄生虫，異常プリオンなどの病原体が人の体内に侵入することにより発症する疾患の総称である。感染経路により経口感染，飛沫感染，接触感染に分けられる。感染症の予防には，病原体およびその感染源（病原体に感染した人（感染者）・動物・昆虫，病原体で汚染されたものや食品など）を特定し，隔離および消毒を行い，感染経路を遮断することが重要である。特に，病原体が侵入していても発症していない保菌者（キャリア）が感染源となって感染を拡げる可能性もあるため，検便の実施などにより早期発見する。給食施設では，飲食物を介した経口感染に対する予防だけでなく，飛沫感染や接触感染による集団感染の予防も極めて重要である。

近年，SARS（重症急性呼吸器症候群），鳥インフルエンザ（H5N1）や，新型インフルエンザ，新型コロナウイルス（COVID-19）などの感染拡大が世界的な問題となった。日本では，感染症の発症状況の急激な変化に対応するため，1999（平成11）年よりこれまでの「伝染病予防法」に代わって，「感染症の予防及び感染症の患者に対する医療に関する法律（感染症法）」が施行され，感染症予防のための諸施策と感染症の患者の人権への配慮を調和させた感染症対策について定められている。この法律において，感染症には，1類感染症，2類感染症，3類感染症，4類感染症，5類感染症，新型インフルエンザ等感染症，指定感染症及び新感染症が含まれる。このうちコレラ，赤痢，腸チフス・パラチフス，腸管出血性大腸菌感染症などの消化器系感染症は3類感染症に含まれるが，食品を介して発生したことが明らかな場合は食中毒として扱われる。調理従事者の家族が1，2，3類感染症に罹患した場合にも，感染の危険性がなくなるまでは調理に従事できない。

6.1.3　施設・設備の保守

食中毒・感染症などの衛生事故や従業員などによる労働災害を防止するためには，施設設備の保守点検はきわめて重要である。施設の作業区域を明確に区分し，防虫・防鼠や洗浄・消毒など十分に行い，施設・設備を清潔に維持する必要がある。

給食施設の施設・設備の具体的な保守管理方法については，「**大量調理施設衛生管理マニュアル**」の重要管理事項として，施設・設備の構造および管理（表6.2）が規定されているので熟知しておくことが必要である（6.2.2 参照）。

6.2 安全・衛生の実際

6.2.1 給食における HACCP (hazard analysis critical control point) システムの運用

HACCP (ハサップまたはハセップ)とは，Hazard Analysis Critical Control Point (危害分析重要管理点)の略で，食品の安全性を確保するための衛生管理手法である。原材料の入荷から生産・加工，流通，消費におけるすべての工程において，発生の恐れのある危害をすべて分析し，危害発生を防止する上で極めて重要な工程を重要管理点として定め，連続的に監視・記録することにより，危害の発生を未然に防ぐ。1960 年代アメリカの宇宙計画の中で宇宙食の安全性を高度に保証するために考案された食品の製造管理手法が始まりとされ，日本においては 1995 (平成 7) 年の食品衛生法改正に伴う「総合衛生管理製造過程承認制度」の中に初めて導入された。給食施設では，HACCP の概念を取り入れた衛生管理に基づく生産管理により，微生物等の汚染を回避し，衛生的に安全な給食を提供することが重要である。

HACCP システムの運用にあたっては 7 つの原則が基本となる。

原則 1：危害分析(hazard analysis：HA)　食品の製造工程(原材料から最終製品ができるまでのすべての工程)において発生の恐れのある食品衛生上の危害または危害原因物質を特定し，それらの発生要因および防止措置を明らかにする。

原則 2：重要管理点(critical control point：CCP)**の決定**　危害分析の結果，明らかになった食品衛生上の危害の発生を防止するために，特に重点的に管理すべき工程を重要管理点(CCP)として決める。

原則 3：管理基準の設定　それぞれの重要管理点において危害発生防止のために遵守すべき基準を設定する。管理基準は作業の中で即座に判断できるように，基本的には温度，時間，湿度，pH，濃度など計測機器で測定できる指標を用いる。

原則 4：モニタリング方法の設定　重要管理点において管理基準が満たされ食品の安全性が確保されているかを連続的に監視(モニタリング)するための測定，検査方法を設定し，その結果を正しく記録する。

原則 5：改善措置の設定　モニタリングの結果が管理基準を満たしていないことが判明した場合の改善措置の方法や手順を事前に設定しておく。でき上がった製品への対処，原因追究の上で管理状態を迅速かつ的確に正常に戻すための対処法などを検討する。

原則 6：検証方法の設定　HACCP による衛生管理が計画に従って適切に実施され，有効に機能しているかを定期的に確認，評価するための検証方法を決める。

原則 7：記録の作成および保管　HACCP における衛生管理に関する計画お

よび実施状況を文書の形で記録し，保管する方法を定める。

6.2.2　大量調理施設衛生管理マニュアル

　大量調理施設衛生管理マニュアル(付表)は，給食施設等における食中毒予防および食中毒発生時の処理の迅速化・効率化を図るために作成された。HACCPの概念に基づき，原材料の搬入から給食の配食までの作業工程における重要管理事項を示し，衛生管理体制を確立するとともに，重要管理事項の点検・記録を行い，必要に応じて改善措置を講じることとされている。このマニュアルは1996(平成8)年の腸管出血性大腸菌O157による集団食中毒の発生をきっかけに，1997(平成9)年に厚生労働省が策定し，発生が増加しているノロウィルスに対応する目的で数度にわたって改正されている(最終改正2017(平成29)年)。

　マニュアルの重要管理事項には，① 原材料受け入れおよび下処理段階における管理の徹底，② 加熱調理食品の食中毒菌等の死滅可能な十分な加熱，③ 加熱調理後の二次汚染防止の徹底，④ 菌の増殖防止のための原材料および調理後の食品の温度管理の徹底，の4項目があり，これらについての点検表が示されている。なお，このマニュアルは同一メニューを1回300食以上または1日750食以上提供する調理施設に適応される[*]。

(1)　給食施設における衛生管理

　給食施設における食材料(調理食品を含む)の衛生管理，調理機器・器具の衛生管理，調理従事者の衛生管理，施設・設備の衛生管理について，重要管理事項をもとに表6.2にまとめた。内容の詳細は，大量調理施設衛生管理マニュアル(巻末資料)で確認する必要がある。管理栄養士は，各作業工程での食材や調理食品，調理機器・器具，調理従事者に対する衛生管理および施設・設備の衛生管理について十分に理解し，徹底した指導を行うことが重要である。

　食材料や調理機器・器具，調理従事者の手指の洗浄や消毒には，次亜塩素酸ナトリウム溶液やアルコールだけでなく，**電解水**や**オゾン水**なども利用されている。

　次亜塩素酸ナトリウム溶液は，安価で取り扱いが容易であることから殺菌剤として広く利用されているが，残留塩素の点から殺菌後の水洗いを十分にする必要がある。特にカット野菜の消毒においては，塩素による野菜の品質劣化やトリハロメタンの発生などの問題が生じている。また従業員が手荒れを起こしやすい。

　電解水は，水道水や希薄な食塩水または塩酸水を電気分解することによって作られる水溶液をいい，有効塩素量やpH等によって強酸性電解水，弱酸性電解水，微酸性電解水，電解次亜水などいくつかの種類がある。1996(平成8)年，厚生労働省により医療機器の洗浄・消毒に効果のある電解水生成装

[*]食品衛生法の改正により，学校や病院その他の給食施設(集団給食施設)において，外部事業者に調理業務を委託した場合に，給食受託事業者は，HACCPに沿った衛生管理の実施が義務付けられた。食品等事業者団体は，事業者の負担軽減を図るため，「HACCPに基づく衛生管理」又は「HACCPの考え方を取り入れた衛生管理」への対応のための手引書を策定している。https://www.mhlw.go.jp/stf/seisakunitsuite/bunya/kenkou_iryou/shokuhin/haccp/ (2023.12.1)

表 6.2　重要管理事項をもとにした

作業区分	作業工程	作業場所	食材および調理食品の衛生管理
	作業前　↓		
汚染作業区域	食品納入・検収　↓	検収場	・食肉類，魚介類，野菜類等の生鮮食品は，1回で使い切る量を調理当日に仕入れる。 ・品名・仕入元・生産者の名称・所在地，ロットの情報，仕入れ年月日を記録し，1年間記録を保管する。 ・調理従事者等の立ち会いのもと，品質，鮮度，品温，異物混入などにつき検収を行い，検収簿に記録。 ・保存検食：原材料は洗浄・殺菌を行わず購入した状態で50g程度ずつ採取し，清潔な容器(ビニール袋など)に入れて，−20℃以下で2週間以上保存する。食中毒などが発生した場合の原因究明の試料とする。 ・検収後，保管設備内への原材料の包装汚染を持ち込まず，また原材料相互汚染を防ぐために，専用のふた付き容器に入れ替える。 ・食材の保管は，隔壁等で区分された場所に保管設備を設け，食材を分類ごとに区分し，適切な温度管理のもと保管する。搬入時刻および温度を記録する。
	下処理　↓	下処理室	・野菜や果物を加熱せずに供する場合は，流水(飲用適のもの)にて十分洗浄し，必要に応じて次亜塩素酸ナトリウム溶液等で殺菌を行い，流水で十分すすぎ洗いを行う。
非汚染作業区域	加熱調理　↓	調理室	・加熱調理食品は，中心温度計が75℃1分以上(二枚貝等ノロウイルス汚染の恐れがある場合は85〜90℃で90秒間以上)であることを確認し，温度および加熱開始，終了時刻を記録する。中心温度の測定は揚げ物，焼き物，蒸し物では3点以上，煮物は1点以上とする。 ・保存検食：配膳後に盛り付け作業前に調理済み食品を50g程度ずつ採取し，清潔な容器(ビニール袋など)に入れて−20℃以下で2週間以上保存する。
清潔作業区域	盛りつけ 温蔵・冷蔵　↓ 配食	盛りつけ場 製品保管場	・調理後直ちに提供される食品以外の食品は10℃以下または65℃以上に管理される必要がある。 ・加熱調理後の食品を冷却する場合は，食中毒菌の発育至適温度帯の時間を可能な限り短くするため，30分以内に中心温度20℃付近(あるいは60分以内に中心温度10℃付近)まで冷却する。冷却開始，終了時刻を記録する。 ・調理終了後，30分以内に提供ができるように工夫する。調理終了時刻を記録する。 ・調理後の食品は調理終了から2時間以内に喫食されることが望ましい。

施設・設備の衛生管理
《施設・設備の構造》
・食品の調理過程ごとに，汚染作業区域，非汚染作業区域と清潔作業区域を明確に区分する。
・手洗い，消毒設備などは各作業区域の入り口手前に設置する。
・便所，休憩室，更衣室は，隔壁で食品を扱う場所と区分し，調理場から3m以上離れた場所に設置することが望ましい。
・昆虫やねずみなど外部からの汚染物質の侵入を防ぐため，施設の出入り口・窓は極力閉め，開放される部分には網戸，エアカーテン，自動ドアなどを設置する。
・調理機器類や調理器具・容器等は，作業動線を考慮して適切な場所に適切な数を配置する。
・床面に水を使用する部分は，床面に2/100程度の勾配をつけ，2/100〜4/100程度の勾配の排水溝を設けるなど，容易な排水が行える構造にする。
・ドライシステム化を積極的に図ることが望ましい。
《施設・設備の管理》
・施設の清掃：施設の床，内壁の床から1mまでの部分と手指の触れる場所は1日1回以上，施設の天井，内壁のうち床から1m以上の部分は1月に1回以上行い，必要に応じて洗浄・消毒を行う。清掃は全食品が調理場内から搬出された後に行う。
・施設におけるねずみ，昆虫等の発生：1月に1回以上点検するとともに，駆除を半年に1回以上(発生した場合はその都度)行う。その実施記録を1年間保管する。
・十分な換気と高温多湿を避ける。調理場は湿度80％以下，温度は25℃以下に保つことが望ましい。
・部外者を入れること，調理作業に不必要な物品等を持ち込むことはしない。
・便所：業務開始前，業務中および終了後など定期的に清掃および次亜塩素酸ナトリウム等による消毒を行って衛生的に保つ。

給食施設での衛生管理

調理機器・器具の衛生管理	従業員の衛生管理
	・健康診断と検便の実施：調理従事者は，採用時および採用後も年1回以上，定期的に健康診断を実施して健康状態を把握し，感染症等に罹患していないことを確認する。 　消化器系感染症および食中毒予防のため，月1回以上（食中毒多発期は月2回以上）の検便を実施する。 　検査項目には，赤痢菌・サルモネラ属菌（腸チフス・パラチフスA菌を含む）・腸管出血性大腸菌O157 ノロウイルス（必要に応じて10月～3月は月1回以上又は必要に応じて検便検査）を含める。 　調理従事者の家族が感染症にかかった場合にも感染の危険性がなくなるまでは調理を行わない。 ・日常の健康管理：毎日，始業時に健康状態や化膿創の有無を確認し，下痢や嘔吐，発熱などの症状，化膿創がある場合には調理に従事しない。 　日頃より規則正しい生活に努め，健康管理に留意する。 ・衛生的な生活習慣：外衣・帽子・履物などは作業場専用でつねに清潔なものを身につける。 　毛髪が帽子などから出ていないか，爪は切っているか・指輪ははずしているかなどのチェックを行う。 ・手指の洗浄・消毒：毎日の調理作業開始前，大量調理施設衛生管理マニュアル標準作業書「手洗いマニュアル」に従い，手指の洗浄・消毒を行う。 　調理作業中の二次汚染防止に努めるため，作業中も必要に応じて手指の洗浄・消毒を行う。 　衛生管理点検表（大量調理施設衛生管理マニュアル）などを用意し，作業前に調理従事者のチェック，指導を行う。点検表は施設にて1年間保管する。
	・手指の洗浄・消毒：以下の作業の場合，マニュアルに従い，手指の洗浄・消毒を確実に行う。 　汚染作業区域から非汚染作業区域に移動する場合および用便後，生の肉類，魚介類，卵類など微生物汚染の恐れのある食品に触れた場合
・包丁・まな板などの器具，容器等は，二次汚染防止のために用途別，食品別にそれぞれ専用のものを用意し，混同して使用しない。 　まな板，ざる，木製の器具は汚染が残存する可能性が高いので十分な殺菌に留意し，できれば木製器具の使用は控える。 　使用後，十分な洗浄・殺菌，乾燥を行い，衛生的に保管する。 ・フードカッターなど，野菜切り機などの調理機器は，最低1日1回以上，分解して洗浄・殺菌，乾燥する。 ・シンクは用途別に相互汚染しないように，特に加熱食品，非加熱食品，器具の洗浄は必ず別のシンクを設置する。 ・給食の使用水は，飲用適の水を用いる。色，にごり，におい，異物のほか，貯水槽を設置している場合や井戸水を殺菌・ろ過して使用する場合は遊離残留塩素が0.1mg／L以上であることを，調理作業の前と後に毎日検査し，記録する。	・手指の洗浄・消毒：生の肉類，魚介類，卵類など微生物汚染の恐れのある食品に触れた場合，マニュアルに従い，手指の洗浄・消毒を確実に行う。 　下処理から調理場へ移動の際は外衣，履物を交換し，また便所には，作業場での服装・履物のままでは入らない。
シンクは用途別に相互汚染しないように，特に加熱食品，非加熱食品，器具の洗浄は必ず別のシンクを設置する。 　食品並びに移動性の器具および容器の扱いは，跳ね水による汚染防止のため，床面から60 cm以上の場所で行う（ただし，食缶等で扱う場合は30 cm以上の台にのせて行う）。	・手指の洗浄・消毒：以下の作業の場合，マニュアルに従い，手指の洗浄・消毒を確実に行う。 　直接食品に触れる調理作業前 　生の肉類，魚介類，卵類など微生物汚染の恐れのある食品に触れた場合
・手指の洗浄・消毒：配膳の前，マニュアルに従い，手指の洗浄・消毒を確実に行う。 ・検食：給食を利用者に提供する前に，施設長あるいは給食責任者が適切な品質（①栄養量および質，②味つけ，形態，③衛生面など）の給食ができ上がっているかを点検する。点検結果は，検食簿に記録し，保管する。	

置が認可されたことから注目されるようになった。食品分野への利用は，生成された強酸性電解水および微酸性電解水が「次亜塩素酸水」の名で食品添加物(殺菌料)として2002(平成14)年に指定された。主殺菌物質は，次亜塩素酸(HOCl)であり，次亜塩素酸ナトリウム溶液に比べても殺菌効果が高い。40 ppmの次亜塩素酸水は，1000 ppmの次亜塩素酸ナトリウム溶液と同程度の殺菌力があるとされる。また，手荒れはなく，残留性も少ない。しかし，次亜塩素酸は，光や空気，温度，有機物の存在などによって経時的に分解され，殺菌力が急激に消失する。基本的には，生成直後のものを流水式で使用することが望ましい。有効塩素濃度やpHなど使用環境を常に確認し，正常な電解水が生成されていることを確認する必要がある。

オゾン水は，大気中に存在し強い酸化力で大気を自浄(殺菌・脱臭・浄化など)する働きのあるオゾンを，超微細な泡状にして水道水中に溶解させた水である。オゾンは，食品添加物に指定されている。厚生労働省予防衛生研究所のデータでは，1～2 ppm前後の濃度で多くの微生物殺菌に効果がある。オゾン自体は不安定で，短時間で酸素に変化するため，残留性は問題ないが，使用する際に生成しないと殺菌力は消失することになる。オゾンの水への溶解が十分でないと殺菌力が落ちる。また，温度・湿度，施設の広さ，水量，使用時間によってはオゾンガスの濃度が高くなる可能性があるので，十分な換気を行う必要がある。

電解水やオゾン水は，水生成機を新たに設置するなど施設・設備の面でのイニシャルコストは高くなるが，生成のための材料は，塩化ナトリウムやオゾンなど入手しやすいもので安価である。有効な殺菌力を得るために，設備の定期的なメンテナンスも重要である。

(2) 衛生管理体制の確立

給食施設の安全衛生管理を徹底するために，管理組織を確立し，その組織によって安全・衛生教育や事故防止対策を講じることが重要である。大量調理施設衛生管理マニュアルでは，給食施設の経営者または学校長などの施設責任者等が，施設の衛生管理に関する責任者である**衛生管理者**を指名することとされる。施設責任者は，食材の納入業者の管理指導，衛生管理者への衛生管理に関する点検の実施および結果報告の指示，点検結果の記録および保管，改善措置の検討，調理従事者等の健康状態の把握，調理従事者等への衛生教育を行う。衛生管理者は，施設責任者から指示された項目について点検を実施し，その結果を報告する。

また，献立や調理工程表に基づいて調理従事者等との十分な事前打ち合わせを行う。献立および調理工程表の作成においては次のことに留意する。

① 施設の人員等の能力を考慮し，調理工程に余裕のもてる献立を作成する

② 調理従事者の**汚染作業区域**(7.1.3 参照)から**非汚染作業区域**(7.1.3 参照)への移動がないようにする

③ 調理終了後速やかに配食し，喫食できるような工夫をする

④ 調理従事者等の 1 日ごとの作業の分業を図れるようにする

6.2.3 衛生教育（一般衛生管理プログラム）

給食施設において HACCP システムによる衛生管理を適用するための前提条件として，食品の製造や加工を行う施設で整備されるべき一般的な衛生管理事項を，「**一般衛生管理プログラム**」(表 6.2)という。HACCP システムはそれ単独で機能するものではなく，一般衛生管理プログラムによる衛生管理が確実に行われていることが必要である。そのために各施設において，一般衛生管理プログラムに基づき，作業担当者や作業内容・手順，実施頻度，実施状況の点検および記録の方法を具体的に記載した**衛生管理作業標準**(衛生標準作業手順書)(sanitation standard operating procedure：SSOP)を作成し，作業の標準化をはかる。

また，大量調理施設衛生管理マニュアルでは，食中毒などの衛生事故や労働災害を防止するために，施設責任者は，衛生管理者や調理従事者等に衛生管理に関する研修に参加させ，必要な知識・技術の周知徹底を図ることとされている。

衛生教育は PDCA サイクルに従って，衛生管理の目標達成のための年間・月間計画を立て(plan)，調理作業や調理施設に関する事項，調理従事者の健康管理に関する事項など重要度の高いものから教育を実施する(do)。方法は，OJT として日常業務でのミーティングや朝礼，ポスター掲示，施設内での定期的な勉強会や研修会，OFF-JT として施設外での講習会や研修会への参加などがある。いずれの方法においても，調理従事者自身が積極的に取り組むように意識を高めていくことが重要である。

教育の実施後は，調理従事者へのアンケート調査による教育方法や教育内容の評価，衛生管理に関する点検表の確認により教育効果の検討を行い(check)，問題点があれば順次教育方法や内容を見直す(act)。評価結果は調理従事者にも周知する。このような PDCA のサイクルを繰り返すことにより，調理従事者の衛生への意欲を高めていく。衛生教育の実施状況および評価結果，改善方法などについては記録して保管する。

6.3 事故・災害時対策

給食施設においては，事故や災害が発生した場合でも，施設利用者への継続的な食事提供が求められる。そのため，日頃から事故・災害時の安全管理対策を講じておく必要がある。

6.3.1　事故の種類

給食施設で想定される事故には，食中毒や感染症，誤配による食物アレルギー，異物混入など施設利用者に被害が及ぶもの，給食従事者の調理作業中の転倒ややけどなど給食従事者に被害が及ぶものがある。

6.3.2　事故の状況把握と対応

食中毒や異物混入などの事故が発生した場合，被害を最小限に抑えるために，正確かつ迅速な事故の状況把握と事故の内容に応じた適切な対応が必要となる。

(1) 食中毒発生時の対応

給食施設内で食中毒が発生した場合には，発生直後の対応の仕方によっては被害が拡大し，原因究明も難しくなるため初期対応が重要となる。食中毒発生時の対応について**表 6.3** に示す。

(2) 異物混入への対応

給食における異物混入は，食材の納入，**検収**[*1]，保管，調理，配食・運搬のすべての作業工程において起こる可能性がある。異物混入の事例と対策の例を**表 6.4** に，異物混入発生時の対応例を**表 6.5** に示す。

6.3.3　危機管理対策（インシデント，アクシデント）

危機管理とは，想定可能な危機の予測，分析を行い，危機が発生した場合の対応策を事前に講じ，危機の回避および最小限の被害に抑えるための管理である。給食施設においては，食中毒・感染症，異物混入，**放射能**[*2]および有毒物汚染などの事故や地震，台風，火災などの災害などがある。経営活動に伴い生じる可能性のある各種リスクを最小の費用で抑えるためのリスクマネジメントと，自然災害や不測の事態に迅速・的確に対処し，被害を最小限に食い止めるためのクライシスマネジメントがある。日頃より危機回避および危機発生時のためのマニュアルや組織を構築し，対応訓練などを実施して危機管理体制を整えておく必要がある。

(1) インシデントとアクシデント

インシデント[*3]は「出来事」，アクシデントは「予測できないことが起きた事例，事故」の意味である。1 件のアクシデントが起こるまでには，その兆候としていくつかの軽度の事故やインシデントが発生していることが多い[*4]。重大な事故発生を回避するためにも，インシデントの段階での対処が重要となる。

(2) インシデント管理

インシデントレポートを作成して記録を残すとともに，十分な分析を行い，事故発生防止や安全対策に役立てる。インシデントレポートの分析では，① インシデントの発生状況，② インシデント発生に関わる情報の収集，③ インシデント発生の原因，④ 解決すべき問題点の追究，⑤ 解決策の決定

*1　**検収**　業者から食材料が発注どおり納入されているかを，業者立会いのもと検収責任者が発注控えと納品書伝票を照合しながら，検収記録簿に基づき現品を点検，記録して受け取ること。

*2　**放射能汚染**　東京電力福島第一原子力発電所事故後，安全な食品流通のために検査が行われている。厚生労働省は 2012 年 4 月から食品の安全と安心を確保するために，事故後の緊急的な対応としてではなく，長期的な観点から新たな基準値を設定した。

*3　**インシデント　アクシデント**に至る危険性のある出来事が生じ，実際には未然に防ぐことができたが「ヒヤリ」「ハット」した事例をいう。

*4　ハーバード・ウィリアム・ハインリッヒ（Herbert William Heinrich）が労働災害事例の統計を分析し，1 件の重大事故・災害の裏に 29 件の軽微な事故・災害があり，その背景には 300 件のインシデントが存在していることを導きだした（ハインリッヒの法則）。比率については業種や業務内容により異なるとされている。

表 6.3　食中毒発生時の対応

① 保健所への届出	施設の管理責任者は，速やかに所轄保健所に届出をする。食中毒患者を診察した医師は，24時間以内に保健所へ届出をする義務がある。(食品衛生法第58条，同法施行規則第72条により)
② 患者の発症状況等の把握	患者の人数や発症範囲(家族や施設外部者などを含め)，発症日時，症状(嘔吐，下痢，腹痛，発熱など)，食物摂取状況等を調査し，記録する。
③ 給食関係者の健康状態の把握	調理従事者など給食関係者の健康状態のチェック，検便を実施する。結果は保健所に報告する。
④ 保健所への提出	食中毒発生前2週間分の保存検食，献立表，原材料の購入先リスト，衛生管理に関する帳簿類を保健所に提出する。
⑤ 汚染経路の調査	食材料の入手から供食までの作業工程，それに関わった人およびものについての調査を行い，汚染経路を追及するとともに二次汚染防止に努める。
⑥ 給食業務の一時停止と代替給食の実施	保健所の指示があるまで給食の提供は停止する。施設利用者には代替給食や非常食により食事提供を行う。
⑦ 施設の消毒	保健所の指示に従って，施設内および調理機器・器具などの消毒を行う。
⑧ 再発防止策の検討	食中毒発生原因や汚染経路を究明し，給食業務内容や衛生管理体制の改善，給食関係者への衛生教育の徹底など再発防止策について十分な検討を行う。

表 6.4　異物混入の発生例と対策

	発生例	対策
原材料	原材料包装資材の破片(ビニール，紙，プラスチック，ひもなど) 缶詰の金くず 土砂(野菜，いもなどについている) 昆虫類 木くず，わら	検収の強化 原材料納入時の包装の見直し 十分な洗浄 異物除去のため下処理作業工程の見直し
調理機器・器具など	調理器具・食器の破片(プラスチック，ガラス，金属，陶磁器など) 洗浄時使うたわしやブラシの抜け毛 調理機器の部品や破片	混入リスクの低い調理器具や食器に更新，代替 調理機器の使用禁止および迅速なる点検，修理
調理従事者	毛髪 手指創傷で使用した絆創膏 ビニール手袋の破片 装着品(ヘアピン，アクセサリーなど) 糸くず	作業前の身じたく点検の徹底 作業中の注意喚起 調理従事者の衛生への意識向上 調理従事者の更衣室の清掃

表 6.5　異物混入発生時の対応

① 利用者の健康状態の確認	混入した異物を摂取したことにより体調が悪くなったり，けがをするなど異常が認められる利用者がいた場合は，ただちに病院に搬送する。
② 混入経路の追跡	異物の回収と発見時の状況を把握し，直ちに混入経路を追跡する。調理工程での混入の場合は，給食を停止することも検討する。
③ 関係部署への報告	必要に応じて関係部署に報告する。
④ 再発防止策の検討	原因の分析および異物排除のための対策を講じて，給食関係者への周知徹底，施設設備の点検を強化することにより再発防止を徹底する。事故発生から対応策までの流れを記録する。

などを明確にする。

(3) アクシデント管理

　アクシデントは実際に事故が発生し，利用者や調理従事者に被害が及ぶことを指す。事故の原因分析と再発防止策の検討に役立てるためにアクシデン

トレポートを作成する。管理者は事故発生後できるだけ早く調理従事者など
に事故報告を行い，今後の再発防止策を検討する。アクシデントレポートは
事故関係者の過失や責任を追及する目的のものではない。

6.3.4　災害時対応の組織と訓練

　災害には，地震，台風，洪水，津波，雪害，火山噴火などの自然災害と，火災，
ガス爆発，停電，放射能・有害物質汚染などの人為災害などが挙げられる。

　近年，日本では大規模な自然災害が多く発生し，想像をはるかに超える被
害をもたらしている。建物の損壊，ライフラインや交通網のしゃ断などによ
り，水や食料の供給が停止する事態も発生している。しかし，そのような事
態においても給食施設は，施設利用者さらには周辺住民に対する栄養確保の
ため，継続的な食事提供が求められる。災害時の被害を最小限に食い止め，
できるだけ早期回復を目指すためには，平常時より各施設において，災害時
の組織・体制と対応マニュアルを整備し，定期的な訓練によりその機能の確
認と必要に応じた改善を行っておくことが重要である。また，自治体の連携
体制，近隣の施設や企業間と相互に協力支援できる体制の構築も必要である。

（1）災害に備えた平常時の対策

① 施設の管理体制の整備

　施設長，各部門の責任者などで構成する対策委員会を設置し，災害発生に
おける組織の運営および命令系統の明確化，施設職員への緊急連絡体制の整
備，災害時対応マニュアルの作成などについて検討する。

② ライフラインの確認

　通常使用している水，電気，ガスなどのライフラインの設置状況を把握し
た上で，災害時に発生する障害とその対応策について検討しておく。

③ 災害時用備蓄品の確保

　施設の対象者の人数や特性に応じた非常用食品や生活用品を備蓄する。こ
れら備蓄品は在庫リストを作成し，数量や保存期限などを確認した上で，定
期的に更新する。保管場所としては，建物の損壊なども想定し，施設外の資
材棟などに分散して貯蔵することが望ましい。

④ 外部との連携体制の確保

　ライフライン等の寸断により，自施設において給食提供が不可能になるこ
とを想定し，平常時より自治体および保健所，近隣の同系列施設や給食受託
会社などと連携がとれるような体制づくりと支援内容（物的支援，人的支援など）
の確認を行う。また，災害時の食材などの確保のためには，複数の取引業者
と契約を結ぶ。

⑤ 訓練の実施

　定期的に模擬訓練を実施し，災害時の管理体制やマニュアルの実効性の確

認，また非常食の利用や非常時献立に対するシミュレーションを行い，必要に応じて改善を行う。訓練を行うことで施設職員の危機管理に対する意識向上にもつながる。

(2) 災害発生時の対策

災害発生直後，施設利用者および従業員の被害状況，ライフラインの使用の可否，食材および備蓄食品の点検，調理施設や設備・調理機器類などの被害状況を迅速かつ正確に把握する。市町村，保健所などに被災状況を報告し，外部からの支援を要請する。在庫食品や備蓄食品，外部からの支援物資などを使用して食事提供を行う。その後，復旧状況や支援状況に応じた時系列的な対応が必要となる*。

6.3.5　災害時のための貯蔵と献立

(1) 非常用食品の貯蔵

災害時は，調理施設や設備損壊，ライフラインの寸断など被害状況に応じて，施設内で確保している非常用食品を活用した献立に基づき食事提供を行う。過去の震災等での外部救援物資到着や自衛隊等の給食支援までの時間を考慮し，通常3日分の食料品および飲料水の貯蔵が各施設で必要とされる。食事提供に必要な使い捨ての食器や消耗品などの生活用品，ガス，電気などが使えない場合の熱源としての燃料も備品として貯蔵する。

非常用食品には，① 常温保存が長期可能，② 個別包装，③ 簡単な調理（温め，水や湯を加えるなど）で喫食可能，④ そのまま食べられるなどの条件を満たすものが考えられる。非常用食品の例を**表6.6**に示す。

*詳細は，日本公衆衛生協会：大規模災害時の栄養・食生活支援活動ガイドライン(2019)，日本栄養士会：災害時の栄養・食生活支援マニュアル(2022)などを参照。

表6.6　非常用食品の例

主食類	アルファ米(白飯，五目ご飯)，レトルトがゆ，乾パン，クラッカー，常温保存可能のうどんやパンなど
主菜類	魚の缶詰(さば，いわし，さんまなど)，魚のレトルト・真空パック，カレー・シチューのレトルト，おでん真空パック
主食＋主菜	発熱剤内蔵型レトルト食品*(カレーライス・牛丼・玉子丼など)
副菜類	野菜惣菜レトルト，乾物(カットわかめ，ふりかけ，ゆかり)など
汁物類	即席(生みそ，粉末)みそ汁，粉末スープ，豚汁缶など
デザート類	果物缶，果汁缶，デザート缶(みつまめ，杏仁豆腐など)

注）＊湯や水，熱源，食器がワンパックになっている

また，常食では対応ができない対象者がいる施設では，施設に応じた特別な非常用食品も備えておく必要がある。医療施設では，流動食，経管栄養食，特別用途食品（病者用，妊産婦，乳児用食品），高齢者施設では，咀嚼嚥下困難者のための濃厚流動食や**ミキサー食**[*]（ブレンダー食）など，乳幼児施設では，育児用調製粉乳，離乳食などである。

(2) 献立作成

災害時に備え，非常用食品を利用した献立を作成する。

災害発生当初は，ご飯，パンなどエネルギー補給食品の摂取が主となるが，徐々に主食，主菜，副菜（汁物，デザートを含む）となる食品を組み合わせ，バランス良く栄養素の補給ができるような献立とする。災害時非常食献立例を表 6.7 に示す。

表 6.7　非常食献立例

A　一般成人用

	朝　食	昼　食	夕　食
1日目	ご飯（アルファ米） （かゆ：レトルト） 吸物（粉末） ふりかけ	乾パン クリームシチュー（レトルト）	ご飯（アルファ米） （かゆ：レトルト） 吸物（粉末） 魚缶詰（さばみそ煮缶）
2日目	ご飯（アルファ米） みそ汁（粉末） ツナ缶	わかめうどん 野菜の煮物（真空パック）	ご飯（アルファ米） ビーフカレー（レトルト） ポテトサラダ（缶詰）
3日目	ご飯（アルファ米） （かゆ：レトルト） ゆかり みそ汁（生みそタイプ） 切り干し大根の煮物 （真空パック）	ツナ缶スパゲッティ オニオンスープ（缶詰） フルーツミックス缶	五目ご飯（アルファ米） 魚肉ソーセージ 白いんげん豆の煮物 吸物（粉末）

注）カセットコンロなどで湯は沸かせる場合を想定。水道水が使用できなければペットボトル飲料水を使用。

B　高齢者用の献立例

	朝　食	昼　食	夕　食
1日目	白粥（レトルト） 梅干し ビタミンミネラル補給用飲料	白粥（レトルト） 鯛みそ 高エネルギーゼリー	かゆ（レトルト） 鮭フレーク（びん詰め） 牛乳
2日目	パン粥（乾パン使用） ポテトサラダ（真空パック） ビタミンミネラル補給用飲料	白粥（レトルト） 魚と野菜の煮物（缶詰） のり佃煮	白粥（レトルト） 親子丼の具（レトルト）
3日目	白粥（レトルト） 肉じゃが（肉そぼろとマッシュポテト）（レトルト） 高エネルギー飲料	白粥（レトルト） かに玉（レトルト） 高エネルギーゼリー	白粥（レトルト） クリームシチュー

注）咀嚼嚥下困難な高齢者にはレトルト食品をすりつぶす，こすなどの調製を行う。または，咀嚼嚥下困難者用食品の缶詰やレトルト食品を備蓄しておく。

【演習問題】

問1　大量調理施設衛生管理マニュアルに基づき，施設の衛生管理マニュアルを作成した。その内容に関する記述である。最も適当なのはどれか。一つ選べ。　　　　　　　　　　　　　　　　　　（2021年国家試験）

(1) 冷凍食品は，納品時の温度測定を省略し，速やかに冷凍庫に保管する。

(2) 調理従事者は，同居者の健康状態を観察・報告する。

(3) 使用水の残留塩素濃度は，1日1回，始業前に検査する。

(4) 加熱調理では，加熱開始から2分後に，中心温度を測定・記録する。

(5) 冷凍庫の庫内温度は，1日1回，作業開始後に記録する。

　解答（2）

問2　給食施設において，インシデントレポートを分析したところ，手袋の破損・破片に関する報告が多かった。その改善策に関する記述である。最も適当なのはどれか。1つ選べ。　　　　　　　　　（2021年国家試験）

(1) 手袋の使用をやめる。

(2) 手袋の交換回数を減らす。

(3) 手袋を青色から白色に変える。

(4) 手袋を着脱しやすい余裕のあるサイズに変える。

(5) はめている手袋の状態の確認回数を増やす。

　解答（5）

問3　トンカツ（付け合わせ：せんキャベツ）を調理する過程で，大量調理施設衛生管理マニュアルに基づいて実施した作業に関する記述である。最も適当なのはどれか。1つ選べ。　　　　　　　　（2023年国家試験）

(1) 肉の検収時の表面温度が7℃であったため，受け取った。

(2) 同じ調理台で，割卵作業とキャベツの切裁作業を行った。

(3) フライヤーの横の調理台で，肉に衣を付けた。

(4) 揚がったトンカツの表面温度が75℃であったため，出来上がりとした。

(5) 盛付けを，前の作業に使用した手袋をはめたまま行った。

　解答（1）

📖 参考文献・参考資料

厚生労働省 HP：食中毒統計,
　https://www.mhlw.go.jp/stf/seisakunitsuite/bunya/kenkou_iryou/shokuhin/
　syokuchu/04.html（2023.12.1）。

厚生労働省 HP: 食品等事業者団体が作成した業種別手引書,
　https://www.mhlw.go.jp/stf/seisakunitsuite/bunya/kenkou_iryou/shokuhin/haccp/
　（2023.12.1）。

国立健康・栄養研究所 HP：災害時の健康・栄養について,
　https://www.nibiohn.go.jp/eiken/info/info_saigai.html（2023.12.1）。

新潟県 HP：災害時栄養・食生活支援活動ガイドライン（2006）,
　https://www.kenko-niigata.com/syoku/saigai_1/1288.html（2023.12.1）。

新潟県 HP：災害時栄養・食生活支援活動ガイドライン―実践編（2008）,
　https://www.kenko-niigata.com/syoku/saigai_1/1289.html（2023.12.1）。

日本栄養・食糧学会監修, 板倉弘重ほか責任編集：災害時の栄養・食糧問題,
　建帛社（2011）

日本公衆衛生協会：健康危機管理時の栄養・食生活支援メイキングガイドライ
　ン（2010）, http://www.jpha.or.jp/sub/pdf/menu04_2_02_00.pdf（2023.12.1）。

日本公衆衛生協会：大規模災害時の栄養・食生活支援活動ガイドライン（2019）,
　http://www.jpha.or.jp/sub/pdf/menu04_2_h30_02_13.pdf（2023.12.1）。

野田衛：ノロウイルス食中毒対策―調理従事者からの食品汚染はなぜ起こるの
　か？, 食と健康, 58, 8-20（2014）

7 給食の施設・設備管理

7.1 生産（調理）施設・設備設計

7.1.1 施設・設備の概要

給食施設における施設・設備管理の管理範囲は，給食の運営が，① 衛生的，② 能率的，③ 安全に実施されることを重視するため，検収室，調理室，盛り付け・配膳室，食器洗浄室，食堂，給食事務室，厚生施設（更衣室，休憩室，トイレ，シャワー室），食品保管設備，消毒保管設備，周辺環境の設備と広範になる。施設・設備の適否およびその効率的な利用方法が，給食運営全体に及ぼす影響は大きく，管理栄養士には，施設・設備の構造，**動力システム**[*1]，機器の使用法と保守管理方法などの知識と技術が求められる。

*1 動力システム 電気やガス，蒸気といった機器のエネルギー源，機器構造など。

7.1.2 施設・設備の基準と関連法規

給食施設・設備は，食品衛生法第51条において，各都道府県条例により「業種別に，公衆衛生の見地から必要な基準を定めなければならない」とされている。**表7.1**に営業施設の共通基準として大阪府の例を示す。施設の設置場所および構造・設備の共通基準等について詳細な内容が示されている。また，「大量調理施設衛生管理マニュアル」では施設設備の構造，施設設備の管理として基準が記載されている。給食施設・設備管理の関係法令は，**表7.2**に示すように，建築，ガス，電気，消防，環境などについても規制され，必要に応じて最新の内容に照らし合わせる必要がある。さらに，給食施設の種別によって，それぞれ設備および運営に関する基準が定められている。

7.1.3 作業区域と作業動線

(1) 給食施設の区分

給食施設は，調理を行う施設，給食従事者の厚生施設と食事をする施設に大きく3区分される[*2]。さらに，大量調理施設衛生管理マニュアルでは，調理を行う施設を「汚染作業区域」と「非汚染作業区域」に明確に分け，食材の二次汚染の防止に努めるよう示している。汚染作業区域は，検収場，原材料の保管場，下処理場が含まれる。非汚染作業区域は，準清潔作業区域（調理場）と清潔作業区域（放冷・調製場，製品の保管場）に区別する。なお，各区域は固定され，それぞれを壁で区画することを推奨しており，床面を色別する，境界にテープを貼る等により明確に区画することでもよいとされている。

*2 給食施設の区分
① 調理を行う施設：調理室，食器洗浄室，付帯施設（事務室，検収室，倉庫）
② 給食従事者の厚生施設：更衣室，休憩室，便所，浴室
③ 食事をする施設：食堂

表7.1 営業施設の共通基準（大阪府の例）

	項目		基準の内容
施設の設置場所及び構造・設備の基準	設置場所		衛生上支障のない場所に設置すること
	区分		住居その他営業の施設以外の施設と明確に区分すること
	作業場	面積	使用目的に応じて適当な広さを有すること
		明るさ	充分な明るさを確保することができる照明の設備を設けること
		換気	換気を十分に行うことができる設備を設けること
		床	①排水溝を有する。②清掃が容易にできるよう平滑であり，かつ，適当なこう配のある構造であること。③水その他の液体により特に汚染されやすい部分は，耐水性材料で造られていること
		内壁	清掃が容易にできる構造とし，床面からの高さが1.5 mまでの部分及び水その他の液体により特に汚染されやすい部分は，耐水性材料で造られていること
		床面と内壁面との接合部分・排水溝の底面の角	適度の丸みをつけ，清掃が容易にできる構造であること
		天井	すき間がなく，清掃が容易にできる構造であること
	防虫等		ねずみ，衛生害虫等の進入を防ぐ構造であること
	洗浄設備		熱湯を十分に供給できるものであること
	手洗い設備		消毒薬を備えた流水受槽式手洗い設備を，適当な場所に設けること
	固定した設備・移動が困難な設備		洗浄が容易にできる場所に設けること
	更衣室		従業員の数に応じて，更衣室その他更衣のための設備を設け，専用の外衣，帽子，マスク，履物を備えること
	便所		ねずみ，衛生害虫等の侵入を防ぐ設備を設けるとともに，その出入口及び尿くみ取り口は，衛生上支障のない場所に設けること
食器取扱設備等の衛生管理	設備及び機械，器具類		製造量，販売量，来客数等に応じて十分な規模及び機能を有するものを設けること。また，器具の洗浄，消毒，水切及び乾燥の設備を設けること
	機械		食品又は添加物に直接接する部分が不浸透性材料で造られ，かつ，洗浄及び消毒が容易にできる構造であること
	保管設備		器具及び容器包装を衛生的に保管するための設備を設けること。また，原材料，添加物，半製品又は製品それぞれ専用のものとし，温度，湿度，日光等に影響されない場所に設ける等衛生的に保管ができるものであること
	計量器		添加物を使用する場合は，専用の計量器を設けること
	冷蔵庫（10℃以下に冷却する能力を有するもの）		冷凍庫その他温度又は圧力を調節する必要のある設備には，温度計，圧力計その他必要な計器を見やすい位置に備えること
	廃棄物容器		十分な容量を有し，不浸透性材料で造られ，清掃が容易にでき，及び汚液，汚臭等が漏れない構造である廃棄物容器を設けること
	給水設備		飲用に適する水を十分に供給できる衛生的な給水設備を専用に設けること

出所）大阪府食品衛生法施行条例第4条，大阪府条例第14号（2000.3.31）をもとに作成

表7.2 給食施設・設備管理の関係法令

所轄庁	法令名
厚生労働省	食品衛生法，食品衛生法施行令，食品衛生法施行規則 水道法，水道法施行令，水道法施行規則 弁当及びそうざいの衛生規範について 大規模食中毒の発生防止について 総合衛生管理製造過程の承認とHACCPシステムについて ボイラー及び圧力容器安全規則の施行について　　など
経済産業省	ガス事業法，ガス事業法施行令，ガス事業法施行規則 液化石油ガスの保安の確保及び取引の適正化に関する法律 特定ガス消費機器の設置工事の監督に関する法律 ガスを使用する建物ごとの区分を定める件 ガス漏れ警報器の規格及びその設置方法を定める告示 電気用品安全法，電気用品安全法施行令　　など
国土交通省	建築基準法，建築基準施行令法 下水道法，下水道法施行令　　など
総務省	消防法，消防法施行令，消防法施行規則 火災予防条例準則　　など
環境省	環境基本法 大気汚染防止法，大気汚染防止法施行令，大気汚染防止法施行規則 悪臭防止法，悪臭防止法施行令，悪臭防止法施行規則 水質汚濁防止法，水質汚濁防止法施行令，水質汚濁防止法施行規則 廃棄物の処理及び清掃に関する法律　　など

出所）松崎政三・名倉秀子ほか：給食経営管理論，建帛社（2020）をもとに改変

(2) 給食施設の面積

給食施設の面積は，表7.3に示す調理室面積の概算値のように，給食施設の種類，規模（提供食数），メニュー形態，供食形態，サービスの方法，給食システムなどにより必要面積が異なるため，これらを考慮して確保する。調理室面積は，広すぎるより少々狭いぐらいが使いやすいとされ，多岐にわたる複合的作業空間を上手に活かしたコンパクトな立体的空間利用の工夫が必要である。調理室の面積における効率化は，動線が短くなることに加えて，空調などのエネルギーコストを小さくすることが期待できる。

表7.3 施設別調理室面積の概算値

施設名	調理用面積	条件
学校給食	0.1 m² ／児童1人	児童数 700 〜 1000 人
同上センター	同上	児童数 1000 人以上
病院	0.8 〜 1.0 m² ／ベッド	
寮	0.3 m² ／寮生1人	
産業食堂	食堂面積× 1/3 〜 1/4	回転率1回

出所）日本建築学会：コンパクト建築設計資料集成（第3版），丸善（2005）

表7.4 給食施設の内装に求められる事項

床面	床面施工には，従来からのウェット（湿式）施工とドライ（乾式）施工があり，大量調理施設衛生管理マニュアルでは，ドライ施工を用いた**ドライシステム***化が推奨されている。どちらの床面においても，使用する床材は，荷重に対する耐久性，耐火性，耐熱性，耐油性を有し，平滑で摩擦に強く，滑らず，清掃しやすい材質が要求される。
壁	内壁は，隙間がなく，平滑な構造とし，耐火性，耐熱性，耐水性，防湿性，耐腐食性，防かび性，清掃性などが求められる。床面から少なくとも1 m以上は，不浸透性，耐酸性，耐熱性の材料を用いる。床面と壁面の境界には丸み（半径5 cm以上のアール）を付けることにより微細な塵が貯留せず清掃しやすくする。
天井	天井は床面から2.4 m以上，パイプやダクト等が露出しないよう二重天井とし，天井裏には断熱材を貼ることにより，結露を防ぎ，衛生上の問題が生じないような工夫が必要である。
窓	窓は，採光を第1の目的とする。窓の面積は，床面積の1/5以上，高さは床上1 m前後がよい。窓は極力開閉しないことが望まれるが，防塵，防虫用の網戸を設置しておく必要がある。
出入口	出入口は，引き戸や扉で仕切る。外部との出入口は，衛生管理およびねずみや昆虫の進入防止のために開放式にせず，網戸や自動ドア，エアーカーテン等を設置することが望まれる。

(3) 給食施設の内装

床面，壁，天井，窓，出入口に求められる内容を表7.4に示した。

(4) 給排水設備

1) 給水設備・給湯設備

給水設備は，飲用，調理用，洗浄用，清掃用などに水を供給し，それぞれの使用水量，必要水圧（一般水栓 0.03 MPa，その他調理機器，給湯器 0.05 〜 0.07 MPa），使用時間，季節変動，水質（水道法）に適した給水システムを計画する。水量は，使用量がピークに達したときにも十分に確保できるよう必要給水量を計算する（表7.5）。また，停電・断水などの非常時対策では，貯水タンクなどの検討が必要である。

給湯設備は，適切な温度の湯を適切な水量と水圧で供給する必要がある。給湯方式は，病院などの大規模施設において1ヵ所で大量の湯を沸かし，配管により各湯栓に送る中央式給湯法と，必要箇所で貯湯式ボイラーや瞬間湯沸かし器などにより給湯する局所式給湯法に大別される。給湯では，用途別の湯温（手洗い用 40℃，一般厨房用 45℃，食器洗浄機 60 〜 95℃など）と給湯量がポイントとなる。

*ドライシステム 「system for keeping dry」の和製造語であり，ドライな環境を実現するための建築や設備の内容，および作業手順や管理運営方法などを含む，ハードとソフトの両面を備えた総合的なシステムを指す。給食施設のドライ化によって低温・低湿・清浄空気化を実現することにより，衛生面の向上（細菌，雑菌の繁殖防止など），労働環境の改善（床が滑りにくい，軽装作業可能など）に伴う作業員の身体的負担の軽減や衛生管理意欲の向上が期待できる。イニシャルコスト（導入時費用）は割高だが，低湿度により機器損傷が減少し，耐久性が向上することで保全費が少なくすむ。

表7.5 建物種類別単位給水量
（厨房で使用される水量のみ）

建物種類	単位給水量（1日あたり）
喫茶店	20 〜 35 L/客
飲食店	55 〜 130 L/客
社員食堂	25 〜 50 L/食
	80 〜 140 L/食堂 m²
給食センター	20 〜 30 L/食

出所）空気調和・衛生工学会：空気調和・衛生工学便覧（第13版），丸善（2001）

2) 排水設備 *

排水管を直結する器具には，害虫や臭いの侵入を防ぐために**図7.1**のようなトラップを設ける。

調理室内の排水溝には，洗剤，油脂類，残飯類が混入するため，悪臭や害虫，排水づまりや逆流が発生しないよう，十分な勾配(1/100以上，2〜4/100が望ましい)を設け，末端まで円滑に水が流れるようにする。

調理室外への排水は，生ゴミや油脂の流出を防ぐためグリストラップ(グリス阻集器)を設置する(**図7.2**)。グリストラップは，調理室からの排水に含まれている油脂(グリス)や残飯を阻止・分離・収集するための設備で，給食施設や飲食店での設置の義務は各自治体の条例により異なっている。また，飲食物を貯蔵または取り扱う機器および医療機器などで排水口を有する機器(冷蔵冷凍庫，製氷機，洗米機，食器洗浄機など)は，一般排水系統からの逆流や下水ガス・衛生害虫の侵入防止のために，**図7.3**に示すように一度大気中に解放して所定の排水口空間を設けた間接排水とする。

(5) 熱源，電気設備

加熱調理の熱源は，ガスが使用されるが，電気や蒸気の利用も増加している。**表7.6**に熱源の違いによる特性の比較を示す。ガス機器については，使用ガスの種類(都市ガス，液化石油ガス(LPG)など)，熱量，供給圧力を確認する。ガス漏れ，一酸化炭素中毒，爆発などの危険に備えて安全装置の設置や適切な換気が必要である。また，停電時でも使用可能なガスを用いた発電や，災

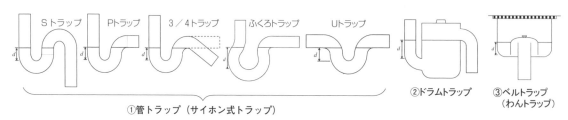

①管トラップ（サイホン式トラップ）

図7.1　トラップの種類(d：封水深)

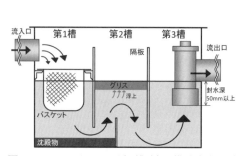

図7.2　グリストラップ(3槽式)の構造(断面図)

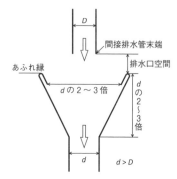

図7.3　間接排水管と水受け容器の例
（SHASE-S206-2009）

表 7.6　熱源の違いによる特性の比較

	電気	ガス	蒸気
安全性	・安全装置を装備しやすい ・漏電，接点不良等から発火する可能性がある	・ガス漏れ，着火不良による爆発の危険性がある ・点検等の不良により，不完全燃焼(高濃度の CO 発生)の恐れがある	・安全装置の故障による，蒸気爆発があった場合，大きな事故になる場合がある
衛生面環境面	・輻射熱が少ないため，規定の室温に保ちやすい	・排気，輻射熱により，室温が上昇しやすい ※低輻射機器もある	・輻射熱が少ないため，規定の室温に保ちやすい
制御性	・無段階または，多段階での出力調整が可能 ・タイマー，温度センサーにより時間管理が可能 ・調理のマニュアル化が可能	・無段階または，多段階での出力調整が可能 ・タイマー，温度センサーにより時間管理が可能 ・調理のマニュアル化が可能	・タイマー，温度センサーにより時間管理が可能 ・調理のマニュアル化が可能 ※ただし蒸気対応機器は限られる
加熱性能	・ヒーター式は立ち上がりに時間がかかり，また電源を OFF にしても余熱が残る ・電磁誘導式は，立ち上がりが早く，間接加熱の熱効率が高い	・立ち上がりが早い ・小面積で強力な火力が可能	・圧力を上げることで，熱量が増えるため立ち上がりが早い
熱効率	・50 ～ 98 ％と比較的高い	・30 ～ 70 ％と比較的低い	・蒸気発生装置の熱効率を考慮すると 60 ～ 80 ％
設備	・受電設備または供給電力量により制限があるため，事前確認が必要。設備費は比較的高い ・空調設備(室温上昇が少ないため)が軽減できる	・設備費は比較的安い ・CO を排出するため，排気設備を十分考慮する必要がある	・蒸気発生装置(ボイラー)，貯蔵タンク，配管等，設備費が高い ・空調設備(室温上昇が少ないため)が軽減できる
運転費	・ガス燃焼機器と比較すると，少し高くなる傾向がある	・電気と比べ安価である場合がある	・ガスや電気に比べ安価な傾向がある
耐久性	・ヒーターは長寿命であり，清掃性に優れた構造の機器が多い	・燃焼部は，定期的メンテナンスが必要 ・清掃しにくい構造の機器がある	・シンプルな構造のため，清掃しやすく，故障しにくい
法規制	・ガスに比べ，設置条件等緩和される場合がある	・電気に比べ，設置条件等厳しい場合がある	・ボイラー取扱作業主任者の選任が必要

出所)　タニコー提供資料

害時に破損や損壊しにくい中圧ガス管によるガス供給，液化石油ガス(LPG)を都市ガス仕様の機器に変換できる臨時供給装置等がある。

　調理室では，機器等の動力や加熱機器の電熱として，多くの電力が使われる。そのため，電気容量や電圧(3 相 200 V，単相 100 V など)の同時使用率を考慮するとともに，コンセントの位置(床上 0.6 m 以上)や個数についても検討する必要がある。

　近年では，エネルギー問題や環境問題，コスト面(ガス，電気，上下水道費)から給食施設においても省エネルギー化が求められており，給食(調理)でのエネルギー消費量を把握するために，調理室単体の計測器を設け，管理する施設が増えている。

(6) 照明設備

　照明設備は，作業内容や作業場所に適した照度を確保する必要がある。表7.7 に示すように，食品衛生と労働衛生の観点から調理作業をする場所では少なくとも 200 lx，卓上では疲労度軽減のために 400 ～ 500 lx 程度の照度が好ましい。調理室内にみられるフード内の照明器具は，防湿型とし，天井面

表7.7　推奨照度(JIS Z9110)

用途	活動場所	推奨照度(lx)	照度範囲(lx)
事務所	調理室	500	750 ～ 300
	食　堂	300	500 ～ 200
	喫茶室	200	300 ～ 150
学　校	厨　房	500	750 ～ 300
	食堂，給食室	300	500 ～ 200
保健医療施設	配膳室，食堂	300	500 ～ 200
商業施設	サンプルケース	750	1,000 ～ 500
	調理室，厨房	500	750 ～ 300
宿泊施設	宴会場	200	300 ～ 150
	食　堂	300	500 ～ 200
	調理室，厨房	500	750 ～ 300
住　宅	食　卓	300	500 ～ 200
	調理台	300	500 ～ 200
	流し台	300	500 ～ 200

＊調理室内温度を上昇させる要因として，調理機器・照明・調理従事者が発する熱がある。また，夏場など外気温が高い場合は，窓や壁から調理室内に侵入する外気からの熱に加えて，調理室内の圧力を室外より高め(正圧)にして，室外菌の室内侵入を防ぐための吸気(外気)や調理器具の換気が保有する熱が大きくなる。通常，空調設備は，これらの熱量を考慮して選定・設置されるが，外気温が高く，想定以上の換気により，空調設備の冷房能力を超える熱が調理室内に発生した場合，調理室内は外気温の影響を受けることになる。

は，衛生管理と防災上から天井埋め込み型が好ましい。

(7)　空調・換気設備

空調設備により，温度，湿度，空気清浄，気流をコントロールする。調理室の熱負荷[＊]は，調理機器発熱負荷，照明・人体発熱負荷，外気負荷，外壁負荷があり，このうち外気負荷が大きい。そのため，換気量(給気と排気)を適切にコントロールすることが重要である。

換気は，室内発生負荷(機器発熱，水蒸気，油煙，CO_2，臭気など)の除去，燃焼空気の供給，酸欠防止を目的とする。大量調理施設衛生管理マニュアルでは，高温多湿を避け，湿度80 %以下，温度25 ℃以下に保つことが望ましいとされている。

7.1.4　施設・設備のレイアウト

レイアウトとは，一定のスペース内に作業動線に沿って機器類を配置したり，割り付けたりすることである。

(1)　ゾーニング計画

ゾーニング計画とは，調理室の目的(給食施設の構成，調理システム，規模，衛生など)にそった調理室の分割配置計画のことである。汚染作業区域と非汚染作業区域などについて，衛生面，円滑な作業動線を考慮して各作業区画を決め，間仕切りや床面の色別などで区別する。

(2)　作業動線計画

食材の搬入から厨芥処理まで，調理工程および作業工程の流れを考慮して機器・設備の配置を計画する。人，食材，食器および小型調理用具の動線は，短いほうがよく，いずれもワンウェイ(一方向の動線計画)を基本とすることで，二次汚染を防ぐことができる。調理従事者の汚染作業区域から非汚染作業区域への移動や交差は，極力行わないようにし，二次汚染防止に努める動線計画が求められる。

(3)　作業スペースの確保

十分な作業スペースを確保するには，通路の幅，人体の諸作業(座位作業，立位作業など)に必要なスペースを基準としてレイアウトする。図7.4に調理の基本寸法を示す。調理工程や作業工程を踏まえた機器配置，通路幅，収納位置，さらには調理台の高さなどを計画することで，作業効率の向上や負荷軽減が期待できる。

(4) 調理機器の種類と選定

給食施設の種類や目的により，多種多様の機器が導入される。機器を購入する際には，機器占有率と作業スペース，手入れの方法，また，イニシャルコスト(導入時費用)とランニングコスト(日常費用)を試算するなど，機能性，生産性(作業効率)，経済性，衛生・安全性，耐久性，保守性(メンテナンス性)などから検討する。

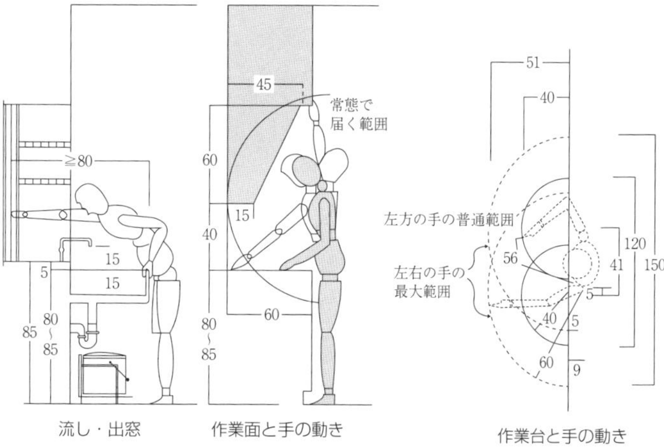

(5) 機器の種類

給食施設では，作業区域ごとにさまざまな機器が使用されている(表7.8)。図7.5に機器写真を示した。

出所) 日本建築学会：コンパクト建築設計資料集成(第3版)，丸善(2005)

図7.4　調理の基本寸法

1) 主な下処理機器

① **ピーラー**(球根皮むき機)(写真①)：じゃがいも，里芋などの根菜類を洗いながら皮をむく。

② **フードカッター**(写真②)：野菜，肉，魚，果物などあらゆる食品をみじん切りにする。ボウルをゆるやかに水平回転させながら2枚の巴型の刃が縦に高速回転することによって，食品の液汁を出すことなく切裁できる。

③ **合成調理機**：野菜の切裁から肉類をひくまで1台でこなせる万能調理機。回転刃の取り替え，回転速度の切り替えによって使い分ける。

④ **フードプロセッサー**：フードカッターとミキサーの機能を併せ持ったもの。みじん切りにしてから混合・乳化までの作業が，連続的に1つの機械で行える。

表7.8　主な機器とその作業区域・区分

作業区域		作業区分	調理機器名
汚染		検収	計量器，検食用冷凍庫，冷蔵・冷凍庫，放射温度計，球根皮むき機(ピーラー)
		下処理	シンク，調理作業台，フードカッター，合成調理機，フードプロセッサー，ミートチョッパー，洗米機，包丁まな板殺菌庫
非汚染	準清潔	調理	回転釜，ティルティングパン，スチームケトル，フライヤー，コンベクションオーブン，スチームコンベクションオーブン，焼き物機，ガスレンジ・電気レンジ，電子レンジ，ブラストチラー，炊飯器，真空包装機
	清潔	盛り付け配膳	温蔵庫，ウォーマーテーブル，スープウォーマー，コールドテーブル，コールドケース，冷温(蔵)配膳車，食器ディスペンサー，トレイディスペンサー
汚染		洗浄・消毒	食器洗浄機，食器消毒保管庫，包丁・まな板殺菌庫，器具消毒保管庫
その他			ボイラー，湯沸かし器，生ゴミ処理機，浄水機

①ピーラー　②フードカッター　③回転釜　④ティルティングパン　⑤フライヤー

⑥スチームコンベクションオーブン　⑦ガスレンジ　⑧ＩＨレンジ　⑨ブラストチラー　⑩炊飯器

⑪真空冷却機　⑫真空包装機　⑬ウォーマーテーブル　⑭冷温(蔵)配膳車　⑮食器ディスペンサー

⑯トレイディスペンサー　⑰ドア(ボックス)型食器洗浄機　⑱連続食器洗浄機　⑲食器消毒保管庫　⑳包丁・まな板殺菌庫

写真提供）⑪は三浦工業(株)，その他はタニコー(株)

図 7.5　主な機器写真

2)　主な調理機器

① **回転釜**(写真③)：煮物，汁物，炊飯，揚げ物，炒め物，湯沸かし，蒸し物など多目的用途の丸形の釜。手回しハンドルにより前傾動回転して，調理した食品の取り出しや清掃が容易にできる。

② **ティルティングパン**(写真④)：浅く平たい角型の回転釜。煮物，焼き物，

炒め物，揚げ物調理が可能。平たく広い鍋底温度が均一に温度調節されているため，調理のマニュアル化が容易である。

③ **フライヤー**(写真⑤)：ガスや電気等で一定の温度に加熱制御できる深い油槽を備えた機器。揚げ物に使用される。卓上型または据え置き型がある。

④ **スチームコンベクションオーブン**(写真⑥)：熱風，スチーム，併用加熱が可能。焼物，蒸し物，煮物，炒め物といった多種類の調理ができ，再加熱，保温，真空調理，冷凍食品の解凍などにも活用できる。

⑤ **焼き物機**：炭火やガスバーナー，電気ヒーターなどの熱源から放出される赤外線によって，主として，魚，肉などを直火焼きにする。上火式，下火式，上下両面式のものがある。

⑥ **ガスレンジ**(写真⑦)：上面(トップ)に多目的の加熱に使えるコンロやグリドルが配置され，下部にオーブンを備えた伝統的な万能調理機。昔，石炭や薪を燃やして暖をとることと調理することを兼ねていたため，「ストーブ」ともよばれる。電気式もあり，現在ではIHレンジ(写真⑧)が使用されている。

⑦ **電子レンジ**：マイクロ波(周波数 2450 Hz の電磁波)を使用して，食品内部より急速加熱する機器。業務用では，主として冷凍食品の解凍・再加熱に使用される。単独では焦げ目等がつけられないため，対流加熱や輻射加熱との複合で使用されるものもある。

⑧ **ブラストチラー**(写真⑨)：加熱調理後の食品を安全な冷蔵温度までできるだけ早く冷却するための，冷風吹きつけタイプの急速冷却機。クックチルシステムに使用され，30 分以内に冷却を開始し，90 分以内に 3 ℃以下に到達させることによって最大 5 日間の保存が可能になる。ホテルパンに食品を入れて使用するのが一般的であり，多くは速やかに出し入れができるように，加熱機器と共通のカートイン方式である。

⑨ **炊飯器**(写真⑩)：縦に 2 段または 3 段と積み重ねた炊飯器。炊きあがりを自動で感知する自動炊飯器であり，一釜(一段)で最大 5 升(7.5 kg)炊飯可能。

⑩ **真空冷却機**(写真⑪)：庫内を減圧状態にすることで，加熱調理された食品表面の水分を低温で蒸発させ，食品から熱を奪う蒸発熱(気化熱)により食品を急速に均一冷却する。水分が蒸発できないパック物の冷却はできない。蒸発により水分が減少することがあり，注意が必要。液状食品の場合，液が飛散することがあるが，機器の高機能化により抑制されている。

⑪ **真空包装機**(写真⑫)：食品を樹脂フィルムに入れ空気を除去した状態で密封シールするもの。真空調理で使用される。

3) 主な盛り付け・配膳機器

① **温蔵庫**：加熱調理済みの食品を，菌の繁殖しにくい 65 ℃以上の温度で盛り付け，直前まで保温するキャビネット。

② **ウォーマーテーブル**(写真⑬)：温度管理された湯槽(湯煎)にホテルパンやポットを落とし込んで，そのホテルパンやポットに調理済み食品を入れて盛り付け直前まで保温するテーブル型の機器。

③ **コールドテーブル**：調理作業台の台下が冷蔵(冷凍)庫になっているタイプ。調理作業に直接必要な食材料の手元の一時保管として使われる。他のタイプが縦型といわれるのに対して，横型ともいわれる。

④ **冷温(蔵)配膳車**(写真⑭)：温かいものは温かいまま，冷たいものは冷たいまま，作りたてのおいしさを維持するために 1 つの配膳車の中に保温機能と保冷機能を併せもった配膳車。温冷配膳車ともいう。

⑤ **食器ディスペンサー**(写真⑮)，**トレイディスペンサー**(写真⑯)：グラスや食器，トレイなどが取り出した分だけスプリングなどで押し上げられて，常に取り出しやすい位置に保つ装置。カフェテリアラインでは，差し替え補充が楽に行えるようにカート式になっていることが多い。

4) 主な洗浄・消毒機器

① **ドア(ボックス)型食器洗浄機**(写真⑰)：洗浄室が箱型で，ドアを開閉して洗浄ラックに入れられた食器を出し入れするバッチ式の食器洗浄機。洗浄機の中では，洗浄とすすぎの工程が決められた時間で進む。

② **連続食器洗浄機**(写真⑱)：コンベアで食器を流して，入り口から出口まで移動する間にすべての洗浄工程を終了する食器洗浄機。食器は前洗浄，主洗浄，すすぎ洗浄の各工程を進んだ後，新鮮な高温水による仕上げすすぎ工程を経る。コンベア式の形状によって食器の流し方が異なり，適する食器が異なる。

③ **食器消毒保管庫**(写真⑲)：洗浄後の食器や調理器具を消毒・乾燥させ，そのまま保管しておく機器。熱風による乾熱式が主流であり，温度調節器とタイマーにより設定した温度で一定時間加熱した後，自動的に終了する。

④ **包丁・まな板殺菌庫**(写真⑳)：包丁やまな板およびその他の道具類を洗った後の殺菌に使用される機器。殺菌力の強い 260 μm 近辺の波長の紫外線ランプの照射によって殺菌する。乾燥機能のついたものもある。

⑤ **器具消毒保管庫**：洗浄後の調理器具を消毒・乾燥させ，そのまま保管しておく機器。熱風や紫外線ランプの照射によって殺菌する。

(6) 食具 (什器，食器)

什器とは小型調理用具を指し，鍋，フライパン，ボウル，ざるなどがある。

表 7.9　主に給食で使用されている食器の材質と特性

材　質	陶磁器	金属	熱硬化性		熱可逆性		
	強化磁器	アルマイト	メラミン樹脂（MF）	ポリプロピレン（PP）	ポリカーボネート（PC）	ABS樹脂	アクリル樹脂
耐熱温度（℃）	－ ＋	―	120	120	130	80〜100	70〜90
電子レンジの使用	可	不可	不可	可	可	―	―
比　重	2.8	2.7	1.5	0.8(水に浮く)	1.2	1.1	1.2
酸　性	○	×	△	○	○	○	○
アルカリ性	○	×	○	○	△	○	○
重　量	重い	軽い	やや重い	軽い	軽い	やや重い	軽い
熱伝導度	高い	極めて高く，冷めやすい	やや高い	極めて低く，保温性もよい	極めて低い	やや低い	やや低い
耐衝撃性	破損しやすい	変形しやすい	変形しないが，やや破損しやすい	適度の弾力があり変形せず，破損しにくい	適度の弾力があり変形せず，破損しにくい	破損しにくい	破損しにくい
主な用途	食器全般	食器，食缶	食器全般，容器	食器全般，容器，食器カバー(蓋)	容器，トレイ，カップ	トレイ，汁椀，箸	コップ，サラダボール
その他	メーカーによって高強度。リサイクルが可能	―	絵付けが容易。紅生姜，ソースなど着色汚染がある。	トマトケチャップ，カレーなどの着色汚染がある。	生姜，柑橘類の皮など着色汚染がある。	―	透明度が高い

給食施設の種類や目的に応じて，大きさや材質を選択する。

　給食施設で使用される食器の材質は，**表7.9**に示すように，材質により取扱いが異なる。食器は仕上がった料理の出来栄えを左右し，食事のイメージに大きな影響を及ぼすため，食器の色柄，材質，大きさ，耐久性，作業性などについて十分に検討する。

　食器の中には，「保温食器」「保温トレイ」（適温サービス用の食器）や，障害のある人の食事用の自助具などもある。

7.1.5　施設・設備の保守・保全管理

　給食施設で，常に安全な作業と衛生的な環境を維持するには，機器・設備の保全活動が重要である。保全活動とは，機器・設備の劣化によって発生する故障，停止，性能低下の原因を取り除き，修復する活動をいう。

　保全には，用途・性能・機能を維持するために，清掃・点検・診断・保守・修繕・更新などを行う「維持保全」と，用途や機能の追加・設置など要求に応じて性能向上を図るために改修や模様替えなどを行う「改良保全」がある（図7.6）。維持保全は，「予防保全」「事後保全」に分かれており，「予防保全」は，設備を正常・良好な状態に維持するために，耐用年数等に合わせて計画的に運用し，計画的な点検，整備，

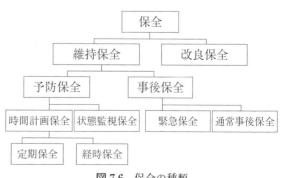

図7.6　保全の種類

清掃などにより，設備の異常発生を事前に防止する方法である。故障などによって機能・性能が低下または停止した後に行うのが「事後保全」である。

施設・設備の使用マニュアル，メンテナンスについての管理マニュアル，日常点検や定期点検マニュアルを作成し，実施の際にはその結果を記録する。なお，異常（緊急）時のための対応マニュアルなども必要である。施設・設備の保守管理については**表7.10**に，主要材質の特性と手入れ方法については**表7.11**に示す。

表7.10　調理室の保守管理

設備名	周期				作業内容
	日	週	月	年	
(1)作業安全と 　装置の点検	○		○	②	◦ 機器，用具などを常に整備，整頓し，作業通路と災害時の避難通路を確保しておく。 ◦ 人が近接して傷害，機器の操作ミスによる災害などのおそれがある箇所に安全作業等の方法を掲示し，また，付帯する安全装置等を定期に点検，整備する。 ◦ 人災・火災時の応急措置手順を定め，作業員全員に定期に伝達する。
(2)厨房機器など	○ ○				◦ 使用前に機器，用具の正常を確認する。 ◦ 使用食品の量と品質の適正を確認する。
(3)電気機器			○	○	◦ 移動機器のコード，プラグ，照明器具などを点検，整備する。 ◦ 分電盤および機器の開閉器，絶縁抵抗，接地線を点検，整備する。
(4)給水(湯)設備		○	○	○ ○ ○	◦ 給水(湯)栓を点検，整備する。 ◦ 給水圧を点検，保持する(瞬間湯沸器 49kPa，水圧洗米器 68.65〜98.07kPa)。 ◦ 専用水道を清掃・検査する。 ◦ 瞬間湯沸器と温水ボイラ，シスターンなどを点検，整備する。 ◦ 貯水槽を清掃する。
(5)排水設備		○		○	◦ 機器の排水管から排水溝などまでの管接続部を点検，詰まり物を除去して整備する。 ◦ 排水溝，埋め込み管，グリース阻集器とそれらの開孔ぶたを点検し，清掃，整備する。
(6)ガス設備			○	○ ②	◦ 機器への接続管(可とう管，ホースなど)，ガス圧，機器の機能(特に自動安全装置)を点検，整備する。 ◦ 移動機器の使用時の位置と壁面などとの遠隔距離，または防熱板を点検し，正常にする。 ◦ 配管，ガス栓(末端閉止弁)，ガス漏れ警報装置などを点検，整備する。
(7)蒸気設備	○			○	◦ 蒸気漏れ箇所はそのつど補修する。 ◦ 給気弁，減圧弁，圧力弁，安全弁，蒸気トラップ，ストレーナなどを点検，整備する。
(8)空調・ 　換気設備	○			○	◦ 空調設備(エアコン)を清掃，点検する。 ◦ 排煙窓・排煙用手動開放装置を総合点検する。
(8)消火設備				③ ③	◦ 消火器・消火栓，簡易粉末消火設備，ファン停止スイッチ，などを点検，整備する。 ◦ 自動火災報知器，誘導灯・誘導標識，避難器具・救助袋，ダクト消火設備を点検，整備する。
(9)危険物	○ ○				◦ LPガスのボンベなどの置き場とガス残量，その他の燃焼置き場を点検，整備する。 ◦ 食用油その他の少量危険物保管場所を点検，整備する(揚げかすはふた付き缶に入れる)。

○印の中の数字は，保守管理の回数を示す。
出所）厨房工学監修委員会：厨房設備工学入門，2011を一部改変

··········· **コラム7　調理機器の消費エネルギー量と光熱費の推算** ···········

　機器の取り扱い説明書に掲載されているガスや電力の「(定格)消費量(kW)」は，その機器が1秒間に消費するエネルギー(kJ)である。消費エネルギーは火加減や温度調節機能により上下するので，多くの場合は，最大消費量が掲載されている。次式にあてはめることで，各料金の最大値が算出できる。

$$ガス料金 = \frac{定格消費量(kW) \times 機器稼働時間(秒)}{40(MJ/m^3) \times 1000} \times 単位料金(円/m^3)$$

$$電気料金 = \frac{定格消費量(kW) \times 機器稼働時間(秒)}{3600(秒/1時間)} \times 単位料金(円/kWh)$$

表 7.11　主要材質の特性と手入れ方法

材質・種類		成分	用途	特性	手入れ方法
ステンレススチール	SUS304（ニッケル－クロム系）	クロム 18〜20% ニッケル 8〜11%	調理台，調理器具，食器など	• クロムより一層優れた耐蝕性，耐熱性，低温強度を有し，機械的性質良 • 加工硬化性大 • 磁性なし • 最も一般的 • 塩素に弱い	• 汚れは，中性洗剤や粒子の細かいクレンザーで落とし，乾いた布でよく拭く • 表面の被膜を傷つけない • 鉄合成成分で酸化を防止しているので手入れを十分に行う（サビを生じるような物質を長時間接触させない）
	SUS316（モリブデン系）	クロム 16〜18% ニッケル 10〜14% モリブデン 2〜3%	調理室内の特殊機器など	• モリブテンにより海上の大気，様々な化学的腐食剤に対し優れた耐蝕性をもつ • 加工硬化性大 • 磁性なし • 塩素に弱い	
	SUS430（クロム系）	クロム 16〜18%	調理台，調理器具，食器など	• 耐蝕性，耐熱性に優れ，ニッケル－クロム系に比し安価なため多く利用されている • 磁性あり • 塩素に弱い	
アルミニウム			煮物鍋，蓋，回転鍋，調理器具など	• 酸，アルカリ，塩分に弱い • 腐食防止のためアルマイト加工をする • 強度が低く，変形しやすい • 軽い	• 調味料や材料を長時間入れておかない • 中性洗剤を用いて，傷つきにくいものを使用する
鉄鋼類			ガスレンジ本体，焼き物器，オーブンなどの骨組みや脚部	• ステンレスと比して安価 • 赤サビが出て腐食されやすい（サビ止め用の塗装，メッキ仕上げを施してある）	• 汚れは洗剤で落とし乾燥させる • サビは落とし，油性または合成樹脂系塗料を塗る
鋳　鉄			五徳，ガスバーナー，回転釜など	• サビが出やすい • もろい • 汚れを落とし，油分の補給をしておく（濡れたままにしない） • バーナー類はこまめに手入れする	

7.2　食事環境の設計と設備

7.2.1　食事環境整備の意義と目的

　快適な食事環境は，利用者の満足度を高めて喫食率を向上させる。人は食事をおいしいと感じる時に，味覚だけではなく，視覚，臭覚，聴覚などの五感が使われる。そのため，適切な照明，換気，食卓の配置などは食事の質の向上につながり，食堂の環境整備が重要である。また，食堂は喫食するだけの場所でなく，リラクゼーション，コミュニケーションの場，さらに各種媒体を通した栄養教育の場としての要素をあわせもつ。

7.2.2　食事環境の設計

（1）食堂の立地条件

　庭などの緑地に面した眺望，採光のよい場所で，利用者が出入りしやすいように階段やエレベーターに近い場所にするなどの便宜を図る。

（2）食堂のスペース

　食堂は，食事をする姿勢，食卓の形状と配列，配膳のサービス形式などの要素にあわせて設計する。[*]

＊食堂は，労働安全衛生規則第8章「食堂及び炊事場」によって，面積1人当たり1m² 以上，食卓及びいすを設ける（坐食の場合を除く）と定められており，人の接触がないようにテーブル間隔などに十分なスペースを確保する。また，「受動喫煙の防止」（健康増進法第25条）により，食堂内に禁煙コーナーを設置するなど分煙に配慮する。

調理室と食堂の間には仕切りを設け，双方の衛生面を考慮する。

(3) 食堂の環境整備

食堂は，採光，照明，換気，室温が調整できるようにする。また，BGM や観葉植物による環境整備や，行事食の際の飾り付けなどを適切な場所で行う。なお，植物の設置にあたっては，虫の混入原因とならないよう配慮が必要である。

【演習問題】

問1　冷気の強制対流によって，急速冷却を行う調理機器である。最も適当なのはどれか。1つ選べ。　　　　　　　　　　　　　　　　（2021 年国家試験）
(1) 真空冷却機
(2) タンブルチラー
(3) ブラストチラー
(4) コールドテーブル
(5) コールドショーケース

解答（3）

問2　給食の安全・衛生管理に配慮した施設・設備に関する記述である。正しいのはどれか。1つ選べ。　　　　　　　　　　　　　　（2019 年国家試験）
(1) 窓は，十分な換気を行うために，開けておく。
(2) 排水中の油分を除去するためには，グレーチングを配置する。
(3) シンクの排水口は，排水が飛散しない構造のものとする。
(4) 配膳室の床は，排水のために勾配を設ける。
(5) 調理従事者専用トイレの手洗いは，厨房の手洗い設備と併用できる。

解答（3）

問3　小学校に勤務する栄養教諭である。単独校方式で 180 食の給食を提供している。調理従事者は，栄養教諭を除いた 3 名とパートタイマー 1 名である。パートタイマーをもう 1 名募集しているが，適任者が見つからない。図は小学校の厨房の図面である。　　　　　（2023 年国家試験）

問3-1　焼き物機が老朽化したため，栄養教諭は調理作業の効率化を考慮し，機器購入を予定している。Aの場所に設置する機器である。最も適切なのはどれか。1つ選べ。
(1) 焼き物機
(2) スチームコンベクションオーブン
(3) ジェットオーブン
(4) コンベクションオーブン

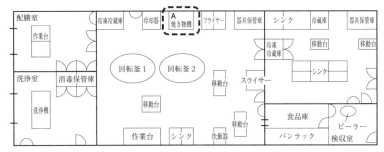

図 厨房の図面

解答（2）

問3-2 その後，Aの場所に，購入した機器を設置した。この機器を積極的
に活用するため，調理工程を見直した。翌日の献立は，ご飯，鶏肉の
竜田揚げ，小松菜のナムル，人参とキャベツのスープ，牛乳である。
購入した機器を用いることにより，調理作業の効率が良くなる料理で
ある。最も適切なのはどれか。1つ選べ。

（1）ご飯
（2）鶏肉の竜田揚げ
（3）小松菜のナムル
（4）人参とキャベツのスープ

解答（3）

📖 **参考文献・参考資料**

藤原政嘉，田中俊治，赤尾正：給食経営管理論，みらい（2014）
太田和枝，照井眞紀子，三好恵子：給食におけるシステム展開と設備，建帛社
（2008）
富岡和夫：エッセンシャル給食経営管理論，医歯薬出版（2011）
木村友子，井上明美，宮澤節子：楽しく学ぶ給食経営管理論，建帛社（2009）

8 給食を提供する施設の実際

8.1 医療施設における給食の意義

8.1.1 医療施設（医療法，健康保険法）

医療法において，医療提供施設である病院・診療所・介護老人保健施設は「給食施設を有すること」となっており，これらの施設は入院患者へ食事を提供しなければならない。この「病院給食」は現在，**健康保険法**[*1]の入院時食事療養制度によって運営されており，**療養病床**[*2]に入院する65歳以上の者に対しては，介護保険制度との兼ね合いから入院時生活療養制度による運営となっている。

医療法施行規則では，病床数100以上の病院に栄養士の配置を，**特定機能病院**[*3]には管理栄養士の配置を義務付けており，健康増進法においては，病院は医学的管理を必要とする特定給食施設となるため，1回300食以上または1日750食以上の食事を提供する施設では管理栄養士必置となっている。加えて，2012(平成24)年度診療報酬改定により，栄養管理を担当する管理栄養士の配置(栄養管理体制の確保)が**入院基本料・特定入院料**[*4]の算定要件となった。

(1) 病院給食を取り巻く環境（図8.1）

生活のあらゆる面において国民ニーズは多様化，高度化し，病院給食が一定の財源での運営だと知ってもなお，質の高い病院給食を患者それぞれ

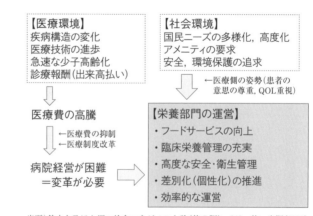

出所)鈴木久乃ほか編：給食マネジメント論(第7版)，240，第一出版(2011)より改変

図 8.1 病院給食を取り巻く環境

が要求する時代になってきている。病院給食の経済的基盤は入院時食事療養制度の枠内で形成されており，より効率的な運営をして，可能な限りの支出抑制をすることが経営上求められる。

したがって，管理栄養士は，給食管理が栄養管理の根幹をなす重要なサービスであることを強く認識する必要がある。

(2) 病院給食の意義と目的

病院給食は入院時食事療養等において，「食事は医療の一環であり，管理栄養士・栄養士によって患者それぞれに応じた食事を適時・適温で提供し，その質の向上と患者サービスの改善をめざして行う」と示されている。その役割は，医学的管理のもとで患者それぞれに適切な食事（栄養管理）を提供することによって，① 直接的に疾病の改善や治癒を図る，② 栄養状態を改善し，さまざまな治療等に間接的に寄与する，③ 病状回復を目指して治療に臨める状態になるよう，美味しい，楽しいなどの面からサポートする，④ 入院中の生活環境を向上させる，⑤ 患者や家族が食事療法，栄養管理の知識を習得でき，その知識の広がりによって周辺の人々の健康の維持・増進に寄与する，などである。

患者は体力的にも精神的にも衰えている場合が多いため，食習慣，嗜好性，安全性，疾病や病期など複雑多岐にわたる条件を付した食事が求められる。管理栄養士は，常に患者の視点に立ち，満足度を高める努力，そして病院経営・運営にも十分に貢献できる給食管理を展開すべきである。

8.1.2 病院給食部門（栄養部門）の組織と業務

(1) 栄養部門の位置付け

食事提供とともに，臨床栄養管理，栄養食事指導などを行う部門であり，診療，看護，薬剤，検査などと同様な位置付けである（図8.2）。

(2) 栄養部門の組織・機能（図8.3）

医療はチーム医療の時代といわれ，栄養部門業務には，医師や看護師らが中心となる病棟はもちろん，各種医療チームが大なり小なり関わり，治療やサービスにあたっている。また，フードサービスに関しては業務委託する場合もあり，病院職員以外のスタッフもチームの一員になる。

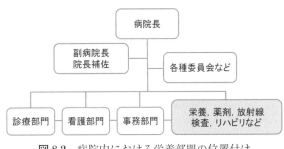

図8.2 病院内における栄養部門の位置付け

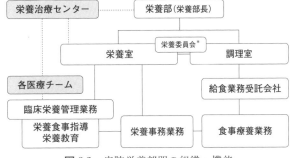

図8.3 病院栄養部門の組織・機能

＊栄養委員会（給食委員会，食事療養会議など）　患者に対する栄養・食事管理が適正に行われるよう，特に入院時食事療養に関連する業務内容の改善などについて検討する会議。医師を含めての開催が義務付けられており，会議の名称は自由。通常1ヵ月ごとに開催し，議事録を要する。メンバーは，医師，管理栄養士，看護師，NSTスタッフ，事務職員，そして院長あるいは副院長など，必要に応じての構成でよい。

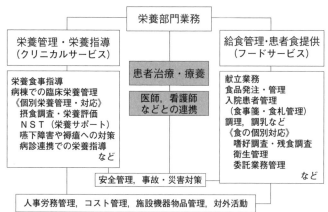

図 8.4　病院栄養部門業務

栄養部門は，多種多彩な人員構成であり，病院内の部門でもまれである。構成は，医師，管理栄養士，栄養士，調理師，その他の調理員，運搬や食器洗浄員，事務職員，さらに雇用条件も多種類でそれぞれに非正規雇用者がいる。また業務委託される場合では，その受託会社には有資格からパート従業員までが存在するので，人員構成の特性をよく把握して機能させる必要がある。

業務は，**クリニカルサービスとフードサービス**に大別され，常にオーバーラップした状態で動いている。ムダ，ムラ，ムリのない適切な給食業務の継続で栄養管理業務の内容は充実し，その効果は十分なものとなる。病院栄養部門におけるマネジメントでは，クリニカルサービスとフードサービスを，患者・従業員満足度を得るよう，また病院経営に貢献するものとして効率的かつ大胆に動かすことが求められ，栄養部門の責任者である管理栄養士の力量が問われる。

8.1.3　栄養・食事管理

(1) 栄養補給法と病院における栄養・食事管理

栄養補給法には，経口あるいは非経口的であっても，腸管を使う生理的な補給法である**経腸栄養法**（EN：enteral nutrition）と，血管（静脈）に直接栄養補給する，どちらかといえば強制的で非生理的な経静脈栄養法（PN：parenteral nutrition）がある（図 8.5）。病院給食での対応は経口・経腸栄養法が主になるが，薬剤扱いの**経腸栄養剤**[*1]や経静脈栄養法による栄養補給も含めて栄養管理・食事提供と考えるため，栄養部門，病棟，各医療チームなどが十分に連携することが必要となる。したがって病院における給食経営管理とは，臨床栄養管理を包含した極めて広い範囲のマネジメントと理解する。

臨床栄養管理は**栄養サポートチーム**[*2]などによって行われ，**クリニカルパス**[*3]も活用されている。チーム医療を推進するにあたって管理栄養士が担当できる具体的項目を以下に示す。[*4]

① 一般食（常食）について，医師の包括的な指導を受けて，その食事内容や形態を決定し，変更すること。

② 特別治療食について，医師に対し，その食事内容や形態を提案すること（食事内容などの変更を提案することを含む）。

③ 入院患者に対する栄養指導について，医師の包括的な指導（**クリニ**

*1　**経腸栄養剤**　医薬品扱いと食品扱いがある。退院後は，医薬品扱いのものは医療保険適用なので，医師の処方せんがあれば費用の一部負担により薬局で受け取れる。食品扱いのものは薬局，病院の売店，通信販売などで全額自己負担にて購入する。両者に組成上，成分上の明確な違いはない。

*2　**栄養サポートチーム（NST：nutrition support team）**　栄養サポートチーム加算のための施設基準には，「栄養管理に係る所定の研修を終了した常勤の医師，看護師，薬剤師，管理栄養士が専任となりチームを設置し，そのうちの一人は専従であること。他に，歯科医師，歯科衛生士，臨床検査技師，理学療法士，作業療法士，社会福祉士，言語聴覚士が配置されていることが望ましい」とある。

*3　**クリニカルパス（クリティカルパス）**　クリティカルパスとは，あるプロジェクトの開始から終了までの最短経路のこと。プロジェクト完遂の工程を合理的に管理するために考案された。これを医療に持ち込み，クリニカルパスと称した。成果目標に向かってできる限り無駄を削減した医療を行うための治療方針・計画のこと。入院診療の工程がほぼすべて予定されるため，診療側，患者側双方にわかりやすい医療になる。効果としては，在院日数短縮，コスト削減，医療ミス防止，オーダー数の減少，ケースマネジメント改善，チーム医療の推進，患者満足度向上など。

*4　**医療スタッフの協働・連携によるチーム医療の推進について**　2010年4月30日医政発0430第1号

カルパスによる明示など）を受けて，適切な実施時期を判断し，実施すること。

④ 経腸栄養療法を行う際に，医師に対し，使用する経腸栄養剤の種類の選択や変更などを提案すること。

(2) 病院給食の種類と食事基準

病院給食はすべてが治療食の意味合いをもち，**一般食**と**治療食**に分けられる。一般食を一般治療食，治療食を特別治療食と表現する

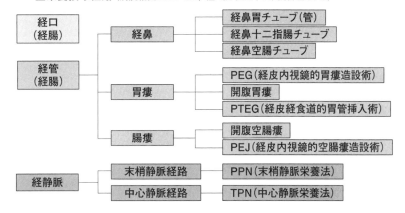

■**栄養投与経路**（病院給食においては，経口摂取以外の栄養管理もする）

経腸栄養法	経口栄養	普通食，軟食，流動食，ブレンダー食，治療食，検査食	栄養部門で扱う
	経管栄養	濃厚流動食，半消化態栄養剤，消化態栄養剤，成分栄養剤	「食品」と「薬剤」がある。薬剤を扱う部門は施設により異なる
経静脈栄養法	末梢静脈栄養中心静脈栄養		栄養部門では直接扱わないが，栄養管理はこれを含めてのもの

出所）コメディカルのための静脈経腸栄養ハンドブック，148，南江堂（2008）より一部改変

図8.5 病院における栄養・食事管理

こともある。一般食とは，特別な食事療法を必要としない食事であり，その形態は普通食としての常食，全粥食から流動食，そして乳・幼・小児食などさまざまである。治療食とは，栄養量や形態等々を各疾患治療に適するよう栄養管理された食事であり，糖尿病食，腎臓病食，術後食，嚥下食などがある。

1) 栄養・食事基準（院内約束食事箋）

食事は疾患治療を考慮して，患者それぞれに最適な食事を提供するのが本来であるが，患者一人ひとりの食事オーダーが違うと種類が多く，給食業務がマヒすることが想像できる。また，食事になんらかの基準や名称がないと業務上の整理や記録もできない。そこで，「糖尿15」や「エネルギーコントロール食E-1」などと称して栄養量の基準や適する病名などを示したものを整備すると，栄養管理の指針となり，食事オーダーにも便利である。これが**院内約束食事箋**である。その内容は，提供する食事を，年齢，体位，活動量や疾患，食形態などを考慮してカテゴリーに分け，入院患者の年齢構成の変化や食事療法の進歩などに応じて定期，不定期に改定する。一般的には，病名別方式と栄養成分別方式があり，それぞれ長短があるため，その施設に合った方式にするとよい（**表8.1**）。院内約束食事箋が整理された場合においても，治療食はほとんどが個人対応なので，必ずしも給食運営の業務が簡素になるわけではない。なお，院内約束食事箋に示した食種の献立はすべて作成し，常備しておく。

表8.1　院内約束食事箋の例

■病名別

食　種	エネルギー	たんぱく質	脂質	食　塩	備　　　考
常食(大)	2200	75	60	9	
常食(中)	1900	70	55	9	一般治療食(年齢，体格，食欲等を考慮)
常食(小)	1600	65	45	9	
全粥食	1700	65	50	9	
糖尿 15	1200	60	35	8	糖尿病，肥満，脂質異常症，高血圧など
糖尿 20	1600	75	45	9	
腎不全 20	1600	20	50	6 未満	腎機能低下など
腎 70	2000	70	55	6 未満	慢性腎炎など
すい炎 2	1600	50	15	6	膵炎，黄疸など
脂質異常症 1500	1500	70	40	6 未満	コレステロール 200 mg 以下

特徴：食事を選びやすい。特別食の分類に合致している。単なる減量目的の食事でも糖尿病食と名がつく。食事内容が同じでも各々に病名を付けると食種が増える。

■栄養成分別

食　　種		エネルギー	たんぱく質	脂　質	対　　　象
エネルギーコントロール食	E-1	1200	60	35	糖尿病，肥満など
	E-2	1400	65	40	
	E-3	1600	70	45	糖尿病，常食(小)など
	E-4	1800	75	50	糖尿病，常食(中)など
	E-5	2000	80	55	
	E-6	2200	85	60	常食(大)など
たんぱくコントロール食	P-1	1600	20	50	慢性腎不全など
	P-2	1800	30	60	
	P-3	2000	40	60	
	P-4	1800	50	60	糖尿病性腎症など
	P-5	2000	60	55	
	P-6	2200	70	55	腎炎症候群など
脂質コントロール食	F-1	1200	30	10	膵炎など
	F-2	1600	50	15	

特徴：病態に応じて食事を選べる。病名別よりは食種を少なくできる。病気と食事の関係がわからないと食事を選びにくい。塩分制限などの条件を付ける必要がある。

2）一般食の給与栄養目標量（院内約束食事箋の一般常食の栄養量）

　一般食は，患者それぞれに算定された栄養量を医師の食事箋によって提供することが原則であるが，これによらない場合は日本人の食事摂取基準(Dietary reference intake for Japanese)を用いる。この場合，一般常食を提供する患者の年齢構成表を作成し，各年齢層に必要なエネルギー量をその層の人数に乗じて，荷重平均した値をその施設における一般常食のエネルギー量とし，たんぱく質や脂質はエネルギー比で求めて給与栄養目標量にする。設定する栄養量が荷重平均値のひとつだけでは幅広い年齢層や体格，活動量の違いなどに対応できないので，運用としては常食の種類を大，中，小に分けたり，エネルギーコントロール食から適当な食事を選択するなどの対応をする。軟食や流動食は，基準となる一般常食より少ない栄養量を設定するのがふつうである。治療食はその施設の治療方針により決定する。

（3）献立の特徴

病院では年齢，性別，疾患がさまざまであるため，食事は，三次元＋αの対応をしなければならない。また，入院患者にとって病院での食事は生活食でもあることを忘れてはならない（図8.6）。

急性期病院では患者の平均在院日数が短いので，年間365日分の献立を整える必要性はきわめて低い。30日程の一定期間のサイクル食を基本とし，同じ料理でも季節に合わせて使う食材を変え，折々に行事食を組み入れることで，十分な種類の献立が整備できる。長期療養施設では飽きが生じないように献立の工夫をする必要がある。サイクルメニュー（献立）では，施設の平均在院日数等々を参考に整備するのがよい。

図8.6　病院給食のイメージ

1）献立作成

献立は一般的には多種類になるので，給食運営における作業工程が最少の作業量となるよう，またコスト面を考慮して，可能な限り各食の食材，調理法，盛り付け等々が共通になるようにする。冷温（蔵）配膳車利用などの場合，温食と冷食を分けてトレーセットするため，温かい主菜に冷たい付け合わせを添えることができない場合も生じ，配膳マナーに則った食器配置は難しい。そのため，献立は配膳車を意識したものにならざるを得ない。

献立は，一般常食を基本に各種治療食を展開し，食形態，選択メニューや禁食，嗜好等にも対応させたものにするので，診療科が多く，食種が多くなる病院では，1日分の献立すべてを作成するには膨大な時間を要する。そのため，献立作成は，経験豊富で作成に精通した者が作業するとよい。

2）入院患者のニーズ

入院患者が，病院給食に一番に求めていることとは何だろうか。評判の高いレストランからおいしい料理をケータリングして患者に提供しても，すべての患者がそれを喜ぶとは限らない。「おいしい」「楽しい」は給食に大切な要素だが，それだけでは病院給食の価値にならない。患者の一番の願いとは，「早く元気になって退院したい」である。**表8.2**に急性期病院の入院患者の声を示した。「自分に合ったやわらかさ」をおいしいと評価する患者，「多くのスタッフが関わった」ことによって食べることができたという患者，早く元気になるために「頑張って食べる」という患者などがいる。患者がおいしいと感じ，よい食事と感じるのは，患者それぞれへの配慮があり，さまざまなサポート（医療行為）があるからである。病院給食においてはホスピタリティが特に大切である。

表 8.2　患者の声

- 入院中は手作りのお食事をありがとうございました。お陰で退院させていただくことが出来ます。お礼まで。
- 胃を取って 1 ヵ月。おいしいきし麺ありがとうございます。でも全部食べられないのが残念です。前回の入院時も心効いた食事を出して頂き，思い出します。「桃の花，一枝を添えて患者食」
- とてもやわらかで食べやすくおいしかったです。
- 毎日ご苦労様です。人の口を預かるというのはなかなか大変なことです。ましてや何百人の症状や医師の指示による作業は大変です。毎日のお礼を申し上げます。
- 私も福祉の仕事をしていました。今は目が悪く手も不自由ですが，毎日のお食事ありがとうございます。たくさん戴き元気になります。
- 食事はとてもおいしくありがとう。でもあちらこちら不自由で食べられない者も居ることをプロならわかってください。一度見にきて下さい。
- 限られた予算で栄養面も考えると大変なことと思います。毎日の食事は味もほどよく心のこもるもので，大変おいしく戴きました。私は退院しますが，これからも患者さんやよき医療のためにお務めください。
- 貴院の 1 ヵ月間の食事には深い喜びを感じました。皆様のお力添えに感謝いたします。同室の皆さんも同感とのことです。
- いつもご面倒をおかけしています。いろいろのご配慮のお陰で毎食おいしく戴いています。何も恩返しが出来ないのでせめて全量を食べて一日も早く回復し，外来になったら皆さんに会いにきます。
- いつもお世話になっております。今日は正月気分を味わせて頂きました。早く治るよう頑張ろうと思いました。
- 今日退院できるのも皆様のおかげと感謝しています。あなた方の献身的な努力で大勢の患者さんを生きる希望に導いて下さったことは忘れません。

8.1.4　生産管理

　病院では，**クックチル**や**クックフリーズ**，真空調理，また近年，**ニュークックチル**などを導入しているが，古くからの施設ではクックサーブが主流である。配膳システムは大きく**中央配膳**と**病棟配膳**に分けられる。患者に直接関わるためには，設備や人の配置に相当な費用がかかるが，各病棟に栄養士・管理栄養士が配置され，病棟配膳になるのが好ましい。現状は，ベルトコンベヤーなどを利用しての中央配膳が行われ，これに冷温(蔵)配膳車を組み合わせて適温給食につなげている。中央配膳では，患者の喫食状況を把握できないことがデメリットだが，病棟担当栄養士がそれを補う努力が求められる。

(1) 病院給食の栄養管理から生産・提供管理

　患者基本情報と食事基準に基づき，各種献立が整備されていることを前提として，以下の流れで食事を提供する。

① 医師による食事オーダー(禁食コメントなども含んだ食事箋を発行)。

② 管理栄養士による食事箋の内容のチェック(間違いがないか，適切か)。

③ 患者基本情報と①②の患者食事情報をつなげる。

④ ③によって，病棟別患者食表(誰が，どの病棟・病室で，どの食事)，食種別食数表(一般常食が何食，糖尿病食が何食など)，コメント表(豚肉抜きが何食，刻み食が何食など)等を作成する。

⑤ 各患者の食札を作成する(図 8.7)。

⑥ 献立表(料理表，調理作業表など)や④のデータを基に各種の食事(料理)の必要数を作成する。

⑦ 各患者の食札通りに食事(料理)をトレーにセットする。

⑧ 各患者の病棟ごとに運搬し，配食する。

⑨ 調乳，おやつ，分割食などは別に時間を定めて対応する。

⑩ 検査などによる延食(食待ち)としての食事は別途対応する。

特に，急性期病院では，緊急入院，患者状態の変化によって食数や食事内容は刻々と変化するため，発注や食事作成は予測数に依ることが多い。その予測数は，過去のデータと直近のデータを基に，提供数との間に差が出ないよう作業を進める。発注は1週間前，1日前などのように数回行い，数や食材の変化・変更に対応する。急な食数増加の備えとして，広い範囲に使い回しのきく食事を予備食として計画することもひとつの方法である。

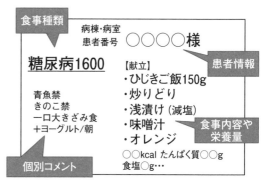

図 8.7 患者食の「食札」

(2) 病院給食における帳票類

日常の給食業務や各種届出に必要な帳票，厚生労働省などによる入院時食事療養等に関わる個別指導(立ち入り検査)に備えるための帳票等，多種類あり，すべて整備しておく必要がある(詳細は 2.5.5「情報的資源の事務管理」を参照)。

(3) 業務委託

病院給食は 1986(昭和 61)年に**業務委託**が認められ，食事療養の質が確保されるなら，病院の責任下で第三者に業務委託ができる(**院外調理**[*]も可)。その場合，病院が自ら行うべき業務は示されているので，それ以外の業務は受託業者が担当でき，その範囲は広い(委託できる業務を病院側が行ってもよい)(**表 8.3**)。昨今は給食運営サービスをすべて業務委託する場合が増え，円滑な業務のためには随時協議し，協力し合うことが必要となる。なお，調理業務，食器洗浄業務などに分けて複数の業者に委託をすることは差支

表 8.3 病院自らが実施すべき業務

区分	業務内容	病院側が実施すべき項目
栄養管理	病院給食運営の総括	○
	栄養管理委員会の開催，運営	○
	院内関係部門との連絡・調整	○
	献立表作成基準の作成	○
	献立表の確認	○
	食数の注文・管理	○
	食事箋の管理	○
	嗜好調査，喫食調査などの企画・実施	○
	検食の実施・評価	○
	関係官庁に提出する給食関係書類の確認，提出，保管管理	○
調理管理	作業仕様書の確認	○
	作業実施状況の確認	○
	管理点検記録の確認	○
材料管理	食材の点検(院外調理の場合を除く)	○
	食材の使用状況の確認	○
施設管理	調理加工施設，主要な設備の設置，改修	○
	使用食器の確認	○
業務管理	業務分担，従事者配置表の確認	○
衛生管理	衛生面の遵守事項の作成	○
	衛生点検簿の点検・確認	○
	緊急対応を要する場合の指示	○
労働衛生管理	健康診断等の実施状況の確認	○

出所) 厚生省：医療法の一部を改正する法律の一部の施行について，平成 5 年 2 月 15 日健政発 98 号，改正平成 11 年 5 月 10 日健政 572 号

*院外調理　病院施設以外の給食施設で調理し，出来上がった食事を 3℃以下または-18℃以下で病院へ運搬し，喫食直前の再加熱は病院内の給食施設で行って患者に食事を提供する。1996 年から認められた。HACCP による適切な衛生管理の下，クックチル，クックフリーズ，真空調理を原則とするが，調理施設が病院に近接していればクックサーブでもよい(4 章 p.60 コラム 4 参照)。

えない。

　業務委託は，保険医療の中で単なるコスト削減を目的とした下請け的なものになりやすい。栄養部門は給食を医療の中で最重要なものとして位置付け，受託側は給食運営の能力を一層高めて，互いに良きパートナーとなることが給食の質の向上につながる。

8.1.5　施設・設備管理

　産科や小児科がある施設では調乳室が設置され，高レベルの衛生管理が必要となる。また，食堂加算可能な病棟食堂やパントリーなどが整備されている施設も多々ある。**冷温(蔵)配膳車**(7章図7.5に写真あり参照)も病院には普及しており，台数に応じた電源の確保と配膳車の放熱に対する配膳車プールの室温管理は欠かせない。自走式配膳車の場合は，操縦ミスにより患者や，配膳担当者に危害が及ぶことが想定されるので，使用マニュアルを整備し，病棟スタッフを含むすべての人が正しく運転できるよう訓練する。加えて，食事をなんらかの危害から守るために扉が施錠できる配膳車が望ましい。

　病院給食は，1年間365日休みなく提供しているため，厨房施設の清掃や設備機器のメンテナンスは計画的，継続的に行い，その予算も確保しなければならない。機器の故障はいつでも起こり得るので，盆暮れ正月でも対応できる体制の業者を選定する。新設やリフォームの際は，一夜で工事が終わらない部分，水が流れる床や排水溝などは特に，たとえ費用がかかったとしても長期にわたって改修が不要と見込める仕様にすべきである。また病院は，人や物の運搬が頻繁に行われ，食事も日に3度以上各所に運搬される。院内の通路に傾斜がある場合は，配膳車の内部構造や車輪の仕様を検討したり，トレー上で食器類が滑ったり，汁物がこぼれないような対応が必要となる。配膳専用エレベータがない場合は，他の業務と使用時間が重複しないよう利用時間割をつくり，各種検体や臭気の強いものの運搬は禁忌とすることも検討する。共用であればなおのこと，清掃消毒は欠かせない。

　給食の業務には患者情報管理や献立，食札管理なども含まれるので，コンピュータの整備は重要である。特に大規模病院になるほどコンピュータによる作業管理により効率化が求められ，業務に適したシステムやソフト(**オーダリングシステム**[*1]，**電子カルテ**[*2]，栄養部門専門システムなど)の導入，必要なカスタマイズ，年間を通じたメンテナンスなどは極めて大切である。また，システムダウンを想定し，食事提供に関わる帳票類はプリントアウトしておくことが望ましく，日々のデータバックアップを忘れてはならない。病院給食施設は年中無休，早朝から夜遅くまで業務にあたっているため，あらゆるリスク等を想定した管理体制が必要となる。

　*1　オーダリングシステム　医師が発生源となるオーダーを電子化したシステムのことで，処方・注射，検査指示，撮影指示，栄養指示などをコンピュータを用いて行う。

　*2　電子カルテ　看護指示や処置等も含め，すべてのオーダーと紙カルテに記載・貼付していた情報を電子的に保存するシステム。

8.1.6 病院給食および栄養部門業務に関わる収入支出

(1) フードサービスの収入

1) 入院時食事療養費・入院時生活療養費 (図8.8, 8.9)

入院患者への食事提供は入院時食事療養として運営される。その費用は健康保険と患者の自己負担で賄われ，費用の構成は，保険負担＋自己負担である「**入院時食事療養(Ⅰ)あるいは(Ⅱ)**」「**入院時生活療養(Ⅰ)あるいは(Ⅱ)**」の療養費が基本となり，それに保険負担である「**特別食加算**」や「**食堂加算**」，自己負担である「**特別メニュー**」が加わる(図8.8)。入院時食事療養(Ⅰ)等を行うには所在地の社会保険事務局長に届け出が必要であり，その届け出にあたっては，下記の全ての事項を満たさなければならない。[*1]

---

① 栄養部門が組織化され，常勤の管理栄養士または栄養士が責任者である。

② 病院の最終責任の下，給食業務は第三者に委託することができる。

③ 一般食の栄養補給量は，原則として医師の食事箋または栄養管理計画によるが，そうでない場合は，健康増進法第16条の二に基づき定められた食事摂取基準の数値を適切に用いる。

④ 特別食が必要な患者には適切な特別食が提供されている。

⑤ それぞれの患者の病状に応じた**適時・適温の給食**[*2]が提供されている。

⑥ 提供食数，食事箋，献立表，患者入退院簿，食料品消費日計表等の食事療養関係の帳簿が整備されている。

⑦ 職員食を提供している場合は，患者食とは明確に区分されている。

⑧ 衛生管理は，医療法や食品衛生法に定める基準以上のものである。

また，入院時食事療養・入院時生活療養を適正に行うための一般的留意事項や留意点を**表8.4**および**表8.5**に示すが，これらは絶対に行わなければならない事項である。病院給食においては，医学的管理を土台に多くの医療スタッフがさまざまに関わってはじめて患者に食事を提供できるので，入院時食事療養費は単なる食事代ではないことを理解しなければならない(コラム8)。

なお，入院時食事療養(Ⅰ)等の届け出を行わない場合は，入院時食事療養(Ⅱ)等を算定することとなっている。また，生活療養とは，食事療養および適切な居住環境(温度，照明，給水など)に関する療養を併せたものである。

2) 特別食加算

治療食のうち，厚生労働大臣が示した一定条件を満たすものは加算が可能になり，これらを**特別食**[*3]という。その内訳は，疾病治療の直接手段として，医師の発行する食事箋に基づいて提供される患者の年齢，病状等に対応した

*1　入院時食事療養費に係る食事療養及び入院時生活療養費に係る生活療養の実施上の留意事項について　別添：入院時食事療養及び入院時生活療養の食事の提供たる療養に係る施設基準等　保医発0305第14号

*2　**適時・適温給食**　適時給食とは，夕食提供時間が原則午後6時以降(病院施設の構造上，厨房から病棟への配膳に時間を要する場合には，午後5時半以降でも可)のことで，朝食と昼食については示されていない。適温給食とは，食事提供手段として保温(保冷)配膳車，保温食器，保温トレー，食堂利用のいずれか(電子レンジの利用は含まない)の方法を取っていることであり，温度の設定基準はない。

*3　**特別食(非加算例)**　肥満した非糖尿病の患者が膝関節の疾患で整形外科に入院し，医師が肥満もその疾患の要因と考え，治療のひとつとして減量させるために糖尿病食(あるいはエネルギーコントロール食)の食事箋を発行し，管理栄養士が献立の整備された糖尿病食を提供しても，その患者は糖尿病と診断されていないので加算はできない。

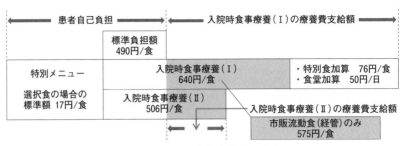

図 8.8　入院時食事療養費の内容

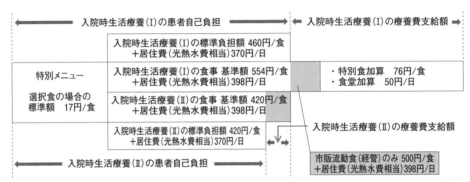

■療養病床に入院する 65 歳以上の者に対しては，介護保険制度との兼ね合いから，入院時生活療養制度による運営となる。

図 8.9　入院時生活療養費の内容

各種治療食，無菌食，検査食であり，治療乳（乳児栄養障害症に対するもので，既製品は含まない）を除く乳児用の調乳，離乳食，幼児食や単なる流動食，軟食などは除かれる（**表 8.6**）。この中で明確に栄養量の規定があるのは減塩食（食塩相当量 6 g 未満/日）だけであり，他は病院それぞれの判断による内容の治療食でよい。

特別食加算は，入院時食事療養（I）または入院時生活療養（I）の届出を行った保険医療機関において前述の特別食が提供された場合に，患者ごとに 1 食単位で 1 日 3 食を限度として算定できる。ただし，特別食の献立表が作成されている必要がある。

現状では，各種がん，高血圧症，高尿酸血症，軽度の肥満や脂質異常症，食事性アレルギー，嚥下障害，神経性摂食障害などは加算できないが，病院給食においては，疾病予防・重症化阻止の観点から，これらにもしっかりと取り組まねばならない。なお，脂質異常症は薬物治療で検査値が正常域に入っても，医師が特別食を必要とすれば加算できる。また，特別食加算の対象となる食事において経管栄養を提供した場合も加算は可能である。

3)　食堂加算

入院時食事療養（I）または入院時生活療養（I）を行っている施設が，病床 1 床当たり 0.5 m^2 以上の食堂（他の用途と兼用でもよい）を備えている病棟に入院する患者（療養病棟の患者を除く）に対して食事の提供をした場合，1 日に付

表8.4　入院時食事療養および入院時生活療養の実施上の一般的留意事項

(1) 食事は医療の一環として提供されるべきものであり，それぞれ患者の病状に応じて必要とする栄養量が与えられ，食事の質の向上と患者サービスの改善をめざして行われるべきものである。また，生活療養の温度，照明及び給水に関する療養環境は医療の一環として形成されるべきものであり，それぞれの患者の病状に応じて適切に行われるべきものである。

(2) 食事の提供に関する業務は保険医療機関自らが行うことが望ましいが，保険医療機関の管理者が業務遂行上必要な注意を果たし得るような体制と契約内容により，食事療養の質が確保される場合には，保険医療機関の最終的責任の下で第三者に委託することができる。なお，業務の委託にあたっては，医療法（昭和23年法律第205号）及び医療法施行規則（昭和23年厚生省令第50号）の規定によること。食事提供業務の第三者への一部委託については「医療法の一部を改正する法律の一部の施行について」（平成5年2月15日健政発第98号厚生省健康政策局長通知）の第3及び「病院診療所等の業務委託について」（平成5年2月15日指第14号厚生省健康政策局指導課長通知）に基づき行うこと。

(3) 患者への食事提供については病棟関連部門と食事療養部門との連絡が十分とられていることが必要である。

(4) 入院患者の栄養補給量は，本来，性，年齢，体位，身体活動レベル，病状等によって個々に適正量が算定されるべき性質のものである。従って，一般食を提供している患者の栄養補給量についても，患者個々に算定された医師の食事箋による栄養補給量又は栄養管理計画に基づく栄養補給量を用いることを原則とするが，これらによらない場合には，次により算定するものとする。なお，医師の食事箋とは，医師の署名又は記名・押印がされたものを原則とするが，オーダリングシステム等により，医師本人の指示によるものであることが確認できるものについても認めるものとする。

　ア　一般食患者の推定エネルギー必要量及び栄養素（脂質，たんぱく質，ビタミンA，ビタミンB$_1$，ビタミンB$_2$，ビタミンC，カルシウム，鉄，ナトリウム（食塩）及び食物繊維）の食事摂取基準については，健康増進法（平成14年法律第103号）第16条の2に基づき定められた食事摂取基準の数値を適切に用いるものとすること。なお，患者の体位，病状，身体活動レベル等を考慮すること。また，推定エネルギー必要量は治療方針にそって身体活動レベルや体重の増減等を考慮して適宜増減することが望ましいこと。

　イ　アに示した食事摂取基準についてはあくまでも献立作成の目安であるが，食事の提供に際しては，病状，身体活動レベル，アレルギー等個々の患者の特性について十分考慮すること。

(5) 調理方法，味付け，盛り付け，配膳等について患者の嗜好を配慮した食事が提供されており，嗜好品以外の飲食物の摂取（補食）は原則として認められないこと。なお，果物類，菓子類等病状に影響しない程度の嗜好品を適当量摂取することは差し支えないこと。

(6) 当該保険医療機関における療養の実態，当該地域における日常の生活サイクル，患者の希望等を総合的に勘案し，適切な時刻に食事提供が行われていること。

(7) 適切な温度の食事が提供されていること。

(8) 食事療養に伴う衛生は，医療法及び医療法施行規則の基準並びに食品衛生法（昭和22年法律第233号）に定める基準以上のものであること。なお，食事の提供に使用する食器等の消毒も適正に行われていること。

(9) 食事療養の内容については，当該保険医療機関の医師を含む会議において検討が加えられていること。

(10) 入院時食事療養及び入院時生活療養の食事の提供たる療養は1食単位で評価するものであることから，食事提供数は，入院患者ごとに実際に提供された食数を記録していること。

(11) 患者から食事療養標準負担額又は生活療養標準負担額（入院時生活療養の食事の提供たる療養に係るものに限る。以下同じ）を超える費用を徴収する場合は，あらかじめ食事の内容及び特別の料金が患者に説明され，患者の同意を得て行っていること。

(12) 実際に患者に食事を提供した場合には1食単位で，1日につき3食を限度として算定するものであること。

(13) 1日の必要量を数回に分けて提供した場合は，提供された回数に相当する食数として算定して差し支えないこと（ただし，食事時間外に提供されたおやつを除き，1日に3食を限度とする）

出所）入院時食事療養費に係る食事療養及び入院時生活療養に係る生活療養の実施上の留意事項について　令和2年3月5日　保医発0305第14号

表8.5　入院時食事療養（Ⅰ）または入院時生活療養（Ⅰ）の留意点

(1) 入院時食事療養（Ⅰ）又は入院時生活療養（Ⅰ）の届出を行っている保険医療機関においては，下記の点に留意する。

　① 医師，管理栄養士又は栄養士による検食が毎食行われ，その所見が検食簿に記入されている。

　② 普通食（常食）患者年齢構成表及び給与栄養目標量については，必要に応じて見直しを行っていること。

　③ 食事の提供に当たっては，喫食調査等を踏まえて，また必要に応じて食事箋，献立表，患者入退院簿及び食料品消費日計表等の食事療養関係帳簿を使用して食事の質の向上に努めること。

　④ 患者の病状等により，特別食を必要とする患者については，医師の発行する食事箋に基づき，適切な特別食が提供されていること。

　⑤ 適時の食事の提供に関しては，実際に病棟で患者に夕食が配膳される時間が，原則として午後6時以降とする。ただし，当該保険医療機関の施設構造上，厨房から病棟への配膳に時間を要する場合には，午後6時を中心として各病棟で若干のばらつきを生じることはやむを得ない。この場合においても，最初に病棟において患者に夕食が配膳される時間は午後5時30分より後である必要がある。

　⑥ 保温食膳器等を用いた適温の食事の提供については，中央配膳に限らず，病棟において盛り付けを行っている場合であっても差し支えない。

　⑦ 医師の指示の下，医療の一環として，患者に十分な栄養指導を行うこと。

(2) 「流動食のみを経管栄養法により提供したとき」とは，当該食事療養又は当該食事の提供たる療養として食事の大半を経管栄養法による流動食（市販されているものに限る。以下この項において同じ）により提供した場合を指すものであり，栄養管理が概ね経管栄養法による流動食によって行われている患者に対し，流動食とは別に又は流動食と混合して，少量の食品又は飲料を提供した場合（経口摂取か経管栄養の別を問わない）を含むものである。

出所）表8.4に同じ

表8.6　特別食加算が可能な食事　　　= 栄養食事指導料算定の対象

■肝臓食，膵臓食，腎臓食，糖尿病食，痛風食，てんかん食
■胃・十二指腸潰瘍食（および侵襲の大きい消化管手術後）
■心臓疾患・妊娠高血圧症候群等に対する減塩（食塩相当量 6 g 未満/日）食
■貧血食（血中ヘモグロビン 10 g/dL 以下で鉄欠乏由来の場合）
■脂質異常症食（空腹時の LDL-C 140 mg/dL 以上または HDL-C 40 mg/dL 未満もしくは TG 150 mg/dL 以上の場合）
■無菌食（無菌治療室管理加算算定の場合）
■フェニルケトン尿症食，楓糖尿症食，ホモシスチン尿症食，ガラクトース血症食
■潜血食，大腸Ｘ線・内視鏡検査食
■低残渣食（クローン病，潰瘍性大腸炎などの場合）
■肥満症食（肥満度 70 % 以上または BMI 35 以上の場合）
■治療乳（既製品は不可）
■経管栄養（特別食加算対象の食事であること。胃ろう注入も加算可）
注意①　高血圧症，小児食物アレルギーについては，特別食加算扱いにならないが栄養食事指導料は算定できる。
注意②　がん患者，摂食機能又は嚥下機能が低下した患者，低栄養状態にある患者への栄養食事指導は指導料算定可。

出所）表 8.4 出所より作成

き病棟単位で算定できる。患者が利用しなかった場合でも算定できるが，利用しやすい環境を作り，食堂利用を促すことが大切である。

4)　特別メニュー

　入院時食事療養と入院時生活療養の（Ⅰ），（Ⅱ）のいずれにおいても行える。入院患者の多様なニーズに対応して，通常の食事療養の範囲では提供できない特別なメニューの食事を，患者の注文に応じて提供することで料金の支払いを受けることができる。メニューと料金は適正に掲示し，患者が納得して自己選択できるようにすると共に，提供にあたっては診療担当医の確認を受ける必要がある。複数メニューから食事を選択する方式（**選択メニュー**）をとる場合は，基本メニュー以外のメニューを選択した場合に限り標準額程度の支払いを受けることができる。

5)　クリニカルサービスの収入（1 点＝ 10 円）

　栄養管理・栄養食事指導による収入としては，栄養管理体制が整っていることが条件の「入院基本料・特定入院料」，チーム医療を評価する「栄養サポートチーム加算」「糖尿病透析予防指導管理料」「摂食障害入院医療管理加算」など多数，また，「栄養食事指導料」がある（**表8.7**）。

　ただ，今や多くの医療業務はチームにより行われており，各業務の収入をある 1 部門のものとはしにくく，栄養食事指導料を除く前述の収入も栄養部

表 8.7　クリニカルサービスの収入

栄養部門が主に関わるクリニカルサービス	算定要件概要	点　数
入院基本料・特定入院料	栄養管理体制が整っている（常勤管理栄養士の配置が必要）	一般病棟入院基本料 988 ～ 1,650/日 など
栄養サポートチーム加算	専任の医師，看護師，薬剤師，管理栄養士などから成るチームで栄養管理に取り組む。チーム専従者が必要。	200/週
糖尿病透析予防指導管理料	外来糖尿病患者に対し，医師，看護師，管理栄養士らの透析予防診療チームで医学的管理を行う。	350/月
摂食障害入院医療管理加算	摂食障害の専門的治療経験を有する医師，管理栄養士，臨床心理技術者が，患者に対し集中的，多面的な治療をする。	200/日（30 日以内） 100/日（31 ～ 60 日）
栄養食事指導料（入院，外来，在宅）	特別食を必要とする患者に対して，医師の栄養食事指導依頼票に基づき，施設の管理栄養士が所定の栄養食事指導をする。個人指導，集団指導それぞれにおいて算定できる。	＜入院栄養食事指導料 1 ＞ 初回 260 点，2 回目 200 点 ＜入院栄養食事指導料 2 (診療所) ＞ 初回 250 点，2 回目 190 点 ＜外来栄養食事指導料 1 ＞ 初回①対面：260 点，②情報通信機器等使用：235 点， 2 回目以降①対面：200 点，②情報通信機器等使用：180 点 ＜外来栄養食事指導料 2 (診療所) ＞ 初回①対面：250 点，②情報通信機器等使用：225 点 2 回目以降①対面：190 点，②情報通信機器等使用：170 点 ＜集団栄養食事指導料＞ 80 点 / 回 ＜在宅患者訪問栄養食事指導料＞ 420 ～ 530 点 　　　　　　　　　　　　　　　　　　　　　　など

門単独のものとは言い難い。栄養部門が関連するあらゆる収入と支出を把握することは，適切な病院給食経営管理に直結する重要な管理業務である。

8.1.7　病院給食と栄養教育

　入院患者ごとに安全で適切な食事を提供すること自体が栄養教育となる。入院して一般常食を食べただけで適正体重になり，血圧が正常化するなどはしばしばみられることで，特に意識した治療食ではなくとも，よい病院食は栄養・健康教育のよい教材となる例である。もちろん，栄養食事指導が患者や家族に対する栄養教育になるのはいうまでもなく，集団栄養食事指導を院外に広く公開する施設も多くある。また，栄養部門が主催する栄養・食事をテーマとした公開講座なども多くみられる。国民の健康の保持増進，生活習慣病の予防や改善に病院給食がさらに役立つよう，その位置付けが医療の中で確固たるものになるよう，栄養部門のさらなる進展が望まれる。

8.1.8　病院給食への評価

　わが国では，1997(平成 9)年から公益財団法人日本医療機能評価機構が病院機能評価を行っている。その中では栄養食事管理も評価対象となっており，栄養給食管理体制，部門の機能，業務の質改善への取り組みなどが事細かに評価される(表 8.8)。

表 8.8　栄養管理機能の評価項目

4.13　栄養管理機能

4.13.1　栄養給食管理の体制が確立している

4.13.1.1　栄養管理等に必要な人員が適切に配置されている
①管理・責任体制が明確である
②機能および業務量に見合う人員が配置されている

4.13.1.2　栄養管理等に必要な施設・設備・器具などが整備され，適切に管理されている
①栄養管理や栄養指導のための施設，設備が整備されている
②給食施設・設備が整備され，適切に管理されている

4.13.1.3　栄養管理の業務マニュアルが適切に整備されている
①栄養管理の基準・手順が明確である
②栄養指導の基準・手順が明確である
③調理業務の基準・手順が整備されている

4.13.2　栄養管理機能が適切に発揮されている

4.13.2.1　栄養相談・指導・管理機能が適切に実施されている
①必要な患者に栄養指導が実施されている

4.13.2.2　食事が適切に提供されている
①食事が適時に提供されている
②食事の快適性に配慮されている
③患者の特性や希望に応じた食事が提供されている

4.13.2.3　食事の安全性が確保されている
①食材の検収・保管，調理，配膳，下膳，食器の洗浄・乾燥・保管のプロセスが衛生的に実施されている
②延食への対応が適切である
③使用した食材および調理済み食品が 2 週間以上冷凍保存されている

4.13.3　栄養管理機能の質改善に取り組んでいる

4.13.3.1　栄養管理にかかわる職員の能力開発に努めている
①院内外の勉強会や学会・研修会の機会があり参加している
②学会・研修会への参加報告が行われ，業務の改善に役立てている
③職員個別の能力に応じた教育がなされている

4.13.3.2　栄養管理業務の質改善を推進している
①栄養管理の課題が検討されている
②調理業務の課題が検討されている
③改善の計画と実績がある

出所）日本医療機能評価機構：病院機能評価統合版評価項目 V6.0（2008）

2　良質な医療の実践 1

2.2　チーム医療による診療・ケアの実践

2.2.17　栄養管理と食事指導を適切に行っている
【評価の視点】患者の状態に応じた栄養管理と食事指導が実施されていることを評価する。
【評価の要素】①管理栄養士の関与　②栄養状態，摂食・嚥下機能の評価　③評価に基づく栄養方法の選択　④必要に応じた栄養食事指導　⑤食形態，器具，安全性，方法の工夫　⑥喫食状態の把握　⑦食物アレルギーなどの把握・対応

3　良質な医療の実践 2

3.1　良質な医療を構成する機能 1

3.1.4　栄養管理機能を適切に発揮している
【評価の視点】快適で美味しい食事が確実・安全に提供されていることを評価する。
【評価の要素】①適時・適温への配慮　②患者の特性や嗜好に応じた対応　③衛生面に配慮した食事の提供　④使用食材，調理済み食品の冷凍保存　⑤食事の評価と改善の取り組み

出所）日本医療機能評価機構：病院機能評価機能種別版評価項目　一般病院 1（3rdG：Ver.1）2014 年 9 月版

　今や病院は，屋内はもちろん，広く敷地内も全面禁煙があたりまえとなった（健康増進法による）。診療報酬面でも，受動喫煙による健康への影響をふまえ，生活習慣病患者，小児，呼吸器疾患患者等に対する指導管理にあたっては，全面禁煙を原則とするよう要件が見直され，病院スタッフはもちろん，出入りの業者，入院・外来患者やお見舞いの人たちもすべて病院敷地内では喫煙できないとなっている（緩和ケア病棟[※]においては，適切な措置を講ずれば分煙でもよい）。この禁煙が診療報酬の算定要件となっている項目は多数に及び，そこには，外来・入院・集団栄養食事指導料もあげられている。よって，もし病院が全面禁煙でなければ，せっかく栄養食事指導をしても指導料は算定できないということになる。健康増進対策としても，病院収入確保の面からも，今や「病院は禁煙」が常識である。

　※緩和ケア病棟：いわゆるホスピスのうち，厚生労働省の一定基準を満たして保険適用される終末期介護専用病棟。
　　末期がんなどの患者を対象にした，治療よりも人生の最後を落ち着いて送るための施設。

8.2　高齢者を対象とする医療，介護（福祉）施設（老人福祉法，介護保険法，医療法）

8.2.1　高齢者施設における給食の意義

　人生100年の時代と言われるように私たちの寿命は伸び続け，急速に高齢化が進んでいる。多くの人は最後まで健康に穏やかに人生を終えたいと考えるが，多くの高齢者は年を重ねるにつれ，心身の機能は少しずつ衰え（老化），生活の自立度が低くなる。高齢者にとって食べることは最大の楽しみであり，生きることに直結するが，調理や買い物など食べ物を用意する環境を整えることや，身体機能の衰えや疾患により食欲が低下し，低栄養に陥るケースも少なくない。

　高齢者施設では，入所者を対象に，「最後まで自分で食べて健康に生きる」ことを目的として，給食を伴った専門的な介護サポートを行う。

（1）施設の特徴

　高齢者がサービスを受けることができる入所施設は，「老人福祉法」に基づく養護老人ホーム・軽費老人ホーム・特別養護老人ホームと，「介護保険法」に基づく**介護老人保健施設・介護医療院**に分類される。

　養護老人ホームや軽費老人ホームは，公的扶助による生活の安定や充足を目的にした日常生活自立度に問題のない高齢者を対象とした施設である。特別養護老人ホームは老人福祉法を根拠法とする施設であるが，「要介護3以上」の介護サービスを必要とする人を受け入れる。日常生活の維持のための介護サービスを提供することから，介護保険法の施設としての機能があり，「**指定介護老人福祉施設**」とも呼ばれる。

　介護保険法を根拠法とする入所施設には，主に介護老人保健施設と介護医療院が挙げられる。介護老人保健施設は，急性期病院の退院後，短期で在宅復帰を目指してリハビリを行う施設である。回復に時間がかかる場合には，

適切な医療的看護や介護サービスを受けながら機能訓練を行う施設として，退所後の生活の場・環境が整うまでの期間を介護医療院に入所できる（表8.9）。

表 8.9　高齢者福祉・介護施設の種類

施設の種類	設置主体	根拠法	介護サービス	医療サービス	給食の回数	施設の目的	施設設備・運営基準	食事に関する条文（抜粋）
養護老人ホーム	地方公共団体　社会福祉法人	老人福祉法	—	—	1日3回	65歳以上の経済的に貧しい高齢者や，身寄りがなく自力で暮らせない人を受け入れ，社会復帰を促し，支援する	養護老人ホームの設備及び運営に関する基準	（第17条食事）養護老人ホームは，栄養並びに入所者の心身の状況及び嗜好を考慮した食事を，適切な時間に提供しなければならない。
軽費老人ホーム	地方公共団体　社会福祉法人	老人福祉法	—	—	1日3回	60歳以上で身寄りがない，あるいは家族からの援助が困難で，自立しているが生活が不安な人に対し，無料又は低額な料金で，食事の提供その他日常生活上必要な便宜を供与することを目的とする（老人福祉法第20条の6）	軽費老人ホームの設備及び運営に関する基準	（第18条食事）軽費老人ホームは，栄養並びに入所者の心身の状況及び嗜好を考慮した食事を，適切な時間に提供しなければならない。
特別養護老人ホーム　指定介護老人福祉施設	地方公共団体　社会福祉法人	老人福祉法	○		1日3回	65歳以上で要介護3以上の身体および精神上の著しい障害があり，常時介護を必要とし，かつ，在宅生活が困難な高齢者を対象とした施設。入浴，排せつ，食事などの日常生活の世話や健康管理や機能訓練などの療養上の世話（介護サービス）を行う。	特別養護老人ホームの設備及び運営に関する基準	（第17条食事）1. 特別養護老人ホームは，栄養並びに入所者の心身の状況及び嗜好を考慮した食事を，適切な時間に提供しなければならない。2. 入所者が可能な限り離床して，食堂で食事を摂ることを支援しなければならない。
		介護保険法	○				指定介護老人福祉施設の人員，設備及び運営に関する基準	（第14条食事）指定介護老人福祉施設は，栄養並びに入所者の心身の状況及び嗜好を考慮した食事を，適切な時間に提供しなければならない。2. 指定介護老人福祉施設は，入所者が可能な限り離床して，食堂で食事を摂ることを支援しなければならない。（第17条2栄養管理）指定介護老人福祉施設は，入所者の栄養状態の維持及び改善を図り，自立した日常生活を営むことができるよう，各入所者の状態に応じた栄養管理を計画的に行わなければならない。
介護老人保健施設	医療法人　社会福祉法人　地方公共団体等	介護保険法（医療法）	○	○	1日3回	介護を必要とする高齢者の在宅復帰を目指し医学的管理の下，看護やリハビリテーションに加え，食事・排泄・入浴などの日常生活の世話を行う。	介護老人保健施設の人員，施設及び設備並びに運営に関する基準	（第17条の2栄養管理）介護老人保健施設は，入所者の栄養状態の維持及び改善を図り，自立した日常生活を営むことができるよう，各入所者の状態に応じた栄養管理を計画的に行わなければならない。（第19条食事の提供）1. 入所者の食事は，栄養並びに入所者の身体の状況，病状及び嗜好を考慮したものとするとともに，適切な時間に行われなければならない。2. 入所者の食事は，その者の自立の支援に配慮し，できるだけ離床して食堂で行われるよう努めなければならない。
介護医療院	医療法人　地方公共団体等	介護保険法	○	○	1日3回	長期にわたり療養が必要な要介護者に対し，医学的な管理の下，看護や機能訓練などの医療並びに介護サービスを行う。	介護医療院の人員，施設並びに運営に関する基準	（第20条2栄養管理）入所者の栄養状態の維持及び改善を図り，自立した日常生活を営むことができるよう，各入所者の状態に応じた栄養管理を計画的に行わなければならない。（第22条食事）1. 入所者の食事は，栄養並びに入所者の身体の状況，病状及び嗜好を考慮したものとするとともに，適切な時間に行われなければならない。2. 入所者の食事は，その者の自立の支援に配慮し，できるだけ離床して食堂で行われるよう努めなければならない。
有料老人ホーム	株式会社　社会福祉法人等	老人福祉法（介護保険法）	○		1日3回	入居する高齢者に「食事の提供」「介護（入浴・排せつ・食事）の提供」「洗濯・掃除などの家事の供与」「健康管理」のいずれかのサービスを提供している施設。①介護付き有料老人ホーム②住宅型有料老人ホーム③健康型有料老人ホームがあり，①住宅型有料老人ホームでは「特定施設入居者生活介護」により介護サービスを受けることができる。	有料老人ホームの設置運営標準指導指針について	（第9項サービス）(1)設置者は，入居者に対して，契約内容に基づき，次に掲げるサービス等を自ら提供する場合にあっては，それぞれ，その心身の状況に応じた適切なサービスを提供すること。一　食事サービス　イ　高齢者に適した食事を提供すること。ロ　栄養士による献立表を作成すること。ハ　食堂において食事をすることが困難であるなど，入居者の希望に応じて，居室において食事を提供するなど必要な配慮を行うこと。

(2) 施設の経営方針

　高齢者福祉・介護施設が掲げるサービスの理念は，目的に応じて異なる。

　「老人福祉法」に基づく施設は，主に利用者の日常生活の場であるために，在宅と同じような日々の生活を人生の終わりまでサポートすることを目指す。そのため，一人ひとりの生活に寄り添い，家族や地域との交流を通し，安心できる穏やかな暮らしをサポートする経営の理念を掲げる施設が多い。

　一方，「介護保険法」に基づく介護老人保健施設では，利用者の生活自立を支援し，家庭への復帰を目指すことを理念とし，看護や医学的管理の下で機能維持・改善など在宅復帰・在宅療養支援を行う。しかし，高齢者には機能回復が伴わない場合もある。日常的に医療行為(喀痰吸引や経管栄養など)が必要な高齢者の療養生活・終末期の生活を支える場として介護医療院では，「利用者の尊厳の保持」と「自立支援」を理念に掲げている。

(3) 栄養士・管理栄養士の配置

　老人福祉法による各施設の「設備及び運営に関する基準」では，栄養士の配置は1名以上の配置と定められている。また，介護保険による「設備及び運営に関する基準」においても入所定員または病床数100名以上で栄養士1名配置が示されており，どの施設の運営基準でも栄養士1名配置である。

　しかし，令和3年の介護保険の介護報酬の改定では，施設で介護サービスを提供する方針として，施設入所者全員に対して**栄養ケア・マネジメント**を行う「栄養ケア・マネジメントの充実」が示されている。施設では，給食管理により適切な食事を提供する栄養士と，入所者の栄養状態に応じた栄養ケア・マネジメントを行うために，複数人の管理栄養士の配置が運営の基準として示されている(**表8.10**)。

(4) 組織

　高齢者福祉・介護施設の組織構成は，設置主体の法人が複数の施設を運営する場合が多い。各施設内では施設長をトップとして各専門職種の部門がつながるファンクショナル組織(職能別組織)や，事務部門をスタッフとしたライン&スタッフ組織が多くみられる。

　特別養護老人ホームを例にすると，施設長をトップとして利用者の介護に直接かかわる介護部門に介護職員または看護職員がおり，介護支援部門に介護支援専門員や生活相談員，栄養部門に管理栄養士または栄養士，調理員，事務部門がある。給食作りを担う調理員は，栄養士の指示で給食生産を行うが，給食を委託している場合は，調理員の位置に給食受託部門が配置された組織構造となる。

(5) 給食の意義

　毎回の給食は，施設で生活する中で楽しみの1つである。施設の食事はで

表 8.10　栄養士・管理栄養士の配置

区分	施設の種類 （根拠法）	栄養士又は管理栄養士の配置の基準			
		健康増進法	各施設の設備及び運営の基準		介護保険法による栄養マネジメント強化加算の条件
福祉系施設	養護老人ホーム （老人福祉法）	○管理栄養士の配置 管理栄養士による特別な栄養管理を必要とする特定給食施設であって継続的に1回500食以上又は1日1,500食以上の食事を供給する施設	○栄養士1人	入所定員50人未満の場合は，併設する特別養護老人ホームの栄養士との連携を図ることができれば，栄養士を置かないことができる。	―
	軽費老人ホーム （老人福祉法）		○栄養士1人以上	入所定員が40人以下又は他の社会福祉施設等の栄養士との連携を図ることにより効果的な運営を期待することができる，または委託の場合は置かないことができる。	―
福祉・介護系施設　同一施設	特別養護老人ホーム （老人福祉法） 指定介護老人福祉施設 （介護保険法）		○栄養士1人以上	入所定員が40人を超えない特別養護老人ホームにあっては，他の社会福祉施設等の栄養士との連携があり，効果的な運営を期待できれば置かないことができる。	○管理栄養士または管理栄養士1人以上 管理栄養士は，前年度の入居者の平均数（短期入所は除く）50人に対して1人の配置 ○給食管理（献立作成・発注・在庫管理・調理指導など）をする栄養士（委託以外）が配置されている場合は，前年度の入居者の平均数70人に対して管理栄養士1人の配置
	指定介護老人福祉施設 （介護保険法）		○栄養士または管理栄養士1人以上	入所定員が40人を超えない指定介護老人福祉施設にあっては，他の社会福祉施設等の栄養士又は管理栄養士との連携を図ることにより当該指定介護老人福祉施設の効果的な運営を期待することができる場合であって，入所者の処遇に支障がないときは，第4号の栄養士又は管理栄養士を置かないことができる。	
介護・医療系施設	介護老人保健施設 （介護保険法）	○管理栄養士の配置 医学的な管理を必要とする者に食事を供給する特定給食施設であって継続的に1回300食以上又は1日750食以上の食事を供給するもの1回300食以上1日750食以上の食事を供給する施設	○常勤職員の栄養士又は管理栄養士を1人以上 入所定員が100人以上の施設において配置すること。	サテライト型小規模介護老人保健施設と一体として運営される本体施設（介護老人保健施設，療養床数100以上の介護医療院及び病床数100以上の病院に限る。）又は医療機関併設型小規模介護老人保健施設の併設介護医療院又は病院若しくは診療所に配置されている栄養士又は管理栄養士による栄養管理が，当該本体施設及びサテライト型小規模介護老人保健施設等の入所者に適切に行われると認められるときは，これを置かないことができる。	
	介護医療院 （介護保険法）	管理栄養士1人 （健康増進法）	入所定員100人以上で栄養士又は管理栄養士1人以上 同一敷地内にある病院等の栄養士又は管理栄養士がいることにより，栄養管理に支障がない場合には，兼務職員をもって充てても差し支えない。	入所定員100人以上の介護医療院にあっては，1人以上の栄養士又は管理栄養士を配置すること。 ただし，100人未満の施設においても常勤職員の配置に努めるべきであるが，併設型小規模介護医療院の併設医療機関に配置されている栄養士又は管理栄養士による栄養管理が，当該介護医療院の入所者に適切に行われると認められるときは，これを置かないことができる。	

きるだけおいしく食べられるような工夫が必要であるが，高齢者の食生活は個人差が大きい。これまでの生活での食習慣・嗜好は変えるのが難しいものである。また，身体機能の低下や味覚機能の低下で濃い味を好むなどの傾向がみられる。さらに歯の欠損などによる咀嚼機能や嚥下機能の衰え，疾病に伴うマヒや寝たきり状態，認知症等による摂食能力の低下から，低栄養の状態に陥る場合もある。様々な慢性疾患や嚥下障害・食欲不振の状態に対して，できるだけ自分の口で食べてもらえる食事作りが重要である。

　施設の給食は，職員全員がチームで協働して個別対応を考え工夫することにより，利用者が穏やかにおいしく食事を食べること，機能低下の中で，自ら食べることなど，以下に示す支援を一人ひとりに寄り添って行うことで，個々人の QOL（Quality of Life，生活の質）を高める役割がある。

1. 食事を通して生活を楽しむことを支援

2. 他職種協働で個々の入所者の心身に合わせた食生活を支援（栄養ケア）

3. 食べたいものを食べやすく，穏やかに最後まで過ごす支援

8.2.2 利用者とその特徴

高齢者は，生活環境の問題に対する不安や疾病や障害などに加え，ADL（Activities of Daily Living：日常生活動作）の低下，消化・吸収・味覚機能などの低下による自立度の低下が見られる。足腰の衰えは，活動量の減少を引き起こし，動かないことによる筋肉の減少や食欲の低下をまねく。

老人福祉法に基づく養護老人ホームや軽費老人ホームの入所者は，身の回りのことが自分ででき，近所への買い物や時々の外食などは可能であるが，健康状態は同年齢であっても個人差が大きい。対して介護保険法に基づく施設の入所者は，日常生活で介護が必要な状態である。活動量が少なく筋肉量が減少しやすいことから，摂食・嚥下機能が低下し食事量が減少しやすい。

高齢者にとって，自宅とは異なる環境に適応することは容易でなく，環境適応に時間を要し，食事量の減少が継続することがある。このようなケースでは，食事量の不足によるたんぱく質・エネルギーの低栄養状態（PEM：Protein energy malnutrition）を引き起こしやすい傾向にある。低栄養は，身体全体の機能が低下するため，自力歩行や自力摂食が難しく，寝たきりになれば褥瘡を発症する恐れもある。疾患があり低栄養状態になりやすい高齢者に対しては，十分な食事量の摂食を目標とすることが望ましい。

これらのことから，施設入所者の**ニーズ**は，健康度が低下しないよう，栄養状態を維持・向上させ，心身の健康状態を支援することである。

入所者のニーズには，家族の要望も含まれる。家族は施設での生活環境がどのようにあるか不安を感じる。特に食事やケアの状態は施設を評価するポイントになりやすい。献立や味付け・食器など，極力今までの生活環境に近づける努力を惜しまず，多くの専門性を活用し生活の環境に配慮することが，入所者の笑顔につながり，家族に安心を与え，一緒に介護を支援する体制を支える存在になる。

入所者および家族のニーズを以下に記す。

1. 食事が待ち遠しく，笑顔の食生活を過ごしたい。

2. 十分に栄養補給し，健康を維持し，低栄養のリスクから脱したい。

3. 自分で自由に口から食べたい。

4. 家族にとっても安心して入所者を任せられる環境であってほしい。

8.2.3 栄養・食事管理

(1) 栄養管理システムを構築する

令和3年介護保険報酬改定では，自立支援・重度化防止の取組みの推進と

して，「リハビリテーション・機能訓練，口腔，栄養の取組の連携・強化」が示されており，栄養面では入所者の栄養状態の維持及び改善を図り，各入所者の状態に応じた栄養管理（栄養マネジメント）を計画的に行うことが示された。「栄養マネジメント強化加算」の報酬加算条件は，以下の対応である。

1. 常勤の管理栄養士を1人以上配置する。
2. 低栄養状態のリスクが高い入所者に対し，医師，管理栄養士，看護師等が共同して作成した栄養ケア計画に従い，食事の観察（ミールラウンド）を週3回以上行い，入所者ごとの栄養状態，嗜好等を踏まえた食事の調整等を実施する。
3. 入所者が，退所する場合において，管理栄養士が退所後の食事に関する相談支援を行う。
4. 低栄養状態のリスクが低い入所者についても，食事の際に変化を把握し，問題がある場合は，早期に対応する。
5. 入所者ごとの栄養状態等の情報を厚生労働省に提出し，継続的な栄養管理の実施に当たって，当該情報その他継続的な栄養管理の適切かつ有効な実施のために必要な情報を活用する。

　栄養マネジメントが実施できない施設では減算されるため栄養マネジメントを適切かつ有効に実施し，利用者の栄養管理を徹底することが，施設のサービスの充実にもなり，さらに介護保険報酬の加算となる。

　入所者全員の栄養状態や疾病等に応じた栄養ケア・マネジメントの実施は，他職種と連携し，利用者の栄養スクリーニングから，アセスメント，栄養ケア計画の作成，栄養ケアの実施，栄養状態等の再評価の手順を常に施設内の他職種と共有する。このように栄養ケアプランについて情報を共有することは，「**栄養管理システム**」の構築である。このシステムにより，低リスクの利用者について複数の専門職の目で日々の様子を確認し，状態に変化があればすぐに各専門的な視点から対応できるように部門間連携を実施したPDCAサイクルを回す。

(2) ミールラウンドにおける給食のモニタリング

　栄養・食事計画においては，栄養アセスメントに沿った栄養補給計画を基に献立が計画される。これは利用者が食事を全量摂食することを前提とした計画である。計画を実行し提供した食事が見た目や香りなどの刺激で「食べたくなる」食事が提供され，食べた時にもおいしいと感じる食事品質でなければ摂食は期待できない。ミールラウンドは，食事時の訪問により利用者の心身の状況を踏まえ観察や会話をすることで，提供した食事を「どのように食べているか」「食べやすい食事」であったのか，「食べたいという気持ち」を持てる食事であったかなどを観察や会話から状況を定期的にモニタリング

し，その結果から改善策を検討する。さらに利用者自身の「食べたいという気持ち」の現状を把握し直接声掛けを行うなど「支える」目的がある。

8.2.4　献立の特徴

献立の種類は，単一定食献立である場合が多い。栄養管理では，1食の提供時に100％摂取することを前提にした計画である。「食べやすい食事，食べてもらえる食事」の献立計画が必要である。利用者の嗜好は日々変化しており，高齢者の好みは必ずしも魚の主菜と野菜の煮物を好む時代ではない。

また，行事食や食のイベントで料理作りなどを行うと，活動量が低い利用者が表情が明るくなり，積極的に料理作りに関わり，食欲が出るケースなどもある。献立作成においても，施設の利用者の食生活の歴史，利用可能な食材の品質，調理システム等を考慮し，高齢者の口に合う料理の組み合わせを提供することが必要である。

1)　日常の献立での注意点：

①　和風・洋風・中華風・エスニック・丼物などの献立の出現頻度

②　素材の品質（生食材，冷凍品，完全調理品等の味付けや香り，食感）

③　献立における料理の味の濃さのバランス

④　のど越し，かみ心地の配慮（献立における水分のバランス）

⑤　彩り

⑥　適正な提供重量（日間変動が少ない）

2)　行事食：食材料費，見栄えはグレードを上げる

3)　食のイベント：介護レクリエーションとして料理作り，カフェ，縁日など

8.2.5　生産管理（調理システム）

(1) 生産計画

高齢者介護・福祉施設の食事は，個人対応の種類が多く，労働生産性が低くなりやすい。禁止食・嗜好対応や食形態対応の種類が多いと作業工程が増え，作業人員，作業時間の削減が難しくなる。そこで食形態対応を標準化した対応が望ましい。区分については「日本摂食嚥下リハビリテーション学会嚥下調整食分類2021」を参照し，施設の利用者に合わせ，提供すべき食品や料理の傾向により，「**学会分類2021（食事）早見表**」で施設の食形態区分を標準化する。提供する食事の調理・提供業務を見直し，工程数や食形態区分の種類を減らすことができるかなど，ミールラウンド時の観察を取り入れ情報を収集し，給食を効率化したうえで，利用者が「おいしい」と感じ自然に全量が食べられる食事の品質管理が求められる。

(2) ユニットケア

ユニットケアは，施設の環境を自宅での生活空間に近づけ，入居者が周囲を気にせず暮らせる**家庭的な介護**（ユニットケア）を目的に，各利用者が個室で

生活する 10 〜 15 人程度を 1 ユニットというグループ単位にして専属の介護士がケアを行うものである。施設の食事作りは，主厨房と 1 ユニットごとに設けられたキッチンの 2 か所で行われる。

介護者は，利用者の自宅の環境を再現するように，ご飯や半調理された具材による汁物作り，簡単な盛付などは，ユニットのキッチンで各利用者の食事を仕上げる。キッチンの横は食堂になっており，介護者はユニットの各利用者の介助の必要度，食事にかかる時間等のタイミングをみながら利用者の食事に寄り添う。そのため，食事の温度も適度な温かさで提供可能である。

ユニットケアの場合は生産，搬送，配膳，提供の工程となり，介護者は配膳・提供・介助・片付けを担う。管理栄養士は食事の品質基準が予定通りに食事に反映されるように，相互の作業と情報の共有や適切な料理の品質や盛付方法の調整，衛生手順などの研修が必要である。

(3) 食事の品質管理のノウハウ

高齢者施設の給食には，見た目のおいしさ，食べておいしいことが大切であることは前述の通りである。また，高齢者の摂食・嚥下機能に合わせ食形態食も多種類提供する。その作業工程は複雑になりやすく，調理・保管・提供までの料理の品質(味・香り・温度・硬さ・色・水分量など)変化に加え，きざみ，ミキサー，再形成の工程後も，見栄え良くおいしく提供するノウハウが求められる。給食受託会社と一緒に利用者の嗜好を考慮しながら，クックサーブでなければ味が落ちる食材，冷凍やカット野菜，完全調理品が使える料理など，利用者に適合する食品を模索することを含めた食事品質のマネジメントが必要である。

8.2.6 施設・設備における条件等

(1) 厨房の働きやすい環境作り

施設の食事は，どのような機器のある厨房かにより，提供される食事の傾向が異なる。業務用の機器は高価なため，古い機器を使う施設も多くみられる。第一に優先することは衛生面であり，免疫力の低い利用者へ大量調理施設衛生管理マニュアルに準じた調理が可能な環境を整える必要がある。

施設では，高齢な調理従事者が食事作りを支える場合も多い。高齢な従事者の働きやすい厨房は，焦りや手抜きも少なく，3S (整理，整頓，清潔，清掃，習慣)などの衛生教育の訓練も受け入れられやすく，調理環境の衛生が守られ，安全，安心の調理従事者の減少に向け，労働負担を軽減する設備・機器の導入など，持続的な調理業務として検討が必要である。

(2) クックチル等の導入

高齢者施設の給食は療養食および食形態対応など多品種少量調理が多く，人手と時間がかかり労働生産性が低くなる。人件費がかかると製造原価は下

がらず，適正な予算での運営が困難になる。給食にセントラルキッチンによる半調理，完全調理品を取り入れ，施設内でもクックサーブからクックチル等による計画的な調理を行うことで業務の効率化ができる。全面的なシステムの変更の場合は，専門的ノウハウや，高額な**イニシャルコスト**を要するが，スチームコンベクションオーブンやブラストチラーなど，資金の範囲で機器を設置し，献立の一部に取り入れることも可能である。

8.2.7　会計管理（給食の費用，材料費，人件費等）

給食の費用は，養護老人ホームなどの老人福祉法を根拠とする施設では，施設の入所費用の中に含まれているので，一律ではない。一方，介護保険法による施設では厚生労働省により，食事の提供に要する平均的な費用の額（基準費用額）が1日1,445円と示されている。支払いは自己負担であるが，世帯収入により減免される制度がある。内訳を例示すると，朝食265円，昼食700円，夕食480円となる。この金額は材料費，人件費，経費で構成されていることから，給食の運営は委託料の低減ではなく，施設全体で更なる効率化に取り組まなければ，安価で低品質の食事になりかねない。経営管理の視点から，給食の目的に到達するための効率的な給食運営の必要がある。

8.2.8　給食と栄養教育の関係

高齢者施設の食事は，見栄えが良く食欲をそそり，適量かつ食べやすいことで自然と栄養素バランスが整う食事が望ましい。食事の満足が毎日の生活を楽しみに感じ意欲を持たせる力となる。給食は利用者の栄養補給計画に沿った食事であり，継続的な利用により栄養状態が良くなり体調が回復することができれば，心身の健康までも保持することができる。毎日の食事提供は，利用者への食への興味や意欲を促す働きかけである。継続的な利用で食を楽しむきっかけや，興味を持てるような食のイベントや行事食への食べる意欲につながることが望ましい。また，自分の口で食べたい，味わいたいと生きる意欲を引き出す働きかけである。

8.3　児童福祉施設（児童福祉法）

8.3.1　施設の特徴・給食の目的

児童福祉施設とは，児童福祉法（1947（昭和22）年）に基づいて設置された施設である。児童福祉施設には（児童福祉法第7条より），① 助産施設，② 乳児院，③ 母子生活支援施設，④ 保育所，⑤ 幼保連携型認定こども園，⑥ 児童厚生施設，⑦ 児童養護施設，⑧ 障害児入所施設，⑨ 児童発達支援センター，⑩ 児童心理治療施設，⑪ 児童自立支援施設，⑫ 児童家庭支援センターがある（**表8.11**参照）。

児童福祉施設の設備及び運営に関する基準（1948（昭和23）年）には，児童福

表 8.11　児童福祉施設の種類と施設の目的および栄養士等配置と条件

児童福祉施設		施設の目的（児童福祉法より）		児童福祉施設の設備及び運営に関する基準 （児童福祉施設最低基準）に基づく栄養士等配置と条件		
①	助産施設	36条	保健上必要があるにもかかわらず，経済的理由により，入院助産を受けることができない妊産婦を入所させて，助産を受けさせる。	2章	第1種助産施設 （医療法の病院または診療所）	
					第2種助産施設 （医療法の助産所）	第17条 ＊医療法に規定する職員を置かなければならない。
②	乳児院	37条	乳児（保健上，安定した生活環境の確保その他の理由により特に必要のある場合には，幼児を含む。）を入院させて，療養する。退院した者の相談や援助を行う。	3章		第21条　必置　乳児10人以上
③	母子生活支援施設	38条	配偶者のない女子又はこれに準ずる事情のある女子及びその者の監護すべき児童を入所させて，保護するとともに自立促進のために生活を支援する。退院した者の相談や援助を行う。	4章		
④	保育所	39条	保育を必要とする乳児・幼児を日々保護者の下から通わせて保育を行う。特に必要があるときは，児童を日々保護者の下から通わせて保育することができる。	5章		
⑤	幼保連携型認定こども園	39条の2	義務教育及びその後の教育の基礎を培うものとしての満三歳以上の幼児に対する教育及び保育を必要とする乳児・幼児に対する保育を一体的に行い，これらの乳児又は幼児の健やかな成長が図られるよう適当な環境を与えて，その心身の発達を助長する。	就学前[1] 3章		第14条[1] 主幹栄養教諭，栄養教諭を置くことができる。
⑥	児童厚生施設	40条	児童遊園，児童館等児童に健全な遊びを与えて，その健康を増進し，又は情操をゆたかにする。	6章		
⑦	児童養護施設	41条	保護者のない児童（乳児を除くが，必要のある場合は乳児を含む。），虐待されている児童その他環境上養護を要する児童を入所させ，養護する。退所した者の相談，その他自立のための援助を行う。	7章		第42条　必置　児童41人以上
⑧	障害児入所施設	42条	〔福祉型〕 保護，日常生活の指導及び独立自活に必要な知識技術の付与。	8章	主として，知的障害のある児，盲児，ろうあ児，肢体不自由のある児，自閉症児の入所	第49条　必置　児童41人以上
			〔医療型〕 保護，日常生活の指導及び独立自活に必要な知識技術の付与・治療。	8章の2	主として，肢体不自由のある児，自閉症児，重症心身障害児の入所	第58条 ＊医療法に規定する病院として必要な職員を置かなければならない。
⑨	児童発達支援センター	第43条	〔福祉型〕 日常生活における基本的動作の指導，独立自活に必要な知識技能の付与又は集団生活への適応のための訓練。	8章の3	主として，知的障害のある児，難聴児，重症心身障害児の通所	第63条　必置　児童41人以上
			〔医療型〕 日常生活における基本的動作の指導，独立自活に必要な知識技能の付与又は集団生活への適応のための訓練及び治療。	8章の4	医療型	第69条 ＊医療法に規定する診療所として必要な職員を置かなければならない。
⑩	児童心理治療施設	43条の2	家庭環境，学校における交友関係その他の環境上の理由により社会生活への適応が困難となった児童を，短期間，入所させ，又は保護者の下から通わせて，社会生活に適応するために必要な心理に関する治療及び生活指導を主として行う。退所した者について相談その他の援助を行う。	9章		第73条　必置
⑪	児童自立支援施設	44条	不良行為をなし，又はなすおそれのある児童及び家庭環境その他の環境上の理由により生活指導等を要する児童を入所させ，又は保護者の下から通わせて，個々の児童の状況に応じて必要な指導を行い，その自立を支援する。退所した者について相談その他の援助を行う。	10章		第80条　必置　児童41人以上
⑫	児童家庭支援センター	44条の2	地域の児童の福祉に関する各般の問題につき，児童に関する家庭その他からの相談のうち，専門的な知識及び技術を必要とするものに応じ，必要な助言を行う。市町村の求めに応じ，技術的助言その他必要な援助，指導を行う。児童相談所，児童福祉施設等との連絡調整その他内閣府令の定める援助を総合的に行う。	11章		

注1）幼保連携型認定こども園は，児童福祉法に定めるもののほか，就学前の子どもに関する教育，保育等の総合的な提供の推進に関する法律に定めるところによる。

祉施設最低基準が定められており，食事の提供を行う際にもこれに準じて行わなければならない。第11条には，児童福祉施設における食事について次のように定められている。

　① 入所している者に食事を提供するときは，当該児童福祉施設内で調理

する方法により行わなければならない。

② 入所している者に食事を提供するときは，その献立は，できる限り，変化に富み，入所している者の健全な発育に必要な栄養量を含有するものでなければならない。

③ 食事は，食品の種類及び調理方法について栄養並びに入所している者の身体的状況及び嗜好を考慮したものでなければならない。

④ 調理は，あらかじめ作成された献立に従って行わなければならない。

⑤ 児童の健康な生活の基本としての食を営む力の育成に努めなければならない。

（「児童福祉施設最低基準」最終改正平成 25 年 10 月 7 日）

児童福祉施設で従事する職員（栄養士等の配置）については，児童福祉施設の設備及び運営に関する基準（児童福祉施設最低基準）に規定されている。また，幼保連携型認定こども園の基準については，就学前の子どもに関する教育，保育等の総合的な提供の推進に関する法律（2006（平成 18）年）に基づき，幼保連携型認定こども園の学級の編制，職員，設備及び運営に関する基準（2014（平成 26）年）に規定されている。児童福祉施設の種類と施設の目的，栄養士等配置規定について，**表 8.11** にまとめた。

8.3.2　利用者とその特徴

児童福祉施設は，児童福祉法により，満 18 歳未満の児童を収容する施設とされている。児童福祉法（第 4 条）では，年齢により児童を，① **乳児**，② **幼児**，③ **少年**[*] の 3 つに分類している。また，就学前の子どもに関する教育，保育等の総合的な提供の推進に関する法律（第 2 条）において，「子ども」とは，小学校就学の始期に達するまでの者としている。入所者の条件は施設により異なり，身体的，精神的な問題や家庭的な問題，経済的な問題等を抱え，社会的にハンディのある児童および入院助産を受けることができない妊産婦を対象としている。入所者を取り巻く問題はさまざまであるうえに，特に子どもは発育の個人差が大きいため，一人ひとりに応じた支援が求められる。

8.3.3　児童福祉施設における給食と栄養教育の関係

児童福祉施設での給食（食事）は，入所する子どもの健全な発育・発達と，健康の維持・増進を図るなど，子どもの健康状態に与える影響は極めて大きい。さらに，健康面だけではなく，望ましい食習慣の形成や食事マナーの習得，食を通じて豊かな人間性を育成するなど，食教育の効果も期待できる。したがって，給食提供の際には，施設の子どもに見合った食事計画をたてることが大切である。

また，昨今の「食」をめぐる状況を鑑み，2005（平成 17）年には食育基本法が制定された。国民が生涯にわたって健全な心身を培い，豊かな人間性をは

[*] **乳児・幼児・少年**
① 乳児：満 1 歳に満たない者
② 幼児：満 1 歳から，小学校就学の始期に達するまでの者
③ 少年：小学校就学の始期から，満 18 歳に達するまでの者

ぐくむ（第1条）ことを目的としている。第4次食育推進基本計画（令和3～7年度）では，家庭における食育の推進，学校，保育所等における食育の推進などが示されている。また，重点事項において，子どもたちを取り巻く食の問題として子どもの基本的な生活習慣の形成，貧困等の状況にある子どもに対する食育の推進が挙げられている。児童の心身の健全な育成には，日々提供される食事が重要であり，特に保護者および教育関係者等が果たすべき役割はきわめて大きい。幼少期から望ましい食習慣の形成や知識の習得等ができれば，生活習慣病の予防につながる。したがって，ライフステージ初期から，子どもに対する食事の提供と食育を一体的な取り組みとして確実に実践することが，大切である。

8.3.4　栄養・食事管理

(1) 栄養・食事管理の考え方

児童福祉施設における栄養・食事管理は，単なる栄養補給だけでなく，子どもの健やかな発育・発達を担うものでなければならない。さらに健康状態や栄養状態の維持・向上，QOL（quality of life：生活の質）の向上を目指し，食事提供や食育を通じて子どもや保護者を，食生活面から支援していくことである。児童福祉施設における食事の提供および栄養管理を実践するにあたっての考え方の例を示すものとして，児童福祉施設における食事の提供ガイド（2010（平成22）年）が発表されている。図8.10に，子どもの健やかな発育・発達を目指した食事・食生活支援の概念図を示す。概念図が目指す考え方は次の通りである。

① 食事の提供と食育を一体的な取組みとして行っていくことが重要である。

② 子どもの発育・発達状況，健康状態，栄養状態，さらに養育環境なども含めた実態の把握を行い，一人ひとりに合わせた対応が必要である。

③ 実態把握の結果を踏まえ，PDCAサイクル（plan：計画—do：実施—check：評価—act：改善）に基づき，栄養管理を実施していく。

④ 管理栄養士・栄養士だけ

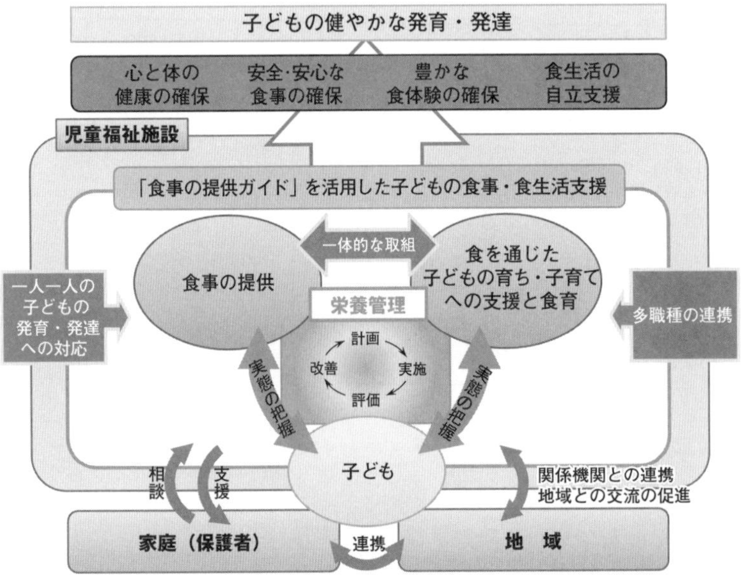

出所）厚生労働省雇用均等・児童家庭局：児童福祉施設における食事の提供ガイド
　　　—児童福祉施設における食事の提供及び栄養管理に関す研究会報告書，
　　　http://www.mhlw.go.jp/shingi/2010/03/dl/s0331-10a-015.pdf （2023.11.15）

図8.10　子どもの健やかな発育・発達を目指した食事・食生活支援

でなく，他職種との連携をはかり進めていくことが大切である。

⑤ 家庭からの相談に対する支援と連携を深め，地域や関係機関等との連携や交流の促進を図る。

⑥ 食事の提供にあたっては，「日本人の食事摂取基準」の適切な活用と食育の観点から，食事の内容，衛生管理について配慮する。

(2) PDCA サイクルを踏まえた食事の提供

児童福祉施設における食事の提供ガイドでは，食事の提供には，子どもの発育・発達状況，健康状態・栄養状態に適していること，摂食機能に適していること，食物の認知・受容，嗜好に配慮していること等が求められると述べている。また，特に食事の計画，提供，そしてその評価と改善を行う際には，PDCA サイクルを踏まえ，図8.11のようなステップで進めることが大切である。前述のとおり PDCA サイクルは，plan (計画)—do (実施)—check (評価)—act (改善)を繰り返しながら，よりよい食事提供を目指していくための循環過程である。do (実施)は，子どもが食事を摂取する行為そのものにあたるため，これを支援する活動全体をさす。管理栄養士・栄養士は，一人ひとりの子どもに応じた食事を提供するため，献立作成や調理作業にとどまることなく，保育士，看護師，児童指導員等の他職種との連携や情報の共有化を強化し，施設全体で子どもを支援するシステムを整えることも重要である。

8.3.5 献立の特徴・留意点

(1) 日本人の食事摂取基準の活用

児童福祉施設では，入所者の健全な成長および健康の維持・増進のために栄養素量を過不足なく提供し，食事摂取量の継続的な把握や，定期的に身体発育状況の確認を行い，改善点をみつけて次の栄養計画に結びつけることが重要である。食事計画の策定および評価を行う際には，日本人の食事摂取基準，厚生労働省通知である「児童福祉施設における食事の提供に関する援助及び指導について」ならびに「児童福祉施設における『食事摂取基準』を活用した食事計画について」等の通知を参考にする。

① **給与栄養目標量の割合**：1日の食事提供回数とその食事区分(朝食，昼食，夕食，間食・おやつ)を確認し，食事ごとに給与栄養目標量の割合を決定する。身長・体重のデータは，その変化を成長曲線として記録し，個々人の成長の状況に合わせたアセスメントと栄養素等の必要量算出などに用いる。保育所等の通所施設での給食は，1日のうち1食(昼食) + α(間食・おやつ)を提供する施設が多いが，通常昼食の割合は1日の概ね3分の1の量を目安とし，間食については1日全体の10 〜 20 %程度の量を目安とする。なお，近年は延長保育を行う施設が多くなり，補食や夕食の提供等が行われていることから，保育所等における給与栄養目標量は，これまでの1日の食事からのエネルギー

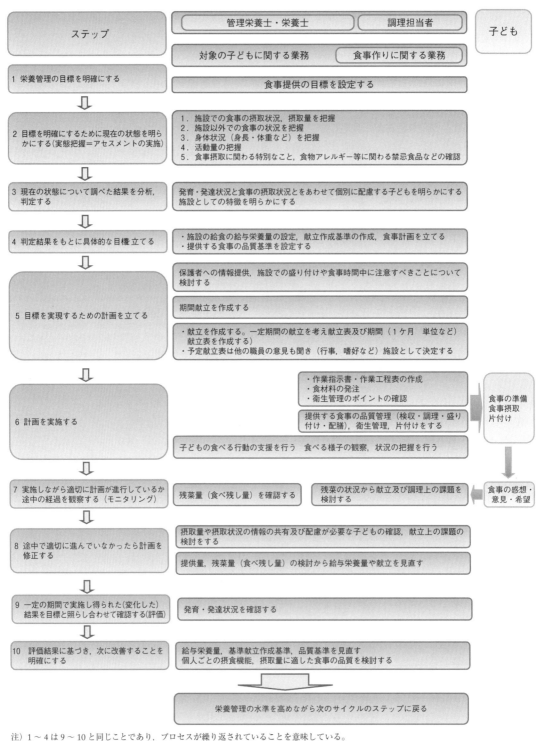

ステップ	管理栄養士・栄養士	調理担当者	子ども
	対象の子どもに関する業務	食事作りに関する業務	

1 栄養管理の目標を明確にする
食事提供の目標を設定する

2 目標を明確にするために現在の状態を明らかにする(実態把握＝アセスメントの実施)
1. 施設での食事の摂取状況，摂取量を把握
2. 施設以外での食事の状況を把握
3. 身体状況（身長・体重など）を把握
4. 活動量の把握
5. 食事摂取に関わる特別なこと，食物アレルギー等に関わる禁忌食品などの確認

3 現在の状態について調べた結果を分析，判定する
発育・発達状況と食事の摂取状況とをあわせて個別に配慮する子どもを明らかにする
施設としての特徴を明らかにする

4 判定結果をもとに具体的な目標立てる
・施設の給食の給与栄養量の設定，献立作成基準の作成，食事計画を立てる
・提供する食事の品質基準を設定する

5 目標を実現するための計画を立てる
保護者への情報提供，施設での盛り付けや食事時間中に注意すべきことについて検討する
期間献立を作成する
・献立を作成する。一定期間の献立を考え献立表及び期間（1ケ月　単位など）献立表を作成する）
・予定献立表は他の職員の意見も聞き（行事，嗜好など）施設として決定する

6 計画を実施する
・作業指示書・作業工程表の作成
・食材料の発注
・衛生管理のポイントの確認
提供する食事の品質管理（検収・調理・盛り付け・配膳），衛生管理，片付けをする
子どもの食べる行動の支援を行う　食べる様子の観察，状況の把握を行う
食事の準備 食事摂取 片付け

7 実施しながら適切に計画が進行しているか途中の経過を観察する（モニタリング）
残菜量（食べ残し量）を確認する
残菜の状況から献立及び調理上の課題を検討する
食事の感想・意見・希望

8 途中で適切に進んでいなかったら計画を修正する
摂取量や摂取状況の情報の共有及び配慮が必要な子どもの確認，献立上の課題の検討をする
提供量，残菜量（食べ残し量）の検討から給与栄養量や献立を見直す

9 一定の期間で実施し得られた（変化した）結果を目標と照らし合わせて確認する(評価)
発育・発達状況を確認する

10 評価結果に基づき，次に改善することを明確にする
給与栄養量，基準献立作成基準，品質基準を見直す
個人ごとの摂食機能，摂取量に適した食事の品質を検討する

栄養管理の水準を高めながら次のサイクルのステップに戻る

注）1～4は9～10と同じことであり，プロセスが繰り返されていることを意味している。
　　施設の職員の配置状況等により職種間の業務分担等は異なることが考えられるが，一例を示した。
出所）厚生労働省雇用均等・児童家庭局：児童福祉施設における食事の提供ガイド―児童福祉施設における食事の提供及び
　　栄養管理に関する研究会報告書，http://www.mhlw.go.jp/shingi/2010/03/dl/s0331-10a-015.pdf（2023.11.15）

図 8.11　児童福祉施設における栄養・調理担当者による PDCA サイクルを踏まえた食事提供の進め方（例）

割合（50％または45％）にこだわることなく，地域特性や各施設の特徴を十分に勘案した上で設定する。また，子どもの食べ方，摂取量，健康・栄養状態を観察しながら食事提供・改善を行うことが重要である。

② 栄養素の基準：エネルギー産生栄養素バランスは，たんぱく質13〜20％未満，脂質20〜30％未満，炭水化物50〜65％未満の範囲内を目安とする。その他の栄養素は，子どもの健康状態及び栄養状態に特に問題がないと判断される場合であっても，ビタミンA，B$_1$，B$_2$，C，カルシウム，鉄，ナトリウム（食塩），カリウム及び食物繊維について考慮するのが望ましい。

(2) ライフステージ別の食事および食物アレルギー対応に関する留意点

① **乳児期の食事**：**乳児期**[*1]は，最も心身の発達がさかんで，乳汁を主な栄養源とした乳汁期を経て，次第に乳汁主体の栄養から他の食物が加わる離乳食へ移行する時期である。授乳および離乳食については，厚生労働省より「授乳・離乳の支援ガイド（2019年改訂版）」が発表されている。授乳は，個別対応が大切であり，個々の状態に応じて授乳の時間，回数，量などの配慮が必要である。また，授乳時に声かけを行うなどのスキンシップをとることも望まれる。**離乳**[*2]は，単に月齢や目安量にこだわるのではなく，子どもの成長・発育状況や日々の様子をみながら離乳食の内容（食品の種類，形態，量）を個々に合わせて無理なく進める。成長の目安は，成長曲線のグラフに体重や身長を記入して，成長曲線のカーブに沿っているか確認する。

② **幼児期の食事**：**幼児期**[*3]は，生涯にわたる食生活を決定づける重要な時期であり，偏食のない規則正しい食事の習慣を身につけることが大切である。幼児期は身体が小さい割に多くの栄養量を必要とするが，消化機能や咀嚼力の発達がまだ不十分のため，1日3回の食事では必要なエネルギーや栄養素量を満たすことが難しい。そのため，間食（おやつ）で栄養素を補う。

③ **保育所給食**：保育所での食事は，① 乳汁栄養，② 離乳食，③ 1〜2歳児食，④ 3〜5歳食の4つに分けられる。**表8.12**，**8.13**に1〜2歳児および3〜5歳児の給与栄養目標量の例を示す。

④ **学童期の食事**：**学童期**[*4]は，来るべき第2次発育急進期である思春期スパートに備えるための重要な時期である。しかし，この時期は食生活の障害を来しやすい時期でもあり，肥満ややせ，朝食欠食の増加，運動不足による身体活動量の減少等の健康課題に対する支援も重要である。

⑤ **思春期の食事**：思春期は，急速な成長をみせる第二次性徴の発現がみられ，心身面の成長に伴って，精神的な不安や動揺が起こりやすい時期である。自分の身体の成長や体調の変化について理解し，食生活や生活習慣を自己管理できるように自立に向けた支援をしていくことが大切である。

⑥ **食物アレルギーのある子どもの食事**：厚生労働省より，保育所におけ

*1 **乳児期** 出生から満1歳までの間の時期。

*2 **離乳** 離乳は，生後5，6ヵ月頃から開始し，12〜18ヵ月頃で完了する。

*3 **幼児期** 満1歳から小学校入学までの時期。

*4 **学童期** 小学校で学ぶ学齢（6〜11歳児）。

るアレルギー対応ガイドライン（2019 年改訂版）が発表されている。安易な食事制限や食品の除去をせず，医師の診断および指示に基づき食事を提供する

表8.12　1〜2歳児（男子）の給与栄養目標量（例）

		エネルギー（kcal）	たんぱく質（g）	脂質（g）	炭水化物（g）	食物繊維（g）	ビタミンA（μgRAE）	ビタミンB₁（mg）	ビタミンB₂（mg）	ビタミンC（mg）	カルシウム（mg）	鉄（mg）	食塩相当量（g）
	エネルギー産生栄養素の適正割合		13%以上20%未満	20%以上30%未満	50%以上65%未満								
A	食事摂取基準（1日当たり）	950	31〜48	22〜32	119〜155	7	400	0.5	0.6	40	450	4.5	3.0
B	昼食＋おやつの比率 [1]	50%	50%	50%	50%	50%	50%	50%	50%	50%	50%	50%	50%
C	1日（昼食）の給与栄養目標量（A × B/100）	475	16〜24	11〜16	60〜78	3.5	200	0.25	0.30	20	225	2.3	1.5
	保育所における給与栄養目標量（Cを丸めた値）	480	20	14	70	4	200	0.25	0.30	20	225	2.3	1.5

注 1）昼食および午前・午後のおやつで1日の給与栄養量の 50 ％を供給することを前提とした。
出所）日本人の食事摂取基準（2020 年版）の実践・運用　特定給食施設等における栄養・食事管理より，一部改編

表8.13　3〜5歳児（男子）の給与栄養目標量（例）

		エネルギー（kcal）	たんぱく質（g）	脂質（g）	炭水化物（g）	食物繊維（g）	ビタミンA（μgRAE）	ビタミンB₁（mg）	ビタミンB₂（mg）	ビタミンC（mg）	カルシウム（mg）	鉄（mg）	食塩相当量（g）
	エネルギー産生栄養素の適正割合		13%以上20%未満	20%以上30%未満	50%以上65%未満								
A	食事摂取基準（1日当たり）	1300	43〜65	29〜44	163〜212	8	500	0.7	0.8	50	600	5.5	3.5
B	昼食＋おやつの比率 [1]	45%	45%	45%	45%	45%	45%	45%	45%	45%	45%	45%	45%
C	1日（昼食）の給与栄養目標量（A × B/100）	585	20〜29	13〜20	74〜96	3.6	225	0.32	0.36	23	270	2.5	1.5
D	家庭から持参する米飯110gの栄養量 [2]	185	4	0	40	0.3	0	0.02	0.01	0	3	0.1	0.0
E	副食とおやつの給与栄養目標量（C − D）	400	16〜25	13〜20	34〜56	3.3	225	0.30	0.35	23	267	2.4	1.5
	保育所における給与栄養目標量（Eを丸めた値）	400	22	17	45	4	225	0.30	0.35	23	267	2.4	1.5

注 1）昼食（主食は家庭より持参）および午前・午後のおやつで 1 日の給与栄養量の 45 ％を供給することを前提とした。
　　2）家庭から持参する主食量は，主食調査結果（過去 5 年間の平均 105 g）から 110 g とした。
出所）日本人の食事摂取基準（2020 年版）の実践・運用　特定給食施設等における栄養・食事管理より，一部改編

・・・・・・・・・・・・・・・・・・・・・　コラム 10　食物アレルギー　・・・・・・・・・・・・・・・・・・・・・

　食物アレルギーを有する子どもの割合は 4.0 ％であり，年齢別では，0 歳 6.4 ％，1 歳 7.1 ％，2 歳 5.1 ％，3 歳 3.6 ％，4 歳 2.8 ％，5 歳 2.3 ％，6 歳 0.8 ％である。原因食品は，鶏卵 39 ％，牛乳 21.8 ％，小麦 11.7 ％，ピーナッツ 5.1 ％，果物 4.0 ％，魚卵 3.7 ％と続く。食物アレルギーの症状は多岐にわたるが，最も多い症状は皮膚・粘膜症状である。複数の臓器に症状が出現する状態をアナフィラキシーと呼び，呼吸器症状の出現はアナフィラキシーショックへ進展するリスクが高まり注意が必要である。また，稀ではあるが，原因物質を「食べる」だけでなく，ごく少量の原因物質を「吸い込む」ことや「触れる」ことでアレルギー症状を起こす子どもがいるため，個々に応じた配慮が必要である。例えば，小麦が含まれた小麦粘土を使った遊び・製作にて，粘土を触ることでアレルギー症状が出ることがある。調理体験（おやつ作りなど）では，用いる食材に対してアレルギーを持っていないか確認が必要である。節分などの豆まきに用いる大豆は，加熱処理してもアレルゲン性は低くならず，発酵によってアレルゲン性が低くなる。豆まきの時は大豆アレルギーの子どもが誤食しないよう，見守りなど配慮が必要である。また，豆まきにピーナッツを使用することもあるが，アナフィラキシーを起こす子どももいるため使用は控えた方がよい。

（参考）厚生労働省：保育所におけるアレルギー対応ガイドライン（2019 年改訂版）
　　　　https://www.pref.fukuoka.lg.jp/uploaded/attachment/203578.pdf (2023.11.15)

ことが大切である。卵，牛乳，大豆などのたんぱく質性食品や，小麦，米等の炭水化物を除去する場合には，身体発育に必要な栄養素が不足しないように，栄養バランスを調整する。除去食を提供する際は，調理時の混入や交差汚染，食事の誤食などの事故を防止するため，施設内で指針を定めておき，緊急連絡先や対処法などについても保護者と確認しておくことが重要である。また，食品の除去や代替え食の対応が困難な場合には，家庭からの協力を得る。

8.3.6 調理システム

施設で提供される食事は，品質管理と衛生管理が徹底された安全なものでなくてはならない。品質管理の目的は，提供する食事の品質を向上させることであり，提供する食事の量と質について献立表を作成し（設計品質），その献立表どおりに調理および提供が行われたか評価を行うこと（適合品質）である。また，保育所給食では献立作成業務を委託することが可能である。

衛生管理面においては，集団給食施設における食中毒を予防するためにHACCP（hazard analysis and critical control points）の概念に基づき，1997（平成9）年に大量調理施設衛生管理マニュアルが作成された。このマニュアルは，同一メニューを1回300食以上または1日750食以上を提供する調理施設に適用されるものである。乳幼児を中心とした子どもは，いったん食中毒に罹ると重症化しやすいため，児童福祉施設のような小規模な施設においても可能な限りこのマニュアルに基づく衛生管理を行い，食中毒を予防することが望ましい。また，児童福祉施設の設備及び運営に関する基準（第32条の2）に規定される各要件（栄養士による栄養指導体制やアレルギー，アトピー等の配慮等）を満たす保育所および幼保連携型認定こども園において，満3歳以上の児童に対する食事の調理を施設外で行い，搬入（外部搬入）することが可能であるが，調理業務を委託した場合でも，施設の業務として毎回検食を行い，食事の安全を確認する。

8.3.7 会計管理（給食の費用，材料費等）

児童福祉法（第2条）には，「国及び地方公共団体は，児童の保護者と共に，児童を心身共に健やかに育成する責任を負う」と記されている。施設の運営費用については，児童福祉法を元に細かな規定が設けられており，主として国庫，都道府県，市町村による負担金からなる。一部は，本人またはその扶養義務者から家計に与える影響を考慮して負担能力に応じた額を徴収する。2019年（令和元年）10月より，幼児教育・保育の無償化が始まり，幼稚園，保育所，認定こども園などを利用する3～5児クラスの子ども，住民税非課税世帯の0～2歳児クラスまでの子どもの利用料が無料になった。しかし，給食に要する材料費（主食費，副食費）については，在宅で子育てをする場合でも生じる費用であることから，保護者が負担することが原則となる。また，昨

　多くの保育所で誤食が起きており，医療機関の受診が必要になっているケースもみられる。誤食の主な発生要因は，① 人的エラー(配膳ミス，誤配，原材料の見落とし，伝達漏れなど)，② ① を誘発する原因として，煩雑で細分化された食物除去の対応，③ 子どもが幼少のために自己管理できないことなどが挙げられる。人的エラーの対策としては，食事内容を記載した配膳カードを作成し，食物アレルギーを有する子どもの調理，配膳，食事の提供までの間に 2 重，3 重のチェック体制をとること，アレルギー食は食器の色などを変えて注意喚起することなどが挙げられる。煩雑で細分化されすぎた食物除去の対応は誤食の誘因となるため，できるだけ単純化された対応を基本とする。また，安全確保に必要な人員を配置し，管理を行うことが必要である。

　特に人や場所が切り替わる場面(例えば，調理担当と盛付担当が異なる場合，調理担当者から保育士等に食事を引き渡す場合など)で，誤食につながるエラーが起きやすい。そのため，調理担当者だけでなく，園の職員全員がアレルギー食に関する情報を共有，確認することが大事である。確認の際は，声出し，指差し，復唱，記録をとるなどして徹底かつ慎重に行う。

(参考) 厚生労働省：保育所におけるアレルギー対応ガイドライン(2019 年改訂版)
　　　 https://www.pref.fukuoka.lg.jp/uploaded/attachment/203578.pdf（2023.11.15）

　今の物価高騰の影響を受けて，給食の材料費に係る費用が上昇している。保育所等の施設で提供される給食の質を維持するとともに，保護者の負担軽減を図る必要性が高まっており，保育所等を運営する事業者へ補助金を交付することを定めた市町村もある。

8.4　障害者支援施設(障害者総合支援法；旧障害者自立支援法)

8.4.1　施設の特徴

　障害者支援施設とは，障害者総合支援法第 1 章第 5 条 11 により「障害者につき，施設入所支援を行うとともに，施設入所支援以外の施設障害福祉サービスを行う施設」と規定されている施設である。要約すると，障害のある人に対して，主として夜間に入浴，排せつ，食事等の介護などの支援を行うとともに，日中にも生活介護，自立訓練，就労移行支援などの障害福祉サービスを提供する施設のことをいう。

　障害福祉サービスは，介護の支援を受ける場合には「介護給付」，訓練等の支援を受ける場合には「訓練等給付」に位置付けられる(表8.14)。

　施設の設置者は国，社会福祉法人，医療法人など，表8.15 に示すとおりである。施設長は，社会福祉法第 19 条第 1 項各号のいずれかに該当する者若しくは社会福祉事業に 2 年以上従事した者又はこれらと同等以上の能力を有すると認められる者でなければならない，とされる。

　経営方針は施設ごとに設定されるが，多くの施設が利用者の人権を擁護・尊重することを基本に，良質なサービスを効率よく提供することを掲げている。

　各施設で提供される給食は，利用者(入所者や通所利用者等)の健康の維持・

表 8.14 障害福祉サービス等の体系（介護給付・訓練等給付）

			サービス内容
訪問系	介護給付	居宅介護	自宅で入浴・排せつ・食事の介護等を行う
		重度訪問介護	重度の肢体不自由者又は重度の知的障害者もしくは精神障害により行動上著しい困難を有するものであって常に介護を必要とする人に，自宅で入浴，排泄，食事の介護，外出時における移動支援，入院時の支援等を総合的に行う（日常生活に生じる様々な介護の事態に対応するための見守り等の支援を含む。）
		同行援護	視覚障害により，移動に著しい困難を有する人が外出する時，必要な情報提供や介護を行う
		行動援護	自己判断能力が制限されている人が行動するときに，危険を回避するために必要な支援，外出支援を行う
		重度障害者等包括支援	介護の必要性がとても高い人に，居宅介護等複数のサービスを包括的に行う
日中活動系		短期入所	自宅で介護する人が病気の場合などに，短期間，夜間も含めた施設で，入浴，排せつ，食事の介護等を行う
		療養介護	医療と常時介護を必要とする人に，医療機関で機能訓練，療養上の管理，看護，介護及び日常生活の世話を行う
		生活介護	常に介護を必要とする人に，昼間，入浴，排せつ，食事の介護等を行うとともに，創作的活動又は生産活動の機会を提供する
施設系		施設入所支援	施設に入所する人に，夜間や休日，入浴，排せつ，食事の介護等を行う
居住支援系		自立生活援助	一人暮らしに必要な理解力・生活力等を補うため，定期的な居宅訪問や随時の対応により日常生活における課題を把握し，必要な支援を行う
		共同生活援助	夜間や休日，共同生活を行う住居で，相談，入浴，排せつ，食事の介護，日常生活上の援助を行う
訓練系・就労系	訓練等給付	自立訓練（機能訓練）	自立した日常生活又は社会生活ができるよう，一定期間，身体機能の維持，向上のために必要な訓練を行う
		自立訓練（生活訓練）	自立した日常生活又は社会生活ができるよう，一定期間，生活能力の維持，向上のために必要な支援，訓練を行う
		就労移行支援	一般企業等への就労を希望する人に，一定期間，就労に必要な知識及び能力の向上のために必要な訓練を行う
		就労継続支援（A型）	一般企業等での就労が困難な人に，雇用して就労の機会を提供するとともに，能力等の向上のために必要な訓練を行う
		就労継続支援（B型）	一般企業等での就労が困難な人に，就労する機会を提供するとともに，能力等の向上のために必要な訓練を行う
		就労定着支援	一般就労に移行した人に，就労に伴う生活面の課題に対応するための支援を行う

出所）厚生労働省ホームページ

増進に必要な栄養を供給するだけでなく，楽しい食事による情緒の安定，望ましい食習慣の習得および栄養・衛生の知識の向上等，利用者の健康管理および生活指導において意義を有するものであることが求められる。摂食行為に困難を伴うことが多い障害者福祉施設においては，栄養の不足，おいしく食べることができない，誤嚥や窒息などの危険に晒されるため，医療機関とも連携をとりながら，食事の形態や栄養教育の在り方を見直し，「おいしく，楽しく，安全な」給食を実現していく必要がある。また，常食から流動食までのどの食種においても，行事食を取り入れることや配膳などの工夫により，給食をひとつのイベントとして提供することも，給食を有意義にするための大切な要素である。

8.4.2 利用者とその特徴

障害者支援施設に入所または通所しているのは，身体障害者，知的障害者，

① 持ちやすい箸　　　　　② 曲がるスプーン＆フォーク　　③ ケンジー
　　　　　　　　　　　　　　　　　　　　　　すくう，つまむ，刺す，切る（柔らかい
　　　　　　　　　　　　　　　　　　　　　　物），のせる，引っかけるの6役をこなす。

出所) 大田仁史監修：完全図解　新しい介護，講談社（2003）などを参考に作成

図 8.12　使いやすい食具の例

精神障害者（発達障害を含む），政令で定める難病等により障害がある 18 歳以上の者である。18 歳未満の障害児については，児童福祉法に基づく障害児入所施設等が該当する。障害者支援施設における給食利用者の大きな特徴は何らかの障害を有していることである。その障害の特性や程度は個人によって異なり，個別対応を必要とする場合が多い。

　特に疾病を抱えておらず，特別な食事指導や食事療法，食事制限のない者もいるが，身体特性や生活環境は健常者とは異なることに留意する必要がある。

　利用者にとってどのようなことが必要であるかニーズ調査を行い，利用者の障害の程度や，どのような食形態であれば食事がスムーズにできるのかを理解し，適切な対応をすることが求められる。食事に関しては，健常者が使用する食器では使いにくい場合が多いため，介護用の使いやすい箸，スプーン，フォーク，各種の器などを利用して，利用者本人と介護者双方のストレスを軽減させることが大切である（図8.12）。また，摂食・嚥下障害がみられる場合もあるため，誤嚥等に配慮する必要がある。

8.4.3　栄養・食事管理

　障害者は，健常者とは身体特性や生活環境が異なるため，「健康な個人または集団」を対象にしている「日本人の食事摂取基準」を，そのまま適用することはできない。このため，障害者個々人の栄養アセスメントおよび継続的な経過をみながら，障害者個々人の状況に応じたエネルギーや栄養素を設定する必要がある。しかし，障害者のエネルギー，栄養素の適切な摂取量については，具体的な数値を示す根拠は不十分であるため，障害者施設においても食事摂取基準を活用して栄養計画が立てられているのが現状である。そこから，少しでも障害者個々人の状況に対応したエネルギーや栄養素を設定する必要がある。また，個人の障害状況に合わせた食事の形態を検討することも重要となる。

　障害者には自分で食事ができない人も多く，その食事内容や量も適切かどうか，その判断も難しいのが実状である。このためにも障害内容・程度に応

じたエネルギーや栄養素の適正量の実践データの集積が必要である。

また, 知的障害者施設においては, 比較的軽度ではあるものの貧血の頻度が高く, その貧血は一般的な鉄欠乏性貧血とは異なり, 90 ％以上は溶血性貧血や再生不良性貧血であることや, 男性の方が女性より多いこともわかっている。このような貧血においては, BMI の低値, 服薬などの影響, 口腔内不衛生からの歯周疾患による慢性炎症の可能性が考えられることから, これらに注意を払う必要がある。

また, 栄養ケア計画等に基づき, 利用者の身体状況や栄養状態のほか, 摂食機能状況や生活状況を把握し, 栄養アセスメントを踏まえた食事提供が必要となる。常に喫食状況を把握し, 栄養状態を体重変化や血液生化学データなどから確認して, 評価し, 必要に応じて改善しなければならない。

8.4.4 生産管理

通常の生産管理システムで対応できるが, 施設によっては, 調理後の加工(一口の大きさにカット, とろみをつける等)の作業が加わることが, 健常者対象の施設と異なる点といえる。このため, 調理後の加工時間と給食提供時間を考慮して, 料理のできあがり時間を設定し, 加工作業中の温度変化に留意する必要がある。健常者の施設と異なり, 調理後の加工が必要であることを考慮すると, 細菌増殖の温度帯を避け, 誤嚥とともに食中毒を防ぐためにも, 食事の温度管理のできる機器(温・冷配膳車等)が必要となる場合もある。

また, HACCP に基づく衛生管理や, **摂食・嚥下障害**等に対応するため, 食材の温度時間管理(TT管理)ができる機器(スチームコンベクション, ブラストチラー等)の導入・活用が勧められる。

8.4.5 献立の特徴

障害内容・程度はさまざまであり, 同じ体格であっても必要なエネルギーや栄養素量には違いがある。さらに, 障害者の適正体重や, 身体活動レベル, 障害の程度に応じた適切なエネルギー量および栄養素摂取量の根拠が不十分であることから, 食事摂取基準を参考に障害者の性, 年齢, 身長・体重, 身体活動レベルをもとに提供すべきエネルギーおよび栄養素量を設定している。常食の場合は, 硬すぎるものは避ける傾向とした上で, 健常者と類似の献立を用いることもできる。

たとえば利用者の手がうまく動かない場合, 食べにくいことが原因で食事をあまり食べようとせず, 摂取栄養量の不足につながったり, 食べやすいも

表8.15 経営主体の区分

公営	国
	都道府県
	指定都市
	中核市
	その他の市・町村
	一部事務組合・広域連合
私営	社会福祉事業団
	社会福祉事業団以外の社会福祉法人
	日本赤十字社
	医療法人
	学校法人
	宗教法人
	公益法人である社団
	公益法人である財団
	特定非営利活動法人(NPO)
	営利法人(株式・合名・合資・合同会社)
	その他の法人
	個人
	その他

のだけを食べるなど摂取栄養の偏りがみられたりすることも考えられる。最近では介護用の食器を利用したり，主食や主菜を手で食べられる形（おにぎりなど）にしたりする工夫が求められる。

　また，発達障害や知的障害，加齢などのため，咀嚼，摂食・嚥下機能に障害がみられる場合には，一口で摂取できる大きさにカットしたり，**とろみ剤**などを利用したりする食形態（**嚥下食**）が必要となる。刻み食やミキサー食などの利用では，その特性を理解し，歯にはさまったり舌に残ったりするということを考慮することが大切である。咀嚼・食塊形成・嚥下機能のどこに問題があるかを踏まえて，細かくするより，やわらかく，飲み込みやすく調理することや，とろみをつけることを実施しながら対応する。また，水分はむせやすいため，脱水症状にも気をつける。水，お茶，スポーツドリンクなどにゼラチン等でとろみをつけることにより，飲み込みやすくなり，脱水が改善できることもある。

　また，栄養アセスメントを踏まえた食事提供も大切であるが，食事に対するモチベーションを下げないために，個別の嗜好に配慮することが求められる。

8.4.6　施設・設備における条件等

　施設の構造設備については，障害者の日常生活及び社会生活を総合的に支援するための法律に基づく障害者支援施設の設備及び運営に関する基準の第2章第6条に示されている。利用者の特定に応じて工夫され，かつ，日照，採光，換気等，利用者の保健衛生に関する事項や防災について考慮される必要がある。

　給食に関する設備に関しては，食堂について考慮することが求められる。肢体不自由等の場合，テーブルや椅子の高さ次第で，食べにくくなったり食べやすくなったりすることもあり，摂食率に影響がでることも考えられる。食べ物を上手に飲み込むための姿勢（安定した座位姿勢）がとれるように，テーブルは高すぎないこと，椅子は背もたれがあって安心できること，かかとが床にしっかりつく高さであること等を考慮することで，食事がしやすくなる可能性は高くなる。

　また，箸を使うには指先の細かい動きが必要とされるため，ストレスとなることもある。最近では市販品で，使いやすい箸，スプーン，フォーク，各種の器などがあるため，個人に合ったこれらの食具や食器を利用してストレスを軽減させることも大切である（図8.12）。

8.4.7　会計管理

　障害者福祉施設における給食に関する収入は，利用者との契約に基づき，1食ごとに支払われる「**食費収入**」と**栄養マネジメント加算**や**療養食加算**などの「**障害福祉サービス報酬**」からなる。障害福祉サービスを提供する医療機

関では，利用者から食事代として1食ごとに支払われる「標準負担額（定額）」と入院時食事療養費や栄養管理実施加算などの「**診療報酬**」からなる。

8.4.8　給食と栄養教育の関係

　食べるということは人生の大きな楽しみのひとつであり，給食の場は，利用者同士，あるいは，利用者と施設関係者とのコミュニケーションを図る場でもある。利用者個々人の主体性を大切にすることで，自ら食べようとする意欲が引き出され，食事を楽しむことができる。また，食べることや給食の時間が苦痛にならないように，食べやすく満足できる食事内容の工夫や，関わり方が求められる。さらに，栄養教育は，利用者とのコミュニケーションの上に成り立つという意識をもち，共に食事を楽しむ姿勢ももつことや，生きた教材として給食を用いることも大切となる。

　健康の維持・増進を図るためには，良好な栄養状態を確保し，安全に食事ができることが重要である。低栄養や脱水を予防し，便秘の改善，誤嚥や窒息に留意した食事内容の改善と，利用者個々人への細かな対応が必要となる。

　利用者の健康の維持・増進を図るためには，食事，運動，休養の調和のとれた生活習慣を身につける必要がある。摂食機能に留意し，栄養状態が改善すれば，体力の向上のみならず，生活リズムが整い，感覚が磨かれ，情緒が安定することにもつながる。このことを踏まえて，おいしく安全な給食を実施し，栄養教育を行うためには，健康状態を明確に訴えることが難しい障害者に対しては，特に観察力が必要である。摂食・嚥下に関する専門的な知識と理解，高度な技術を身につけ，利用者一人ひとりの課題を見つけて実践し，常に振り返りながら栄養教育を進めていく姿勢が求められる。利用者に直接栄養教育を実践する場合には，特にわかりやすい言葉選びや明快かつゆっくりした話し方などが大切である。

　障害者支援施設は，管理栄養士配置施設の指定基準において二号施設とされるため，継続的に1回500食以上または1日1,500食以上の食事を提供する施設でなければ，管理栄養士の必置義務はない。栄養士に関しても必置義務，努力目標などが定められていないのが現状である。障害者総合支援法に基づく障害者支援施設の設備及び運営に関する基準第29条5には，「障害者支援施設に栄養士を置かないときは，献立の内容，栄養価の算定及び調理の方法について保健所等の指導を受けるよう努めなければならない。」とされている。しかし，上記のように，給食と栄養教育の関係は深く，対象が障害者であることから，食の知識を有する専門職として栄養士が配置されることが望ましいと考えられる。

　障害者支援施設は，障害者総合支援法（旧障害者自立支援法）に基づいて運営されている。

障害者に関する施策は，2003（平成15）年からノーマライゼーションの理念に基づいて導入された支援費制度の施行によって，従来の措置制度から大きく転換した。2006（平成18）年から施行されていた「障害者自立支援法」は，それまでの課題を解消するために，2013（平成25 ）年から「障害者の日常生活及び社会生活を総合的に支援するための法律（略して障害者総合支援法）」へ移行された。これは，地域社会における共生の実現に向けて新たな障害保健福祉施策を講ずるための関係法律の整備に関する法律ということで閣議決定され，障害者の定義に難病等を追加し，2014 年から，重度訪問介護の対象者の拡大，ケアホームのグループホームへの一元化などが実施されているものである。

管理栄養士・栄養士配置規定について，障害者支援施設は健康増進法（施行規則第 7 条第 2 項）の第 2 号施設にあたるため，継続的に 1 回 500 食以上または 1 日 1500 食以上の食事を供給する場合には管理栄養士を置かなければならない（第 1 章 表 1.1 参照）。

8.5 学校（学校給食法）

8.5.1 給食の意義と目的

1954（昭和 29）年に**学校給食法**[*1]（school lunch program act）（昭和 29 年 6 月 3 日法律第 160 号，最終改正：平成 27 年 6 月 24 日法律第 46 号）が制定されて以来，**学校給食**[*2]は教育の一環として実施されるようになった。

2009（平成 21）年に改正された学校給食法では，第 1 条において，「学校給食が児童及び生徒の心身の健全な発達に資するものであり，かつ，児童及び生徒の食に関する正しい理解と適切な判断力を養う上で重要な役割を果たす

① 適切な栄養の摂取による健康の保持増進を図ること。
② 日常生活における食事について正しい理解を深め，健全な食生活を営むことができる判断力を培い，及び望ましい食習慣を養うこと。
③ 学校生活を豊かにし，明るい社交性及び協同の精神を養うこと。
④ 食生活が自然の恩恵の上に成り立つものであることについての理解を深め，生命及び自然を尊重する精神並びに環境の保全に寄与する態度を養うこと。
⑤ 食生活が食にかかわる人々の様々な活動に支えられていることについての理解を深め，勤労を重んずる態度を養うこと。
⑥ 我が国や各地域の優れた伝統的な食文化についての理解を深めること。
⑦ 食料の生産，流通及び消費について，正しい理解に導くこと。

ものであることにかんがみ，学校給食及び学校給食を活用した食に関する指導の実施に関し必要な事項を定め，もって学校給食の普及充実及び学校における**食育**の推進を図ること」としている。また第2条では，義務教育諸学校において教育の目的を実現するために，7つの目標が示されている（p.152）。

この他に学校給食にかかわる法律としては，「**特別支援学校の幼稚部及び高等部における学校給食に関する法律**[*2]（昭和32年5月20日法律第118号，最終改正：平成20年6月18日法律第73号）」や「**夜間課程を置く高等学校における学校給食に関する法律**[*3]（昭和31年6月20日法律第157号，最終改正：平成20年6月18日法律第73号）」において，義務教育諸学校以外の児童・生徒の給食についての規定をしている。

8.5.2　組織および運営形態

公立学校の場合，市区町村長が組織のトップとなり，市区町村内に存在する教育委員会の学校給食課が学校給食の管理を行っている。学校内においては，校長をトップとして，副校長（教頭），主幹教諭，教務主任などの管理職と，各教科教諭，養護教諭，栄養教諭（学校栄養職員），事務職員，給食調理員，用務員などで構成されている。学内には給食委員会が存在し，学校，PTA，校医などから組織される。この委員会では，学校の食に関する年間指導計画や給食の内容についての検討が行われる。

学校給食の栄養に関する専門的事項を司る**学校給食栄養管理者**[*4]（school lunch manager）は，学校給食法第7条において以下のように定められている。

（学校給食栄養管理者）
　義務教育諸学校又は共同調理場において学校給食の栄養に関する専門的事項を司る職員（第10条第3項において「学校給食栄養管理者」という。）は，教育職員免許法に規定する栄養教諭の免許状を有する者又は栄養士法の規定による栄養士の免許を有する者で学校給食の実施に必要な知識若しくは経験を有するものでなければならない。

また，学校給食における**栄養教諭**[*5]および**学校栄養職員**[*6]の配置数については，「公立義務教育諸学校の学級編成及び教職員定数の標準に関する法律」（昭和33年5月1日法律第116号，最終改正：令和3年6月11日法律第63号）において規定されている（**表8.16**）。

表8.16　栄養教諭および学校栄養職員の配置人数

方式	学校給食実施対象児童生徒数	配置人数
単独調理場	550人以上の学校	1校に1人
	549人以下の学校	4校に1人
	549人以下の学校数が1以上3以下	市町村に1人
共同調理場	1,500人以下	1人
	1,501～6,000人	2人
	6,001人以上	3人

8.5.3 学校給食の特徴

(1) 対象者の特徴（ニーズ・ウォンツ）

飽食の時代といわれる現代は，子どもたちの周囲には食物があふれ，いつでも簡単に食べ物が手に入る環境で生活している。一方で，家庭生活のあり方も多様化し，家族の生活時間にずれが生じて，家族の団らんは減少し，一人で食事を食べる孤食，それぞれが違った食事を食べる個食などがみられるようになった。さらに，**朝食の欠食**[*1]，偏った食事内容，生活習慣の乱れに伴う不規則な食事時間などが，子どもたちの心身の発達に影響を与えていると指摘され，近年では生活習慣病は成人だけの問題ではなく，子どもたちにとっても大きな問題であると認識されている。このような社会的背景のなか，学校給食の意義は大きい。

また，アレルギーを持つ児童生徒も年々増加している。2022（令和4）年に実施された**アレルギー疾患に関する調査**[*2]の報告書（日本学校保健会）によると，食物アレルギー（food allergy）の有病率は小学校6.1 %，中学校6.7 %であった。またアレルギー原因食物（アレルゲン）は鶏卵や，果実類，甲殻類などが多い（**表8.17**）。食品表示法により表示が義務付けられている食品は7品目であったが，2023（令和5）年に患者数が急増している「くるみ」が追加され8品目になった（**表8.18**）。食物アレルギーは，**アナフィラキシー**[*3]によって命に関わる重篤な症状を引き起こすこともあるため，学校給食においても対策が必要である。多くの小・中学校は，都道府県教育委員会により作成された食物アレルギー対応に関するマニュアルや指針を元に何らかの配慮を行っている。具体的な対策としては，献立表への使用食品等の表示，除去食対応や代替食・特別食対応などが実施されている（図8.13）。

(2) 学校給食の食事内容

学校給食の食事内容については，「**学校給食実施基準**[*4]」に示されている。

表8.17　有症児童・生徒の食物アレルギーにおける原因食物（上位5位）

	小学校 n=270,354	中学校 n=146,015	高等学校 n=98,113	特別支援学校 n=8,066
1位	鶏卵 29.7%	果実類 29.7%	果実類 31.1%	鶏卵 32.7%
2位	果物類 20.3%	鶏卵 22.0%	甲殻類 20.5%	果実類 21.1%
3位	木の実類 16.2%	甲殻類 16.9%	鶏卵 20.0%	甲殻類 19.7%
4位	牛乳・乳製品 ピーナッツ	牛乳・乳製品 10.3%	魚類 11.2%	ピーナッツ 15.1%
5位	13.0%	ピーナッツ 9.9%	ソバ 9.2%	牛乳・乳製品 14.2%

注）学校が食物アレルギーであることを把握している児童・生徒における割合
注）甲殻類はエビ・カニ，木の実類はくるみ・カシューナッツ・アーモンドの合計値
出所）（公財）日本学校保健会：令和4年度アレルギー疾患に関する調査報告書より抜粋

献立作成にあたっては，「学校給食実施基準の施行について（平成25年1月30日24文科ス第494号）」ならびに「学校給食衛生管理基準の施行について（平成21年4月1日21文科ス第6010号）」において，児童・生徒等の健康の保持増進，体位の向上を目指し，かつ教育上の配慮を行うことが求められている。

(3) 学校給食の種類

学校給食には3種の区分がある。これらは学校給食法施行規則（昭和29年9月28日文部省令第24号，最終改正：平成21年3月31日文部科学省令第10号）で規定されている。

a. **完全給食**[*]（full school meal program）：主食（パン，米飯，またはこれらに準ずる食品）＋おかず＋ミルクの給食。

b. **補食給食**（supplementary lunch program）：おかず＋ミルク，またはおかずのみの給食。いずれも主食は持参する。

c. **ミルク給食**（milk lunch program）：ミルクのみの給食。

学校給食における完全給食の実施状況は，小学校で98.4％，中学校で81.4％である（**表8.19**）。

表8.18　食品表示法によるアレルギー表示対象品目

規定	対象となる品目
表示義務 （特定原材料） 8品目	卵，乳，小麦，そば，落花生，えび，かに，くるみ
表示を推奨 （任意表示） （特定原材料に準ずるもの） 20品目	アーモンド，あわび，いか，いくら，オレンジ，カシューナッツ，キウイフルーツ，牛肉，ごま，さけ，さば，大豆，鶏肉，バナナ，豚肉，まつたけ，もも，やまいも，りんご，ゼラチン

注）くるみの表示義務化は2025（令和7）年4月1日から完全施行となる。2024年度までは特定原材料に準ずるものとして任意表示の品目に分類される。

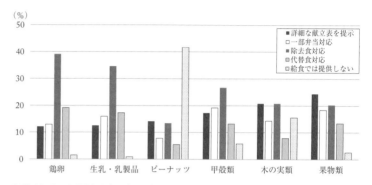

出所）（公財）日本学校保健会：令和4年度アレルギー疾患に関する調査報告書より抜粋

図8.13　原因食物別 学校給食の主な対応

> [*]**完全給食**　給食提供の形態には主食，副食と牛乳を提供する完全給食のほか，牛乳のみを提供するミルク給食，牛乳と副食を提供する補食給食がある。また，主食に米飯を用いるものを米飯給食という。

・・・・・・・・・・・・・・・・・　コラム12　学校給食における食物アレルギー対応　・・・・・・・・・・・・・・・・・

　食物アレルギーの対応では安全性の確保が最優先である。2015（平成27）年に作成された「学校給食における食物アレルギー対応指針」（文部科学省）では，レベル1（原材料を詳細に記した献立表を事前周知），レベル2（一部または完全弁当対応），レベル3（除去食対応），レベル4（代替食対応）の4段階の対応が提示されているが，同時に「原因食物の完全除去対応（完全除去か他の児童と同様に提供するの二択）にする」ことや「学校及び調理場の施設設備，人員等を鑑み，無理な（過度に複雑な）対応は行わない」ことなどが明記されている。少量可，加工食品可など個々で多段階対応すると業務が複雑・煩雑となり，負担が増えるだけでなく事故の温床となるためである。

　また，食物アレルギーは学校で初発することも珍しくないため，ソバや落花生など，微量でもアナフィラキシーを起こしやすい食品は献立に取り入れない場合も多い。さらに，運動強度が高くなる学童期以降は，原因食物の摂取と食後の運動が組み合わさって発症する食物依存性運動誘発アナフィラキシーも起こりうる。原因食物の摂取だけでは発症しないため本人が自覚していないこともあるが，重篤な症状に至ることも多いため注意が必要である。

8.5.4　栄養・食事管理

学校給食摂取基準[*3](school lunch program implementation/operation standard)は，児童生徒の健康の増進及び食育(food education)の推進を図るために望ましい栄養量の基準値を示したものである(表8.20)。適用にあたっては，個々の児童生徒の健康状態及び生活活動等の実態，地域の実情等に十分配慮し，弾力的に運用することが求められている。また，本基準は男女比1：1で算定されているため，実態に合わせてその比率に配慮することも必要である。

学校給食摂取基準における各栄養素の基準値は，食事摂取基準が定めた目標量又は推奨量の3分の1とすることを基本とし，現況の学校給食の栄養摂取状況を踏まえつつ，不足または摂取過剰が考えられる栄養素については，昼食必要摂取量(小学3・5年生および中学2年生が昼食において摂取が期待される栄養量)の中央値程度を学校給食で摂取することとして，食事摂取基準の推奨量又は目標量に対する割合を定めている。また，亜鉛については，基準値に準じて配慮すべき参考値が示されている。

各栄養素の基準値の基本的な考え方は，以下の通りである。

① **エネルギー**：学校保健統計調査により算出したエネルギーを基準値としている。なお，性別，年齢，体重，身長，身体活動レベルなど，必要なエネルギーには個人差が

表8.19　学校給食実施状況

区　分		小学校	中学校
学校数		19,107	9,955
完全給食	学校数	18,857	8,867
	実施率(%)	98.7	89.1
補食給食	学校数	38	26
	実施率(%)	0.2	0.3
ミルク給食	学校数	28	214
	実施率(%)	0.1	2.1
計	学校数	18,923	9,107
	実施率(%)	99.0	91.5

出所) 文部科学省：令和3年度学校給食実施状況調査

表8.20　学校給食摂取基準(幼児・児童・生徒1人1回当たり)

2021年4月1日改正

区分	特別支援学校の幼児(5歳)の場合	児童(6～7歳)の場合	児童(8～9歳)の場合	児童(10～11歳)の場合	生徒(12～14歳)の場合	夜間課程を置く高等学校の生徒の場合
エネルギー(kcal)	490	530	650	780	830	860
たんぱく質(%)範囲※	学校給食による摂取エネルギー全体の13～20%					
脂質(%)	学校給食による摂取エネルギー全体の20～30%					
ナトリウム(食塩相当量)(g)	1.5未満	1.5未満	2未満	2未満	2.5未満	2.5未満
カルシウム(mg)	290、	290	350	360	450	360
マグネシウム(mg)	30	40	50	70	120	130
鉄(mg)	2	2	3	3.5	4.5	4
ビタミンA(μgRE)	190	160	200	240	300	310
ビタミンB₁(mg)	0.3	0.3	0.4	0.5	0.5	0.5
ビタミンB₂(mg)	0.3	0.4	0.4	0.5	0.6	0.6
ビタミンC(mg)	15	20	25	30	35	35
食物繊維(g)	3以上	4以上	4.5以上	5以上	7以上	7.5以上

注1) 表に掲げるもののほか，亜鉛についても示した摂取について配慮すること。
　　亜鉛……5歳：1mg，6～7歳：2mg，8～9歳：2mg，10～11歳：2mg，12～14歳：3mg，15～17歳：3mg
　2) この摂取基準は全国的な平均値を示したものであるから，適用にあたっては，個々の児童生徒の健康状態及び生活活動等の実態，地域の実情等に十分配慮し弾力的に運用すること。

あることから，成長曲線に照らして成長の程度を考慮するなど，個々に応じて弾力的に運用することが求められる。

② **たんぱく質**：食事摂取基準の目標量を用いることとし，学校給食による摂取エネルギー全体の 13 〜 20 ％エネルギーを学校給食の基準値としている。

③ **脂質**：食事摂取基準の目標量を用いることとし，学校給食による摂取エネルギー全体の 20 〜 30 ％エネルギーを学校給食の基準値としている。

④ **ミネラル**

（ア）**ナトリウム**（食塩相当量）：食事摂取基準の目標量の 3 分の 1 未満を学校給食の基準値としている。なお，食塩の摂取過剰は生活習慣病の発症に関連しうるものであり，家庭においても摂取量をできる限り抑制するよう，学校給食を活用しながら，望ましい摂取量について指導することが必要である。

（イ）**カルシウム**：食事摂取基準の推奨量の 50 ％を学校給食の基準値としている。

（ウ）**マグネシウム**：小学生以下については食事摂取基準の推奨量の 3 分の 1 程度を，中学生以上については 40 ％を学校給食の基準値としている。

（エ）**鉄**：食事摂取基準の推奨量の 40 ％を学校給食の基準値としている。

（オ）**亜鉛**：望ましい献立としての栄養バランスの観点から，食事摂取基準の推奨量の 3 分の 1 を学校給食において配慮すべき値としている。

⑤ **ビタミン**：ビタミン A，ビタミン B_1，ビタミン B_2 については，食事摂取基準の推奨量の 40 ％を学校給食の基準値としている。ビタミン C は，食事摂取基準の推奨量の 3 分の 1 を学校給食の基準値としている。

⑥ **食物繊維**：食事摂取基準の目標量の 40 ％以上を学校給食の基準値としている。

8.5.5 生産管理

(1) 生産形態の特徴

給食の実施は，各学校ごとに調理室があり，学校単位で給食を作っている単独調理場方式（independent kitchen system，：自校方式）と，区域内の学校を対象として一括調理し，配送を行う共同調理場方式（central kitchen system）の他に親子方式，デリバリー方式などがある。これらの調理方式は，それぞれの自治体の判断に任され，運営されている。調理する食数は，共同調理方式が最も多く，3 万食ほどを 1 センターで実施している自治体もある。

表8.21　完全給食の調理方式と内容

調理方式	内　　　　容
単独調理場方式 （自校調理方式）	学校敷地内に給食調理室を設置し，その中で調理したものを当該学校の児童・生徒に提供する方式
共同調理場方式 （センター方式）	複数の学校の給食を一括して大量調理する方式で，大量調理された給食が各学校へ配送される方式
親子方式	小学校の給食調理室で自校分の給食と中学校給食の調理を行い，調理された給食を中学校へ配送する方式，もしくはその逆
デリバリー方式	民間調理業者に調理を委託する方式，民間調理場で調理された給食は弁当箱などにより各学校に配送される

　また，最近では，給食業務を外部に委託する割合も増加している。2021（令和3）年度の学校給食実施状況等調査によると，公立の小・中学校においては，調理業務を外部に委託している割合は54.7％で，2016（平成28）年度と比較して8.7ポイント増加している（表8.22）。

表8.22　学校給食における外部委託状況（公立）

区分	調理	運搬	物資購入・管理	食器洗浄	ボイラー管理
2021（令和 3）年	54.7%	47.3%	13.0%	52.3%	28.3%
2016（平成 28）年	46.0%	44.7%	10.0%	43.5%	22.3%
2010（平成 22）年	31.1%	40.7%	8.5%	29.3%	19.6%

※完全給食及び補食給食を実施している学校数に対する外部委託学校数の比率
出所）文部科学省：学校給食実施状況等調査（令和3年度，平成28年度，平成22年度）

(2)　提供形態の特徴[＊1]

　学校給食の多くは単一の献立を提供する**単一献立方式**[＊2]（single menu method）である。この方式の利点としては，摂取基準に基づいた食事が提供でき，栄養管理（nutrition management）が容易である点が挙げられる。一方でメニューが単一なので画一的だともいわれている。しかし最近では**複数献立方式**[＊3]（multiple menu style）の他に，**カフェテリア方式**[＊4]（cafeteria style），**バイキング方式**[＊5]（buffet style）などの方式も導入され，栄養教育の一環として，児童生徒に自ら考えてメニューを選択させる方式が普及しつつある。

8.5.6　安全・衛生管理

　学校給食では，**大量調理施設衛生管理マニュアル**[＊6]（mass cooking facility sanitation manual）の学校給食版である「**学校給食衛生管理基準**（school lunch program implementation standard）」（平成21年3月31日文部科学省告示第64号）に基づいて安全・衛生管理をおこなう。学校給食衛生管理基準は，2005（平成17）年の**栄養教諭制度**発足に伴い一部改正され，さらに2008（平成20）年に食品の選定・購入や検収の際の留意事項の充実，各学校における検食の確実な実施，食品危害情報の連絡体制の充実について一部改正された。また，2011（平成23）年には，より具体的な内容に踏み込んだ「調理場における衛生管理＆調理技術マニュアル」も策定された。

学校給食衛生管理基準において，栄養教諭等(栄養教諭を含む学校給食栄養管理者)は，次の点に留意して献立作成することとされている。

① 学校給食施設および設備ならびに人員等の能力に応じたものとするとともに衛生的な作業工程および作業動線となるよう配慮すること。

② 高温多湿の時期は，なまもの，和えもの等については細菌の増殖が起こらないように配慮すること。

③ 関係保健所等から情報を収集し，地域における感染症，食中毒の発生状況に配慮する。

④ 献立作成委員会等を設ける等により，栄養教諭等，保護者その他の関係者の意見を尊重すること。

⑤ 統一献立を作成するにあたっては，食品の品質管理，または確実な検収を行う上で支障をきたすことがないよう，一定の地域別または学校種別等の単位に振り分けること等により適正な規模での作成に努めること。

8.5.7 施設・設備管理

学校給食の施設・設備については，「**学校給食衛生管理基準**(school lunch program implementation standard)」に定められている。2009(平成 21)年の最終改正では，調理場の区画整理を行い，汚染作業区域，非汚染作業区域，およびその他の区域に区分することとし，また，ドライシステムを導入することを努力目標とした。

8.5.8 会計管理

学校給食の経費は，人件費，施設・設備整備費，運営費等を，学校設置者である市区町村が負担し，食材料費は児童生徒の保護者，定時制高校においてはその生徒が負担することとなっている(学校給食法第 11 条　経費の負担)。保護者負担額は市区町村により異なるが，経費の約 35 〜 50 %位である。**学校給食費**(school lunch fee)の平均月額は公立小学校で約 4,500 円，公立中学校で約 5,200 円で，年間の給食回数は約 190 回である。東京都を例にとると，1 食当たりの学校給食費保護者負担の単価は，平均して小学校で238 〜 272 円，中学校で 313 円であり，これが食材料費予算となる(**表 8.23**)。

表 8.23　学校給食費：1 食当たりの単価(完全給食実施校)

(円)

区分		小学校			中学校
		低学年	中学年	高学年	
平均	保護者負担	237.97	255.28	272.45	312.68
	補助金含	249.87	267.48	284.72	324.41
最高	保護者負担	273.58	278.00	305.25	353.73
	補助金含	380.07	390.07	400.07	420.07
最低	保護者負担	210.00	225.95	236.84	263.58
	補助金含	210.07	226.07	239.57	261.98

出所）東京都教育委員会：令和 4 年度東京都における学校給食の実態

8.5.9 給食と栄養教育の関係

給食は，生きた教材といわれている。

*1　食に関する指導の手引　文部科学省から 2007 年に発行され 2010 年に第 1 次改訂を経て，新学習指導要領等の改訂をふまえ，新たに改訂された。学校における食育の必要性，食に関する指導の目標，食に関する指導の全体計画，各教科などや給食時間における食に関する指導の基本的な考え方や指導方法を取りまとめたものである。

2019(平成 31)年 3 月に文部科学省から公表された「**食に関する指導の手引**—第 2 次改訂版—」*1 では，学校給食は，成長期にある児童生徒の心身の健全な発達のため，栄養バランスのとれた豊かな食事を提供することにより，健康の増進，体位の向上を図ることはもちろんのこと，**食に関する指導**(dietary education)を効果的に進めるための重要な教材として，給食の時間はもとより各教科や総合的な学習の時間，特別活動等において活用することができると示されている。食に関する指導の手引に記載されている指導の目標を以下に記す。

食に関する指導の目標

① 食事の重要性

　食事の重要性，食事の喜び，楽しさを理解する。

② 心身の健康

　心身の成長や健康の保持増進の上で望ましい栄養や食事のとり方を理解し自ら理解していく能力を身につける。

③ 食品を選択する能力

　正しい知識・情報に基づいて，食品の品質及び安全性について自ら判断できる能力を身につける。

④ 感謝の心

　食事を大事にし，食物の生産等にかかわる人々へ感謝する心を持つ。

⑤ 社会性

　食事のマナーや食事を通じた人間関係形成能力を身につける。

⑥ 食文化

　各地域の産物，食文化や食にかかわる歴史等を理解し，尊重する心を持つことを目標に掲げている。

---

*2　食育基本法　国民が生涯にわたって健全な心身を培い豊かな人間性を育むために，国，地方公共団体および国民の取組みとして，食育を総合的，計画的に推進することを目的としている法律(最終改正：平成 27 年 9 月 11 日法律第 66 号)。

2005(平成 17)年 6 月制定の「**食育基本法**(basic act on food education，最終改正平成 27 年 9 月 11 日法律第 66 号)」*2 を受けて，翌 2006(平成 18)年の 3 月には食育推進基本計画(平成 18 年度から 22 年度)が策定，実施された。さらに第 2 次食育推進計画(平成 23 年度から平成 27 年度まで)が策定され，現在(第 4 次食育推進計画(令和 3 年度から令和 7 年度まで))に至っている。新しい計画では，① 生涯を通じた心身の健康を支える食育の推進，② 持続可能な食を支える食育の推進，③「新たな日常」やデジタル化に対応した食育の推進が重点課題として掲げられている。

　具体的な基本計画の目標としては，朝食または夕食を家族と一緒に食べる

「共食」の回数の増加，朝食を欠食する国民の割合の減少（現状値子ども 4.6 %→目標値 0 %），学校給食における地場産物を使用する割合の増加（目標値 90 %）などが挙げられる。

　栄養教諭（diet and nutrition teacher）は，2005（平成 17）年 4 月栄養教諭制度にかかわる「学校教育法等の一部を改正する法律（平成 16 年 5 月 21 日法律第 49 号）」として施行された職種である。

　栄養教諭制度の創設には，生活を取り巻く社会環境が著しく変化し，食生活の多様化が進む中で，朝食をとらないなど子どもの食生活の乱れが指摘されていることが背景にある。そこで，子どもたちが正しい知識に基づいて自ら判断できるように，「食の自己管理能力」や「望ましい食習慣」を身につけさせることが必要となってきている。

　栄養教諭の職務は，食に関する指導と給食管理を一体のものとして行うことにより，地場産物を活用して給食と食に関する指導を実施するなど，教育上の高い相乗効果がもたらされることが期待されている。

　なお，「食に関する指導」とは，① 肥満，偏食，食物アレルギーなどの児童生徒に対する個別指導を行う，② 学級活動，教科，学校行事等の時間に，学級担任等と連携して，集団的な食に関する指導を行う，③ 他の教職員や家庭・地域と連携した食に関する指導を推進するための連絡・調整を行う。一方，「学校給食の管理」とは，給食基本計画への参画，栄養管理，衛生管理，検食，物資管理等である。2022（令和 4）年現在，栄養教諭は全国に 6,843 名いる。

8.6　事業所（労働安全衛生法）

8.6.1　施設の特徴

　事業所給食は産業給食ともいわれ，オフィス，工場，寄宿舎（社員寮），研修所，官公庁，自衛隊などにおいて，事業体に所属する勤労者を対象者として行う給食をさす。労働安全衛生法と労働安全衛生規則，労働基準法，事業所附属寄宿舎規定，建設業附属寄宿舎規定などの関連法規に基づいて設置，運営される。

　事業所給食における栄養士・管理栄養士の配置については，労働安全衛生法および労働基準法によって規定されている（表8.24）。また，事業所附属寄宿舎規定では，寮などの食事について規定している。

　事業所給食の意義は，適正な栄養管理により調製された食事を提供することで利用者の健康の維持・増進に寄与するとともに，労働意欲や作業効率を高めて生産性の向上を図ることにある。とくに，生活習慣病予防のための栄養管理については，健康管理部門（厚生担当）と連携した栄養・食事計画が必

表 8.24　事業所給食における栄養士・管理栄養士配置と関連法規

施設の種類	給食の対象と特徴	規定法令
事 業 所	事業者は，事業場において，労働者に対し，1 回 100 食以上又は 1 日 250 食以上の給食を行うときは，栄養士を置くように努めなければならない。	労働安全衛生法 労働安全衛生規則（第 632 条）
寄宿舎（寮）給食	1 回 300 食以上の給食を行う場合には，栄養士を置かなければならない。	労働基準法 事業所附属寄宿舎規定（第 26 条）

要となる。また，福利厚生の一環として食事を低価格で提供し，経済的負担を低減すること，くつろいだ開放感のある雰囲気をつくり，職場の人間関係の円滑化に貢献することも，その役割に含まれる。

利用者別にみた事業所給食の種類と特徴を表 8.25 にまとめた。病院や学校などの他の給食施設に比べ，食事内容，価格，サービス等に対する利用者の評価が厳しい。一般の外食・中食が競争相手になる場合が多いので，常に市場の動向を意識しながら，新メニュー開発，フェアの企画，喫食スペースの改善などを行い，サービスの充実にも努めなければならない。

事業所給食の**経営形態**には，① **直営方式**，② **委託方式**，③ **部分委託（準委託）方式**，④ **協同組合方式**がある。委託方式の事業所給食における組織の例を図 8.14 に示す。事業所給食の経営は景気などの経済的背景に影響されやすいため，食事の質的確保と経営の双方が成り立つためには効率的な運営計画が求められる。表 8.26 に，事業所給食における主な経営指標の推移を示した。近年は福利厚生の経費が削減され，栄養・食事管理部門の経営合理化と労務対策が進み，給食業務を給食会社に委託する事業体が 90 ％を占める。また，2020 ～ 2022 年のコロナ禍においては，在宅勤務者の増加に伴い経営を縮小した事業所給食施設も多い。委託給食の**契約方式**には，**単価制**[*1]，**管理費制**[*2]，**補助金制**[*3]の 3 つがあるが，喫食数が売上げおよび受託側の利益を左右する単価

表 8.25　利用者別にみた事業所給食の種類と特徴

施設の種類	給食の対象と特徴	給食回数
オフィス給食	デスクワークが中心の事務系従業員が対象。身体活動レベルが低く，ストレスに対する配慮が必要であることが多く，量よりも質的な内容が求められる。 近隣の飲食店，コンビニエンスストアとの競合もあり，選択のできる複数献立方式やカフェテリア方式の導入，食事環境やサービスなどに重点がおかれる。	昼食 1 回（主に平日） 深夜食の提供を行う施設もある
工 場 給 食	有害作業場には，食堂の設置が義務づけられている（労働安全衛生規則第 629 条）。製造作業に従事する従業員が対象。近年は OA 化，機械化により労働量が軽減している上，作業内容により身体活動レベルに差があるため，給与栄養基準量の算出にあたっては仕事内容の十分な把握が必要である。	昼食 1 回のほか，勤務体制に対応して朝食，昼食，夕食，夜食の 4 回提供を行う施設もある
寄宿舎（寮）給食	常時 30 人以上の労働者を寄宿させる寄宿舎には，食堂の設置が義務づけられている（事業附属寄宿舎規定第 24 条）。 入所者である独身者，単身赴任者が対象で若年層が主体であるが，単身赴任者の増加により中高年層も含まれる。日常の食生活の基盤となるので，適切な栄養量はもとより，家庭的な雰囲気，変化のあるメニューづくりへの配慮が求められる。	朝食，夕食の 2 回
研 修 所 給 食	施設利用者の研修期間中に限定された，比較的短期間の給食提供を行う。 一般的な平均研修期間を考慮しながら，サイクルメニューなどの期間設定・立案を行う。 朝食は喫食時間が短く集中するが，夕食は喫食時間が一定でないなどの特徴をふまえ，調理・配膳の工夫が必要である。	昼食 1 回 宿泊時は朝食，昼食，夕食の 3 回

制が，近年増加傾向にある。また，**給食形態**では，**カフェテリア方式**の採用率が**定食方式**の採用率を上回るまでに増加したが，2019 年以降はやや低下している。

8.6.2 利用者とその特徴

事業所給食の対象は，10 代後半から 60 代前半までの幅広い年齢層の男女であり，仕事内容，身体活動レベル，勤務体制も異なる複合的な集団である場合が多い。利用者は一般的には健常者であるが，生活習慣病罹患者やそのリスク者も含まれている。近年の傾向である作業の合理化，OA 化の進展により，労働内容は座位作業や電子制御機器を用いた作業に変化し，身体的活動に比べて精神的活動のウエイトが増え，昼夜体制を支えるための交代勤務も増加している。これらのことは，従業員のエネルギー過剰摂取，食事時間の不規則化，ストレスや局所疲労の増加などの新たな健康問題を生み出している。こうしたなか，事業所では，従業員等の健康管理を経営的視点で考え，戦略的に実践することを目的とする「**健康経営**[*]」が推進されている。経済産業省では 2016 年に，健康経営を実践している大企業や中小企業を顕彰する「健康経営優良法人」認定制度を創設した。認定要件の評価項目には，具体的な健康保持・増進施策として「食生活改善に向けた取り組み」を設けており，社員食堂で健康に配慮した食事を提供することが含まれている。

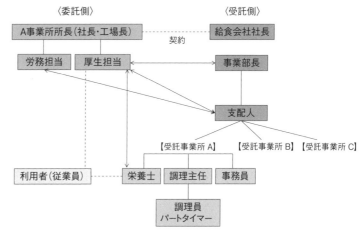

図 8.14 委託方式事業所給食の組織(例)

表 8.26 事業所給食における主な経営指標の推移

区　　分		指　　標			
		2013 年	21 年	22 年	23 年
経営形態	委託	97.4 %	90.1 %	88.6 %	90.3 %
	直営	2.6	9.9	11.4	9.7
委託給食の契約方式	単価制	55.4 %	47.6 %	44.4 %	44.6 %
	単価制＋補助金	4.1	—	1.6	3.1
	管理費制	39.2	49.2	49.2	44.1
	施設賃貸のみ	1.4	3.2	4.8	7.7
給食形態	カフェテリア方式	45.0 %	32.4 %	47.1 %	43.1 %
	定食中心方式	49.7	54.9	40.0	48.6
	弁当給食方式	5.3	12.7	12.9	8.3
事業所当り従事員数(1 日当り総供給数別)	平均	24.5 人	14.0 人	11.7 人	11.5 人
	299 食以下	6.6	5.5	5.5	6.2
	300 〜 499	12.6	11.3	13.2	11.9
	500 〜 999	23.1	26.0	19.2	19.2
	1,000 食以上	44.3	44.0	35.2	39.3
食堂従事員 1 人当り持ち食数(同上)	平均	44.6 食	35.3 食	34.9 食	35.3 食
	299 食以下	26.5	25.8	27.9	25.5
	300 〜 499	31.0	33.7	28.0	32.0
	500 〜 999	31.6	27.9	36.8	37.4
	1,000 食以上	53.8	42.5	44.6	47.3
喫食率(昼食数／利用者数)		55.4 %	37.1 %	35.7 %	37.7 %
回転率(昼食数／席数)		2.0 回	1.2 回	1.2 回	1.2 回

注）民間企業 73 事業所対象
出所）労務研究所：旬刊福利厚生，2377（2023）

＊**健康経営**　従業員等の健康管理を経営的な視点で考え，戦略的に実践すること。日本再興戦略，未来投資戦略に位置づけられた「国民の健康寿命の延伸」に関する取り組みの一つ。

企業理念に基づき，従業員等への健康投資を行うことは，従業員の活力向上や生産性の向上等の組織の活性化をもたらし，結果的に業績向上や株価向上につながると期待されている。経済産業省では，健康経営の各種顕彰制度として，2014 年度から「健康経営銘柄」の選定を，2016 年度には「健康経営優良法人認定制度」を創設した。

「健康経営」は，NPO 法人健康経営研究会の登録商標である。

8.6.3　栄養・食事管理

　図8.15に，事業所給食における栄養・食事管理の進め方を示す。栄養管理システムは，業務運営のための条件と組織を明らかにした上で，利用者の

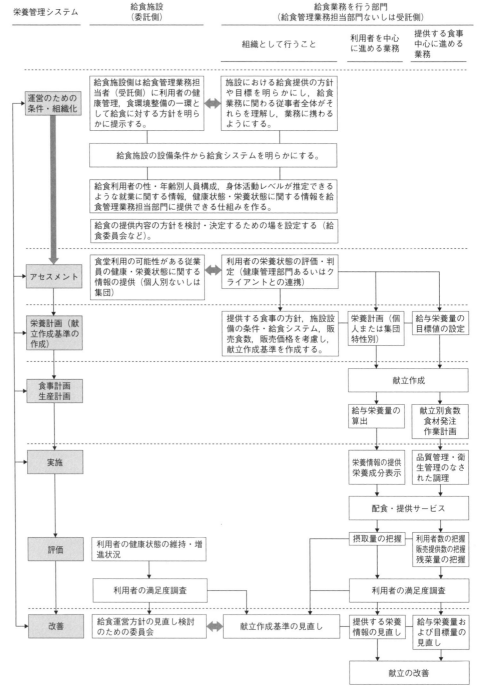

図8.15　事業所給食における栄養管理の進め方

出所）石田裕美ほか編著：特定給食施設における栄養管理の高度化ガイド・事例集，39，第一出版(2007)

アセスメント，栄養・食事・生産計画，実施，評価，改善の一連の流れ（PDCAサイクル）に沿って組み立てる。委託方式の事業所給食を例にとると，栄養管理システムを動かすのは，給食施設設置者（委託側）と給食業務受託事業者（受託側）の双方であるが，それぞれが取り組むべき業務内容を明確にして契約を交わし，契約書によって常にその内容を確認できるようにすることが必要である。受託側の給食管理業務は，① 組織として行う業務（全体の管理業務，**給食委員会***の設置・運営など），② 利用者を中心に進める業務（アセスメント，栄養教育など），③ 提供する食事を中心に進める業務に分けられる。

栄養・食事管理の基本的な考え方は健康増進法施行規則第9条の「栄養管理の基準」に拠るが，医療機関や管理栄養士が複数配置されている施設と異なり，事業所給食施設において自ら単独で利用者のアセスメントのための情報収集を行うことには限界がある。そこで，施設として他部門，他職種が収集した関連データを適切に入手して給食に活用できるよう，施設長や他職種に働きかけ，情報を共有できる体制を構築しておくことが必要である。職域の健診データを給食に活用する仕組みの考え方を**図 8.16** に示す。

栄養計画における給与栄養目標量の設定については，「日本人の食事摂取基準（2005 年版以降）」において，特定給食施設における栄養管理計画に際し，集団を構成するすべての個人に対して望ましい食事を提供することが求められている。しかし，完全に個別対応した食事提供を行うことは現実的には不可能である。そこで，利用者の年齢，性別，身体状況，身体活動レベル，BMI の分布などの情報から，食事摂取基準をもとに個人の栄養必要量を算出したのち，推定エネルギー必要量をベースに適切な許容範囲内で 3 〜 5 段階の食種に集約して給与栄養目標量を設定する（3.3.1 参照）。

8.6.4 生産管理

事業所給食では，施設設置者および利用者から，高品質で安全，かつ低価格の食事を，決められた時間に提供することが求められている。効率的な生産システムの確立と適正なコスト管理が不可欠であるが，まず利用者に対してどのようなメニュー，サービスを提供するべきかといった理念・目標に併せて生産システムが組まれなければならない。

事業所給食の生産システムは，小規模施設では従来からのクックサーブ方式や，弁当方式が中心であるが，大規模施設で

***給食委員会** 特定給食施設における給食運営を適切かつ円滑に進めるための検討機関。栄養委員会，食堂委員会ともよばれる。検討される内容は，献立，費用，食事の品質，サービス（食事回数，提供時間等も含む），行事，健康，栄養教育，苦情処理，給食システム全般にわたる。事業所給食においては，利用者の給食に対するニーズを把握し，給食の質的向上を目指すために，委託側，受託側が相互に意見を交わす場として重要な役割をもつ。

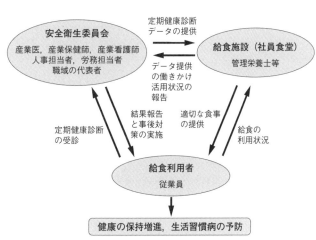

出所）図 8.15 と同じ，85

図 8.16 職域における健診データの給食への活用（考え方の整理）

は1990年代からクックチル方式やクックフリーズ方式も採用されるようになり，HACCP認定の取得，厨房施設のドライ化，料理保存過程における品質管理の徹底に加え，メニューの多角化も進んだ。また，食材料ロスの軽減，調理工程の合理化などのコスト管理を容易にしながら食事の品質水準を維持する上で，半加工食品，カット野菜等や，加工食品の導入も有効である。

8.6.5　献立の特徴

利用者の年齢層，食習慣，嗜好の幅が広いため，多種多様なフードサービス，低価格での販売を展開して利用率の向上を図っている。施設の種類別の献立の特徴については**表8.27**に示した。給食のほかに，一般の外食店，コンビニエンスストアや持ち帰り弁当等の中食も選択肢としてある中で，利用者を獲得するためには，マーケティング活動が不可欠である。定期的にアンケートや各種調査によりニーズを把握し，市場の動向と併せてメニュー内容・種類，食事環境，サービス面に反映させなければならない。メニューを選択する基準の優先順位は，利用者個々によって異なる。「見た目」「価格」「お得感(ボリューム感)」「おいしさの保証(馴染みのあるメニュー)」等は常に上位に挙がるが，「エネルギー控えめ」「塩分控えめ」「野菜多め」等の健康へのニーズや，「待たずに済む」等のニーズもある。

健康経営が注目を集め，後述する特定健康診査および特定保健指導が定着した近年，事業所における健康管理の重要性が急激に高まっている。給食においては，利用者の健康支援に直接結びつく，健康に配慮した献立(ヘルシーメニュー)の充実を図ることが社会的な要請にもなっており，ヘルシーメニュー

表8.27　事業所給食における週間献立の例

カテゴリー		8/29(月)	8/30(火)	8/31(水)	9/1(木)	9/2(金)	9/3(土)	9/4(日)
A set	エネルギー 価格	牛肉と茄子のチーズ焼き 410kcal ￥510	ヒレカツ 493kcal ￥500	チーズエッグハンバーグ 527kcal ￥500	鶏唐揚げおろしポン酢 493kcal ￥500	海老のチリソースハムカツ付き 271kcal ￥500	チキンカツ 519kcal ￥510	肉の生姜焼き 417kcal ￥510
B set	エネルギー 価格	白身魚のピカタ 385kcal ￥450	すずきのバター焼き 269kcal ￥460	鰯の蒲焼き 452kcal ￥460	サワラの西京焼き 493kcal ￥500	鮭の野菜マヨネーズ焼き 256kcal ￥450	鯖の竜田揚げ 452kcal ￥450	ブリの照焼き 250kcal ￥450
C set	エネルギー 価格	カニクリームコロッケ 402kcal ￥400	肉豆腐 332kcal ￥400	回鍋肉 392kcal ￥400	田舎風肉ジャガ 355kcal ￥410	クリームシチュー 402kcal ￥410	きくらげとニラの玉子とじ 272kcal ￥400	肉焼売 312kcal ￥400
丼物	エネルギー 価格	ビビンバ 671kcal ￥450	チャーハン 569kcal ￥450	カツ丼 717kcal ￥500	なし	五目炊き込み御飯 コロッケ付き 652kcal ￥450	なし	なし
麺 大盛￥100増 ミニ丼￥100	エネルギー 価格	鶏そぼろ和風中華 421kcal ￥400	とんこつラーメン 527kcal ￥400	醤油ラーメン 470kcal ￥400	かき揚天 そば・うどん 447kcal ￥350	冷やし中華 490kcal ￥400	冷やしわかめ そば・うどん 345kcal ￥350	冷・温たぬき そば・うどん 484kcal ￥350
カレー		毎日提供	普通 ￥400 ご飯 252kcal 小鉢 38kcal	大盛 ￥500 味噌汁 28kcal 漬物 23kcal				

出所）労務研究所：旬刊福利厚生，2090(2011)

提供の実施率は高い。2018 年にスタートした「健康な食事・食環境」認証制度は，継続的に健康な空間(栄養情報の提供や受動喫煙防止などに取り組んでいる環境)で，基準に合った食事(スマートミール®，略称スマミル)を提供している事業所や店舗を認証する制度である。従業員の健康増進に社員食堂を活用し，給食会社との連携によって食環境整備を積極的に進める企業(事業所)が増えている(コラム 13 参照)。スマートミールの基準を**表 8.28** に示す。ほかにも，table for two (TFT) や，各自治体等が策定したヘルシーメニューなどが導入されている(図 8.17)。

＊労務研究所：旬刊福利厚生. 2377(2023)

8.6.6 会計管理(給食の費用，材料費，人件費等)

民間企業 73 事業所を対象とした 2023 年の調査において，昼食の総コストは近年の物価高騰の影響を受け，例年より 8 ％以上増加していた。また，総コスト(655 円)に占める直接費と間接費の割合は，直接費が 52.7 ％，間接費は 42.3 ％であった。＊食費は福利厚生の一環であるため，事業所側が

表 8.28　スマートミール

厚生労働省の「生活習慣病予防その他の健康増進を目的として提供する食事の目安」等に基づき基準を設定しています。

Smart Meal スマートミール 1食当たりの基準	ちゃんと ☆栄養バランスを考えて「ちゃんと」食べたい 一般女性の方向け 450〜650kcal 未満	しっかり ☆栄養バランスを考えて「しっかり」食べたい 男性や女性の方向け 620〜850kcal※
	(飯の場合)	(飯の場合)
主食　飯，パン，めん類	150〜180 g (目安)	170〜220 g 目安)
主菜　魚，肉，卵，大豆製品	60〜120 g (目安)	90〜150 g (目安)
副菜　野菜，きのこ，海藻，いも	140 g 以上	140 g 以上
食塩相当量	3.0 未満	3.5 g 未満

※ 八訂で栄養計算を行う際の「しっかり」のエネルギー量の基準（下限）は，620〜850Kcal に変更しました。

(1) エネルギー量は，1 食当たり 450〜650 kcal 未満 (通称「ちゃんと」)と，620〜850 kcal※ (通称「しっかり」)の 2 段階とする。

(2) 料理の組み合わせの目安は，①「主食＋主菜＋副菜」パターン，②「主食＋副食 (主菜，副菜)」パターンの 2 パターンを基本とする。

(3) PFC バランスが，食事摂取基準 2015 年版に示された，18 歳以上のエネルギー産生栄養素バランス (PFC%E; たんぱく質 13〜20%E, 脂質 20〜30%E, 炭水化物 50〜65%E) の範囲に入ることとする。

(4) 野菜等 (野菜・きのこ・海藻・いも) の重量は，140g 以上とする。

(5) 食塩相当量は，「ちゃんと」3.0 g 未満，「しっかり」3.5 g 未満とする。

(6) 牛乳・乳製品，果物は，基準を設定しないが，適宜取り入れることが望ましい。

(7) 特定の保健の用途に資することを目的とした食品や素材を使用しないこと。

基準の詳細・科学的根拠はホームページ (http://smartmeal.jp/) でご確認ください。　スマートミールとは

あなたが
ヘルシーランチ
1回食べることで、
誰かが給食1回
食べられるという
世界の新しいしくみ。

同じ地球上に、飢えに苦しむ人と食べ過ぎて不健康になっている人がいます。この相反する問題を同時に解決しようと生まれたのが TABLE FOR TWO です。当プログラムのヘルシーメニュー 1 食につき 20円が、開発途上国の給食1食分として寄付されます。時空を超えて二人で食べよう。

TABLE FOR TWO
www.tablefor2.org

出所）特定非営利活動法人 TABLE FOR TWO International (代表理事　木暮真久) http://www.tablefor2.org/

図 8.17　table for two (TFT)のポスター

負担することがあるが，企業によりその割合は大きく異なる。さらに，総コストに占める本人負担の割合の平均は年々増えており，2005〜2023年で14.0％増加した。かつては直接費を本人が，間接費を会社が負担するのが原則であったが，間接費の一部も本人が負担しているケースが増えている。一方，給食費の精算方式には，カード方式(ID，プリペイド，電子マネー等)，食券方式，現金方式，給与控除方式などがあるが，2023年にはカード方式の採用が70％を超えた。

給食の販売価格は，外食等の低価格メニューとの競合のため，食単価を上げることには限界がある。安易な値上げは利用者の不信感を招くため避けなければならない。給食費の原価のうち，もっとも高率なのは人件費である。経営効率を上げるため，パート雇用による人件費の抑制，提供食数の増加，物流コストの削減等の経営努力が行われている。特に委託方式の場合は給食受託会社が利益を上げる必要があるため，食材料の仕入れ，従業員の給与等で限度いっぱいの節減方法をとっている場合が多い。

8.6.7　給食と栄養教育の関係

1988年より，労働安全衛生法等に基づく**THP**(**total health promotion plan**)[*1]を実施する企業においては，健康診断の結果に基づき，食生活に問題の認められた労働者に対する栄養教育が行われてきた。2008年4月からは，**特定健康診査および特定保健指導**[*2]の実施が事業所に義務付けられ，医療保険者(事業所)が特定健康診査の結果をふまえ，受診者全員に対しての情報提供と，健康の保持に努める必要がある者に対して毎年度計画的に「動機づけ支援」または「積極的支援」を行うこととなった(図8.18)。

…………… **コラム 13　どこでも，誰でも，栄養バランスの良い食事が選べる社会をめざして** ……………
(「健康な食事・食環境」認証制度，スマートミール®)

2015年9月，厚生労働省から，日本人の長寿をささえる「健康な食事」の普及に関する通知が示され，国として初の成人向け「1食単位」の目安である「生活習慣病予防その他の健康増進を目的として提供する食事の普及に係る実施の手引き」が示された。この推進事業として，2018年4月，10の学会等(2023年12月現在，12学会等)から成るコンソーシアムが審査・認証する「健康な食事・食環境」認証が制度化された。「スマートミール®」という通称と，エネルギー量による2段階の食事の通称(「ちゃんと」「しっかり」)は，一般からの応募で決定された。どこでも，誰でも，簡単に栄養バランスの良い食事が選べる社会をめざしていることを伝えている。

核となる「スマートミールの基準」は，先述の「手引き」に示された食事の目安と，「日本人の食事摂取基準」を基本としている(表8.28)。また「認証基準」は，必須項目(7項目)とオプション項目(19項目)を設定しており，ミシュランの星のように，要件を満たすほど獲得する星の数が増えるシステムである。いずれも事業所・店舗が取り組みやすいこと，健康増進に根拠があり，かつ実現可能であることを重視した。5年間で認証事業者数は全国に500件以上となり，大手企業が複数の社員食堂を一括申請するケースや，コンビニエンス・ストアチェーン，外食チェーンの応募も出てきている。

*1　**THP**(**total health promotion plan**)　労働安全衛生法第69条第1項および第70条の2第1項に基づいた，全労働者を対象とした「心とからだの健康づくり」運動。産業医を中心に，産業栄養指導担当者，心理相談担当者，運動指導担当者，産業保健指導担当者がそれぞれの役割を果たし，心身両面の総合的な健康の保持増進を目的として推進されている。

*2　**特定健康診査および特定保健指導**　40歳以上の公的医療保険加入者全員を対象とした保健制度。事業主には内臓脂肪型肥満に着目した健診・保健指導が義務付けられている(厚生労働省令第157号第1条. 平成20年4月施行，平成25年4月改定)。

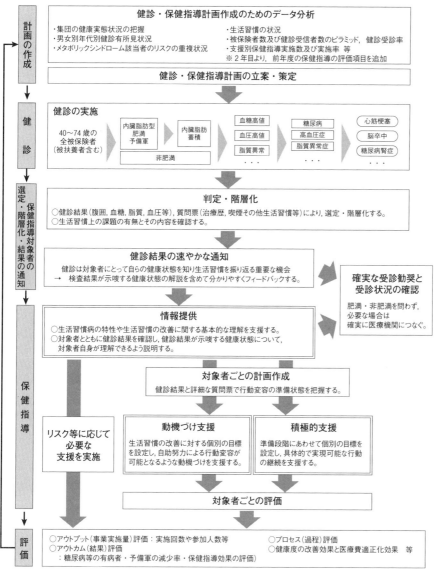

出所）厚生労働省健康局「標準的な健診・保健指導の在り方に関する検討会【改訂版】」(2013)

図 8.18　標準的な健診・保健指導プログラムの流れ（イメージ）

　事業所給食における栄養教育の具体的な方法としては，以下のような例が挙げられる。

① 献立の栄養成分表示

② バランスのよい料理の組合せ方のサンプル展示

③ レジ支払時の食事内容個別評価

④ 栄養知識に関する卓上メモ・ポスター・パネルの設置

⑤ 献立表，社内報，パンフレット・リーフレットなどを利用した健康・栄養情報の提供

⑥ Web を利用した栄養診断・健康管理システム

⑦ 集団栄養教室・サロンの実施

　事業所給食の経営は委託方式が多く，栄養士・管理栄養士は給食事業のみに位置づけられている感がある。しかし，特定多数の者が繰り返し利用する機会である給食には，食事を通して特定保健指導と連携した取組みを展開し，従業員の食生活を望ましい方向に導き，それを定着させられる可能性が大いにある。積極的に栄養教育活動の立案，実施と評価を行うべきである。

【演習問題】

問1　介護保険施設における，目測法による個人の食事摂取量の評価に関する記述である。最も適当なのはどれか。1つ選べ。　　　（2022 年国家試験）

(1) 正確な摂取量を把握できる。

(2) 食べ残し量で摂取量を評価する。

(3) 評価は，評価者個人の基準を用いて行う。

(4) 食べ残したお浸しの汁は，残菜に含める。

(5) 食べこぼした食品は，残菜に含めない。

　解答（2）

問2　介護老人保健施設の給食における危機管理対策である。最も適当なのはどれか。1つ選べ。　　　（2021 年国家試験）

(1) 毛髪の異物混入事故を防止するため，髪をヘアピンで留めてから帽子を被る。

(2) 調理従事者の調理場内での転倒防止のため，床には傾斜を設けない。

(3) 災害・事故発生を想定し，他施設との連携体制を確保する。

(4) 自然災害時の備蓄食品を，1日分確保する。

(5) インシデント報告者名を，施設内に掲示する。

　解答（3）

問3　保育所の給食運営において，認められていない事項である。最も適当なのはどれか。1つ選べ。　　　（2021 年国家試験）

(1) 昼食とおやつ以外の食事の提供

(2) 主食の提供

(3) 献立作成業務の委託

(4) 検食業務の委託

(5) 3 歳児以上の食事の外部搬入

　解答（4）

問4　保育所における 3 歳以上児の栄養・食事計画に関する記述である。最も適当なのはどれか。1つ選べ。　　　（2023 年国家試験）

(1) 給与栄養目標量は，身長・体重の測定結果を参照して定期的に見直す。

(2) たんぱく質の給与目標量は，日本人の食事摂取基準における EAR を

用いて設定する。

(3) カルシウムの給与目標量は，昼食とおやつの合計が1日の給与栄養目標量の1/3を超えないよう設定する。

(4) 1回の昼食で使用する肉の重量は，食品構成表にある肉類の使用重量と一致させる。

(5) 児の嗜好に配慮し，濃い味付けとする。

解答（1）

問5 小・中学校における給食の栄養・食事計画に関する記述である。最も適当なのはどれか。1つ選べ。 （2022年国家試験）

(1) 学校給食摂取基準は，性・年齢別の基準が設定されている。

(2) 献立は，食に関する指導の全体計画を踏まえて作成する。

(3) 残菜量を抑制するために，児童生徒が苦手とする食品の使用を避ける。

(4) 調理従事者の労務費を抑えるために，献立に地場産物を積極的に取り入れる。

(5) 献立作成業務は，学校給食の趣旨を十分に理解した業者に委託する。

解答（2）

問6 社員食堂の現行メニューの販売戦略を立てるため，PPM（プロダクト・ポートフォリオ・マネジメント）を行った（図）。売上成長率は今期以前の売上に対する成長率を示す。分析結果を踏まえた販売戦略として，最も適当なのはどれか。1つ選べ。 （2023年国家試験）

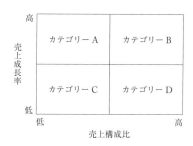

図　PPMマトリックス

(1) カテゴリーAに分類されたメニューは，売上構成比が低いため，廃止する。

(2) カテゴリーBに分類されたメニューは，売上成長率および売上構成比が高いため，積極的な販売促進活動を行う。

(3) カテゴリーCに分類されたメニューは，売上成長率および売上構成比が低いため，販売価格を上げる。

(4) カテゴリーDに分類されたメニューは，売上構成比が高く安定した収益が得られるため，販売価格を下げる。

(5) カテゴリーDに分類されたメニューは，売上成長率が低く，今後の成長が見込めないため，廃止する。

解答（2）

問7 社員証で電子決済ができるカフェテリア方式の社員食堂における，栄養・食事管理の評価に関する記述である。最も適当なのはどれか。1つ選べ。 (2022 年国家試験)

(1) 利用者集団の料理選択行動の課題を，料理の組合せに関する販売記録から評価する。

(2) 利用者個人のエネルギー摂取量を，残食数から評価する。

(3) 利用者集団の栄養状態を，食堂の利用率から評価する。

(4) 利用者個人の給食に対する満足度を，検食簿から評価する。

(5) 微量栄養素の給与目標量を，社員の BMI の分布から評価する。

解答（1）

問8 食単価契約で運営している事業所給食施設において，売上高に伴って変動する費用である。正しいものの組合せはどれか。 (2011 年国家試験)

a 生鮮食品の購入費

b 在庫食品の購入費

c 水光熱費の基本料金

d 常勤従業員の給与

(1) a と b (2) a と d (3) a と c (4) b と c (5) c と d

解答（1）

📖 参考文献・参考資料

井川聡子，松月弘恵編著：給食経営と管理の科学，理工図書（2011）

石田裕美ほか編著：特定給食施設における 栄養管理の高度化ガイド・事例集，第一出版（2007）

市川陽子：「健康な食事・食環境」の認証制度，「スマートミール」，日本調理科学会誌，52，423-425（2019）

一般社団法人日本小児アレルギー学会：食物アレルギー診療ガイドライン 2021 https://minds.jcqhc.or.jp/docs/gl_pdf/G0001331/4/food_allergies.pdf（2023.12.1）

今井孝成，杉崎千鶴子，海老澤元宏：平成 20 年即時型食物アレルギー全国モニタリング調査，アレルギー，**58**（2009）

「学校給食法等の一部を改正する法律」の概要，栄養日本，47（8）（2004）

栄養法規研究会：給食・栄養管理の手引き，新日本法規（2012 追補）

岡本節子：特別養護老人ホームにおける新調理システムに関する調査：十文字女子学園大学紀要，48，171-179（2017）

管理栄養士国家試験出題基準（ガイドライン）改定検討会 https://www.mhlw.go.jp/stf/seisakunitsuite/bunya/0000158814_00001.html

群馬県，特定給食施設・給食施設が行う届出・報告について https://www.pref.gunma.jp/page/2568.html1.（2023.12.25）

公益財団法人 日本学校保健会：令和 4 年度アレルギー疾患に関する調査報告書 https://www.gakkohoken.jp/book/ebook/ebook_R050020/index_h5.html#%E8%A1%A8%E7%B4%99（2023.12.1）

厚生労働省，令和 3 年度介護報酬改定の概要（栄養関連） https://www.mhlw.go.jp/content/10900000/000818036.pdf（2023.12.25）

厚生労働省，養護老人ホームの設備及び運営に関する基準，
　　https://elaws.e-gov.go.jp/document?lawid=341M50000100019（2023.12.25）
厚生労働省，軽費老人ホームの設備及び運営に関する基準，
　　https://elaws.e-gov.go.jp/document?lawid=420M60000100107（2023.12.25）
厚生労働省，特別養護老人ホームの設備及び運営に関する基準
　　https://elaws.e-gov.go.jp/document?lawid=411M50000100046（2023.12.25）
厚生労働省，指定介護老人福祉施設の人員，設備及び運営に関する基準，
　　https://elaws.e-gov.go.jp/document?lawid=411M50000100039（2023.12.25）
厚生労働省，介護老人保健施設の人員，施設及び設備並びに運営に関する基準
　　https://elaws.e-gov.go.jp/document?lawid=411M50000100040（2023.12.25）
厚生労働省，介護医療院の人員，施設及び設備並びに運営に関する基準
　　https://elaws.e-gov.go.jp/document?lawid=430M60000100005（2023.12.25）
厚生労働省，有料老人ホームの設置運営標準指導指針について
　　https://www.mhlw.go.jp/stf/seisakunitsuite/bunya/0000083170.html（2023.12.25）
厚生労働省：授乳・離乳の支援ガイド［2019年改訂版］
　　https://www.mhlw.go.jp/content/11908000/000496257.pdf（2022.1.20）
厚生労働省：日本人の食事摂取基準［2020年版］，第一出版（2020）
厚生労働省：保育所におけるアレルギー対応ガイドライン［2019年改訂版］
　　https://www.mhlw.go.jp/content/000511242.pdf（2022.1.20）
厚生労働省雇用均等・児童家庭局：児童福祉施設における食事の提供ガイド―
　　児童福祉施設における食事の提供及び栄養管理に関する研究会報告書―，
　　http://www.mhlw.go.jp/shingi/2010/03/dl/s0331-10a-015.pdf（2015.12.24）
食事摂取基準の実践・運用を考える会編：日本人の食事摂取基準［2020年版］
　　の実践・運用　特定給食施設における栄養・食事管理，第一出版（2020）
筒井孝子，介護サービス論，13-69，有斐閣（2001）
東京都教育委員会：令和4年度東京都における学校給食の実態
　　https://www.kyoiku.metro.tokyo.lg.jp/administration/statistics_and_research/
　　files/report_index/04kyuusyokujittai.pdf（2023.12.1）
特定非営利活動法人　日本栄養改善学会監修，石田裕美，冨田教代編：給食経
　　営管理論　給食の経営から給食経営管理への展開，医歯薬出版（2013）
特定非営利活動法人　日本栄養改善学会監修，管理栄養士養成のための栄養学
　　教育モデル・コア・カリキュラム準拠第11巻給食経営管理論，169-174，医
　　歯薬出版株式会社（2021）
日本給食経営管理学会監修：給食経営管理用語辞典，第一出版（2011）
文部科学省：学校給食実施基準の一部改正について，
　　http://www.mext.go.jp/b_menu/hakusho/nc/1332086.htm（2023.12.1）
文部科学省：栄養教諭制度の概要，
　　http://www.mext.go.jp/a_menu/shotou/eiyou/04111101/003.htm（2023.12.1）
文部科学省：食物アレルギー対応指針
　　https://www.mext.go.jp/component/a_menu/education/detail/__icsFiles/afield-
　　file/2015/03/26/1355518_1.pdf（2023.12.1）
文部科学省：令和3年度学校給食実施状況等調査
　　https://www.mext.go.jp/content/20230125-mxt-kenshoku-100012603-1.pdf
　　（2023.12.1）
文部科学省：栄養教諭の配置状況
　　https://www.mext.go.jp/a_menu/sports/syokuiku/08040314.htm（2023.12.1）

付　表

1. 大量調理施設衛生管理マニュアル

（平成 9 年 3 月 24 日付け衛食第 85 号別添）

（最終改正：平成 29 年 6 月 16 日付け食安発 0616 第 1 号）

Ⅰ　趣　旨

　本マニュアルは，集団給食施設等における食中毒を予防するために，HACCP の概念に基づき，調理過程における重要管理事項として，
①　原材料受入れ及び下処理段階における管理を徹底すること。
②　加熱調理食品については，中心部まで十分加熱し，食中毒菌等（ウイルスを含む。以下同じ。）を死滅させること。
③　加熱調理後の食品及び非加熱調理食品の二次汚染防止を徹底すること。
④　食中毒菌が付着した場合に菌の増殖を防ぐため，原材料及び調理後の食品の温度管理を徹底すること。
等を示したものである。
　集団給食施設等においては，衛生管理体制を確立し，これらの重要管理事項について，点検・記録を行うとともに，必要な改善措置を講じる必要がある。また，これを遵守するため，更なる衛生知識の普及啓発に努める必要がある。
　なお，本マニュアルは同一メニューを 1 回 300 食以上又は 1 日 750 食以上を提供する調理施設に適用する。

Ⅱ　重　要　管　理　事　項

1．原材料の受入れ・下処理段階における管理
（1）　原材料については，品名，仕入元の名称及び所在地，生産者（製造又は加工者を含む。）の名称及び所在地，ロットが確認可能な情報（年月日表示又はロット番号）並びに仕入れ年月日を記録し，1 年間保管すること。
（2）　原材料について納入業者が定期的に実施する微生物及び理化学検査の結果を提出させること。その結果については，保健所に相談するなどして，原材料として不適と判断した場合には，納入業者の変更等適切な措置を講じること。検査結果については，1 年間保管すること。
（3）　加熱せずに喫食する食品（牛乳，発酵乳，プリン等容器包装に入れられ，かつ，殺菌された食品を除く。）については，乾物や摂取量が少ない食品も含め，製造加工業者の衛生管理の体制について保健所の監視票，食品等事業者の自主管理記録票等により確認するとともに，製造加工業者が従事者の健康状態の確認等ノロウイルス対策を適切に行っているかを確認すること。
（4）　原材料の納入に際しては調理従事者等が必ず立ち会い，検収場で品質，鮮度，品温（納入業者が運搬の際，別添 1 に従い，適切な温度管理を行っていたかどうかを含む。），異物の混入等につき，点検を行い，その結果を記録すること。
（5）　原材料の納入に際しては，缶詰，乾物，調味料等常温保存可能なものを除き，食肉類，魚介類，野菜類等の生鮮食品については 1 回で使い切る量を調理当日に仕入れるようにすること。
（6）　野菜及び果物を加熱せずに供する場合には，別添 2 に従い，流水（食品製造用水[注1] として用いるもの。以下同じ。）で十分洗浄し，必要に応じて次亜塩素酸ナトリウム等で殺菌[注2] した後，流水で十分すすぎ洗いを行うこと。特に高齢者，若齢者及び抵抗力の弱い者を対象とした食事を提供する施設で，加熱せずに供する場合（表皮を除去する場合を除く。）には，殺菌を行うこと。
　　　注 1：従前の「飲用適の水」に同じ。（「食品，添加物等の規格基準」（昭和 34 年厚生省告示第 370 号）の改正により用語のみ読み替えたもの。定義については同告示の「第 1 食品 B 食品一般の製造，加工及び調理基準」を参照のこと。）
　　　注 2：次亜塩素酸ナトリウム溶液又はこれと同等の効果を有する亜塩素酸水（きのこ類を除く。），亜塩素酸ナトリウム溶液（生食用野菜に限る。），過酢酸製剤，次亜塩素酸水並びに食品添加物として使用できる有機酸溶液。

これらを使用する場合，食品衛生法で規定する「食品，添加物等の規格基準」を遵守すること。

2．加熱調理食品の加熱温度管理
　加熱調理食品は，別添2に従い，中心部温度計を用いるなどにより，中心部が75℃で1分間以上（二枚貝等ノロウイルス汚染のおそれのある食品の場合は85〜90℃で90秒間以上）又はこれと同等以上まで加熱されていることを確認するとともに，温度と時間の記録を行うこと。

3．二次汚染の防止
（1）　調理従事者等（食品の盛付け・配膳等，食品に接触する可能性のある者及び臨時職員を含む。以下同じ。）は，次に定める場合には，別添2に従い，必ず流水・石けんによる手洗いによりしっかりと2回（その他の時には丁寧に1回）手指の洗浄及び消毒を行うこと。なお，使い捨て手袋を使用する場合にも，原則として次に定める場合に交換を行うこと。
　　①　作業開始前及び用便後
　　②　汚染作業区域から非汚染作業区域に移動する場合
　　③　食品に直接触れる作業にあたる直前
　　④　生の食肉類，魚介類，卵殻等微生物の汚染源となるおそれのある食品等に触れた後，他の食品や器具等に触れる場合
　　⑤　配膳の前
（2）　原材料は，隔壁等で他の場所から区分された専用の保管場に保管設備を設け，食肉類，魚介類，野菜類等，食材の分類ごとに区分して保管すること。
　　　　この場合，専用の衛生的なふた付き容器に入れ替えるなどにより，原材料の包装の汚染を保管設備に持ち込まないようにするとともに，原材料の相互汚染を防ぐこと。
（3）　下処理は汚染作業区域で確実に行い，非汚染作業区域を汚染しないようにすること。
（4）　包丁，まな板などの器具，容器等は用途別及び食品別（下処理用にあっては，魚介類用，食肉類用，野菜類用の別，調理用にあっては，加熱調理済み食品用，生食野菜用，生食魚介類用の別）にそれぞれ専用のものを用意し，混同しないようにして使用すること。
（5）　器具，容器等の使用後は，別添2に従い，全面を流水で洗浄し，さらに80℃，5分間以上の加熱又はこれと同等の効果を有する方法注3で十分殺菌した後，乾燥させ，清潔な保管庫を用いるなどして衛生的に保管すること。
　　　　なお，調理場内における器具，容器等の使用後の洗浄・殺菌は，原則として全ての食品が調理場から搬出された後に行うこと。
　　　　また，器具，容器等の使用中も必要に応じ，同様の方法で熱湯殺菌を行うなど，衛生的に使用すること。この場合，洗浄水等が飛散しないように行うこと。なお，原材料用に使用した器具，容器等をそのまま調理後の食品用に使用するようなことは，けっして行わないこと。
（6）　まな板，ざる，木製の器具は汚染が残存する可能性が高いので，特に十分な殺菌注4に留意すること。なお，木製の器具は極力使用を控えることが望ましい。
（7）　フードカッター，野菜切り機等の調理機械は，最低1日1回以上，分解して洗浄・殺菌注5した後，乾燥させること。
（8）　シンクは原則として用途別に相互汚染しないように設置すること。特に，加熱調理用食材，非加熱調理用食材，器具の洗浄等に用いるシンクを必ず別に設置すること。また，二次汚染を防止するため，洗浄・殺菌注5し，清潔に保つこと。
（9）　食品並びに移動性の器具及び容器の取り扱いは，床面からの跳ね水等による汚染を防止するため，床面から60cm以上の場所で行うこと。ただし，跳ね水等からの直接汚染が防止できる食缶等で食品を取り扱う場合には，30cm以上の台にのせて行うこと。
（10）　加熱調理後の食品の冷却，非加熱調理食品の下処理後における調理場等での一時保管等は，他からの二次汚染を防止するため，清潔な場所で行うこと。
（11）　調理終了後の食品は衛生的な容器にふたをして保存し，他からの二次汚染を防止すること。

（12）　使用水は食品製造用水を用いること。また，使用水は，色，濁り，におい，異物のほか，貯水槽を設置している場合や井戸水等を殺菌・ろ過して使用する場合には，遊離残留塩素が0.1mg/ℓ以上であることを始業前及び調理作業終了後に毎日検査し，記録すること。

　　　注3：塩素系消毒剤（次亜塩素酸ナトリウム，亜塩素酸水，次亜塩素酸水等）やエタノール系消毒剤には，ノロウイルスに対する不活化効果を期待できるものがある。使用する場合，濃度・方法等，製品の指示を守って使用すること。浸漬により使用することが望ましいが，浸漬が困難な場合にあっては，不織布等に十分浸み込ませて清拭すること。
　　　　（参考文献）「平成27年度ノロウイルスの不活化条件に関する調査報告書」
　　　　（http://www.mhlw.go.jp/file/06-Seisakujouhou-11130500-Shokuhinanzenbu/0000125854.pdf）
　　　注4：大型のまな板やざる等，十分な洗浄が困難な器具については，亜塩素酸水又は次亜塩素酸ナトリウム等の塩素系消毒剤に浸漬するなどして消毒を行うこと。
　　　注5：80℃で5分間以上の加熱又はこれと同等の効果を有する方法（注3参照）。

4．原材料及び調理済み食品の温度管理
（1）　原材料は，別添1に従い，戸棚，冷凍又は冷蔵設備に適切な温度で保存すること。また，原材料搬入時の時刻，室温及び冷凍又は冷蔵設備内温度を記録すること。
（2）　冷凍又は冷蔵設備から出した原材料は，速やかに下処理，調理を行うこと。非加熱で供される食品については，下処理後速やかに調理に移行すること。
（3）　調理後直ちに提供される食品以外の食品は，食中毒菌の増殖を抑制するために，10℃以下又は65℃以上で管理することが必要である。（別添3参照）
　　①　加熱調理後，食品を冷却する場合には，食中毒菌の発育至適温度帯（約20℃～50℃）の時間を可能な限り短くするため，冷却機を用いたり，清潔な場所で衛生的な容器に小分けするなどして，30分以内に中心温度を20℃付近（又は60分以内に中心温度を10℃付近）まで下げるよう工夫すること。
　　　　この場合，冷却開始時刻，冷却終了時刻を記録すること。
　　②　調理が終了した食品は速やかに提供できるよう工夫すること。
　　　　調理終了後30分以内に提供できるものについては，調理終了時刻を記録すること。また，調理終了後提供まで30分以上を要する場合は次のア及びイによること。
　　　ア　温かい状態で提供される食品については，調理終了後速やかに保温食缶等に移し保存すること。この場合，食缶等へ移し替えた時刻を記録すること。
　　　イ　その他の食品については，調理終了後提供まで10℃以下で保存すること。
　　　　この場合，保冷設備への搬入時刻，保冷設備内温度及び保冷設備からの搬出時刻を記録すること。
　　③　配送過程においては保冷又は保温設備のある運搬車を用いるなど，10℃以下又は65℃以上の適切な温度管理を行い配送し，配送時刻の記録を行うこと。
　　　　また，65℃以上で提供される食品以外の食品については，保冷設備への搬入時刻及び保冷設備内温度の記録を行うこと。
　　④　共同調理施設等で調理された食品を受け入れ，提供する施設においても，温かい状態で提供される食品以外の食品であって，提供まで30分以上を要する場合は提供まで10℃以下で保存すること。
　　　　この場合，保冷設備への搬入時刻，保冷設備内温度及び保冷設備からの搬出時刻を記録すること。
（4）　調理後の食品は，調理終了後から2時間以内に喫食することが望ましい。

5．その他
（1）　施設設備の構造
　　①　隔壁等により，汚水溜，動物飼育場，廃棄物集積場等不潔な場所から完全に区別されていること。
　　②　施設の出入口及び窓は極力閉めておくとともに，外部に開放される部分には網戸，エアカーテン，自動ドア等を設置し，ねずみや昆虫の侵入を防止すること。
　　③　食品の各調理過程ごとに，汚染作業区域（検収場，原材料の保管場，下処理場），非汚染作業区域（さらに準清潔作業区域（調理場）と清潔作業区域（放冷・調製場，製品の保管場）に区分される。）を明確に区別すること。なお，各区域を固定し，それぞれを壁で区画する，床面を色別する，境界にテープをは

る等により明確に区画することが望ましい。

④　手洗い設備，履き物の消毒設備（履き物の交換が困難な場合に限る。）は，各作業区域の入り口手前に設置すること。

　　なお，手洗い設備は，感知式の設備等で，コック，ハンドル等を直接手で操作しない構造のものが望ましい。

⑤　器具，容器等は，作業動線を考慮し，予め適切な場所に適切な数を配置しておくこと。

⑥　床面に水を使用する部分にあっては，適当な勾配（100分の2程度）及び排水溝（100分の2から4程度の勾配を有するもの）を設けるなど排水が容易に行える構造であること。

⑦　シンク等の排水口は排水が飛散しない構造であること。

⑧　全ての移動性の器具，容器等を衛生的に保管するため，外部から汚染されない構造の保管設備を設けること。

⑨　便所等

　ア　便所，休憩室及び更衣室は，隔壁により食品を取り扱う場所と必ず区分されていること。なお，調理場等から3m以上離れた場所に設けられていることが望ましい。

　イ　便所には，専用の手洗い設備，専用の履き物が備えられていること。また，便所は，調理従事者等専用のものが設けられていることが望ましい。

⑩　その他

　　施設は，ドライシステム化を積極的に図ることが望ましい。

（2）　施設設備の管理

①　施設・設備は必要に応じて補修を行い，施設の床面（排水溝を含む。），内壁のうち床面から1mまでの部分及び手指の触れる場所は1日に1回以上，施設の天井及び内壁のうち床面から1m以上の部分は1月に1回以上清掃し，必要に応じて，洗浄・消毒を行うこと。施設の清掃は全ての食品が調理場内から完全に搬出された後に行うこと。

②　施設におけるねずみ，昆虫等の発生状況を1月に1回以上巡回点検するとともに，ねずみ，昆虫の駆除を半年に1回以上（発生を確認した時にはその都度）実施し，その実施記録を1年間保管すること。また，施設及びその周囲は，維持管理を適切に行うことにより，常に良好な状態に保ち，ねずみや昆虫の繁殖場所の排除に努めること。

　　なお，殺そ剤又は殺虫剤を使用する場合には，食品を汚染しないようその取扱いに十分注意すること。

③　施設は，衛生的な管理に努め，みだりに部外者を立ち入らせたり，調理作業に不必要な物品等を置いたりしないこと。

④　原材料を配送用包装のまま非汚染作業区域に持ち込まないこと。

⑤　施設は十分な換気を行い，高温多湿を避けること。調理場は湿度80%以下，温度は25℃以下に保つことが望ましい。

⑥　手洗い設備には，手洗いに適当な石けん，爪ブラシ，ペーパータオル，殺菌液等を定期的に補充し，常に使用できる状態にしておくこと。

⑦　水道事業により供給される水以外の井戸水等の水を使用する場合には，公的検査機関，厚生労働大臣の登録検査機関等に依頼して，年2回以上水質検査を行うこと。検査の結果，飲用不適とされた場合は，直ちに保健所長の指示を受け，適切な措置を講じること。なお，検査結果は1年間保管すること。

⑧　貯水槽は清潔を保持するため，専門の業者に委託して，年1回以上清掃すること。

　　なお，清掃した証明書は1年間保管すること。

⑨　便所については，業務開始前，業務中及び業務終了後等定期的に清掃及び消毒剤による消毒を行って衛生的に保つこと[注6]。

⑩　施設（客席等の飲食施設，ロビー等の共用施設を含む。）において利用者等が嘔吐した場合には，消毒剤を用いて迅速かつ適切に嘔吐物の処理を行うこと[注6]により，利用者及び調理従事者等へのノロウイルス感染及び施設の汚染防止に努めること。

　注6：「ノロウイルスに関するQ&A」（厚生労働省）を参照のこと。

（3）　検食の保存

　　検食は，原材料及び調理済み食品を食品ごとに50g程度ずつ清潔な容器（ビニール袋等）に入れ，密封し，－20℃以下で2週間以上保存すること。

　　なお，原材料は，特に，洗浄・殺菌等を行わず，購入した状態で，調理済み食品は配膳後の状態で保存すること。

（4）　調理従事者等の衛生管理

　　①　調理従事者等は，便所及び風呂等における衛生的な生活環境を確保すること。また，ノロウイルスの流行期には十分に加熱された食品を摂取する等により感染防止に努め，徹底した手洗いの励行を行うなど自らが施設や食品の汚染の原因とならないように措置するとともに，体調に留意し，健康な状態を保つように努めること。

　　②　調理従事者等は，毎日作業開始前に，自らの健康状態を衛生管理者に報告し，衛生管理者はその結果を記録すること。

　　③　調理従事者等は臨時職員も含め，定期的な健康診断及び月に1回以上の検便を受けること。検便検査注7には，腸管出血性大腸菌の検査を含めることとし，10月から3月までの間には月に1回以上又は必要に応じて注8ノロウイルスの検便検査に努めること。

　　④　ノロウイルスの無症状病原体保有者であることが判明した調理従事者等は，検便検査においてノロウイルスを保有していないことが確認されるまでの間，食品に直接触れる調理作業を控えるなど適切な措置をとることが望ましいこと。

　　⑤　調理従事者等は下痢，嘔吐，発熱などの症状があった時，手指等に化膿創があった時は調理作業に従事しないこと。

　　⑥　下痢又は嘔吐等の症状がある調理従事者等については，直ちに医療機関を受診し，感染性疾患の有無を確認すること。ノロウイルスを原因とする感染性疾患による症状と診断された調理従事者等は，検便検査においてノロウイルスを保有していないことが確認されるまでの間，食品に直接触れる調理作業を控えるなど適切な処置をとることが望ましいこと。

　　⑦　調理従事者等が着用する帽子，外衣は毎日専用で清潔なものに交換すること。

　　⑧　下処理場から調理場への移動の際には，外衣，履き物の交換等を行うこと。（履き物の交換が困難な場合には履き物の消毒を必ず行うこと。）

　　⑨　便所には，調理作業時に着用する外衣，帽子，履き物のまま入らないこと。

　　⑩　調理，点検に従事しない者が，やむを得ず，調理施設に立ち入る場合には，専用の清潔な帽子，外衣及び履き物を着用させ，手洗い及び手指の消毒を行わせること。

　　⑪　食中毒が発生した時の原因究明を確実に行うため，原則として，調理従事者等は当該施設で調理された食品を喫食しないこと。

　　　　ただし，原因究明に支障を来さないための措置が講じられている場合はこの限りでない。（試食担当者を限定すること等）

　　　　注7：ノロウイルスの検査に当たっては，遺伝子型によらず，概ね便1g当たり10^5オーダーのノロウイルスを検出できる検査法を用いることが望ましい。ただし，検査結果が陰性であっても検査感度によりノロウイルスを保有している可能性を踏まえた衛生管理が必要である。

　　　　注8：ノロウイルスの検便検査の実施に当たっては，調理従事者の健康確認の補完手段とする場合，家族等に感染性胃腸炎が疑われる有症者がいる場合，病原微生物検出情報においてノロウイルスの検出状況が増加している場合などの各食品等事業者の事情に応じ判断すること。

（5）　その他

　　①　加熱調理食品にトッピングする非加熱調理食品は，直接喫食する非加熱調理食品と同様の衛生管理を行い，トッピングする時期は提供までの時間が極力短くなるようにすること。

　　②　廃棄物（調理施設内で生じた廃棄物及び返却された残渣をいう。）の管理は，次のように行うこと。

　　　ア　廃棄物容器は，汚臭，汚液がもれないように管理するとともに，作業終了後は速やかに清掃し，衛生上支障のないように保持すること。

　　　イ　返却された残渣は非汚染作業区域に持ち込まないこと。

　　　ウ　廃棄物は，適宜集積場に搬出し，作業場に放置しないこと。

エ　廃棄物集積場は，廃棄物の搬出後清掃するなど，周囲の環境に悪影響を及ぼさないよう管理すること。

Ⅲ　衛　生　管　理　体　制

1．衛生管理体制の確立
（1）　調理施設の経営者又は学校長等施設の運営管理責任者（以下「責任者」という。）は，施設の衛生管理に関する責任者（以下「衛生管理者」という。）を指名すること。

なお，共同調理施設等で調理された食品を受け入れ，提供する施設においても，衛生管理者を指名すること。

（2）　責任者は，日頃から食材の納入業者についての情報の収集に努め，品質管理の確かな業者から食材を購入すること。また，継続的に購入する場合は，配送中の保存温度の徹底を指示するほか，納入業者が定期的に行う原材料の微生物検査等の結果の提出を求めること。

（3）　責任者は，衛生管理者に別紙点検表に基づく点検作業を行わせるとともに，そのつど点検結果を報告させ，適切に点検が行われたことを確認すること。点検結果については，1年間保管すること。

（4）　責任者は，点検の結果，衛生管理者から改善不能な異常の発生の報告を受けた場合，食材の返品，メニューの一部削除，調理済み食品の回収等必要な措置を講ずること。

（5）　責任者は，点検の結果，改善に時間を要する事態が生じた場合，必要な応急処置を講じるとともに，計画的に改善を行うこと。

（6）　責任者は，衛生管理者及び調理従事者等に対して衛生管理及び食中毒防止に関する研修に参加させるなど必要な知識・技術の周知徹底を図ること。

（7）　責任者は，調理従事者等を含め職員の健康管理及び健康状態の確認を組織的・継続的に行い，調理従事者等の感染及び調理従事者等からの施設汚染の防止に努めること。

（8）　責任者は，衛生管理者に毎日作業開始前に，各調理従事者等の健康状態を確認させ，その結果を記録させること。

（9）　責任者は，調理従事者等に定期的な健康診断及び月に1回以上の検便を受けさせること。検便検査には，腸管出血性大腸菌の検査を含めることとし，10月から3月の間には月に1回以上又は必要に応じてノロウイルスの検便検査を受けさせるよう努めること。

（10）　責任者は，ノロウイルスの無症状病原体保有者であることが判明した調理従事者等を，検便検査においてノロウイルスを保有していないことが確認されるまでの間，食品に直接触れる調理作業を控えさせるなど適切な措置をとることが望ましいこと。

（11）　責任者は，調理従事者等が下痢，嘔吐，発熱などの症状があった時，手指等に化膿創があった時は調理作業に従事させないこと。

（12）　責任者は，下痢又は嘔吐等の症状がある調理従事者等について，直ちに医療機関を受診させ，感染性疾患の有無を確認すること。ノロウイルスを原因とする感染性疾患による症状と診断された調理従事者等は，検便検査においてノロウイルスを保有していないことが確認されるまでの間，食品に直接触れる調理作業を控えさせるなど適切な処置をとることが望ましいこと。

（13）　責任者は，調理従事者等について，ノロウイルスにより発症した調理従事者等と一緒に感染の原因と考えられる食事を喫食するなど，同一の感染機会があった可能性がある調理従事者等について速やかにノロウイルスの検便検査を実施し，検査の結果ノロウイルスを保有していないことが確認されるまでの間，調理に直接従事することを控えさせる等の手段を講じることが望ましいこと。

（14）　献立の作成に当たっては，施設の人員等の能力に余裕を持った献立作成を行うこと。

（15）　献立ごとの調理工程表の作成に当たっては，次の事項に留意すること。
ア　調理従事者等の汚染作業区域から非汚染作業区域への移動を極力行わないようにすること。
イ　調理従事者等の一日ごとの作業の分業化を図ることが望ましいこと。
ウ　調理終了後速やかに喫食されるよう工夫すること。

また，衛生管理者は調理工程表に基づき，調理従事者等と作業分担等について事前に十分な打合せを行うこと。

(16)　施設の衛生管理全般について，専門的な知識を有する者から定期的な指導，助言を受けることが望ましい。また，従事者の健康管理については，労働安全衛生法等関係法令に基づき産業医等から定期的な指導，助言を受けること。

(17)　高齢者や乳幼児が利用する施設等においては，平常時から施設長を責任者とする危機管理体制を整備し，感染拡大防止のための組織対応を文書化するとともに，具体的な対応訓練を行っておくことが望ましいこと。また，従業員あるいは利用者において下痢・嘔吐症の発生を迅速に把握するために，定常的に有症状者数を調査・監視することが望ましいこと。

（別添1）原材料，製品等の保存温度

食　品　名	保存温度
穀類加工品（小麦粉，デンプン）	室温
砂　　　　　糖	室温
食　肉　・　鯨　肉	10℃以下
細切した食肉・鯨肉を凍結したものを容器包装に入れたもの	−15℃以下
食　　肉　　製　　品	10℃以下
鯨　　肉　　製　　品	10℃以下
冷　凍　食　肉　製　品	−15℃以下
冷　凍　鯨　肉　製　品	−15℃以下
ゆ　　で　　だ　　こ	10℃以下
冷　凍　ゆ　で　だ　こ	−15℃以下
生　食　用　か　き	10℃以下
生　食　用　冷　凍　か　き	−15℃以下
冷　　凍　　食　　品	−15℃以下
魚肉ソーセージ，魚肉ハム及び特殊包装かまぼこ	10℃以下
冷　凍　魚　肉　ね　り　製　品	−15℃以下
液　状　油　脂	室温
固　形　油　脂	10℃以下
（ラード，マーガリン，ショートニング，カカオ脂）	
殻　　付　　卵	10℃以下
液　　　　　卵	8℃以下
凍　　結　　卵	−18℃以下
乾　　燥　　卵	室温
ナ　　ッ　　ツ　　類	15℃以下
チ　ョ　コ　レ　ー　ト	15℃以下
生　鮮　果　実　・　野　菜	10℃前後
生鮮魚介類（生食用鮮魚介類を含む。）	5℃以下
乳　・　濃　縮　乳	
脱　　脂　　乳	
ク　　リ　　ー　　ム	10℃以下
バ　　　タ　　　ー	
チ　　ー　　ズ	15℃以下
練　　　　　乳	
清　涼　飲　料　水	室温
（食品衛生法の食品，添加物等の規格基準に規定のあるものについては，当該保存基準に従うこと。）	

182

（別添２）標　準　作　業　書

（手洗いマニュアル）
　１．水で手をぬらし石けんをつける。
　２．指，腕を洗う。特に，指の間，指先をよく洗う。（30秒程度）
　３．石けんをよく洗い流す。（20秒程度）
　４．使い捨てペーパータオル等でふく。（タオル等の共用はしないこと。）
　５．消毒用のアルコールをかけて手指によくすりこむ。
（本文のⅡ3(1)で定める場合には，１から３までの手順を２回実施する。）

（器具等の洗浄・殺菌マニュアル）
　１．調理機械
　　①　機械本体・部品を分解する。なお，分解した部品は床にじか置きしないようにする。
　　②　食品製造用水（40℃程度の微温水が望ましい。）で３回水洗いする。
　　③　スポンジタワシに中性洗剤又は弱アルカリ性洗剤をつけてよく洗浄する。
　　④　食品製造用水（40℃程度の微温水が望ましい。）でよく洗剤を洗い流す。
　　⑤　部品は80℃で５分間以上の加熱又はこれと同等の効果を有する方法[注1]で殺菌を行う。
　　⑥　よく乾燥させる。
　　⑦　機械本体・部品を組み立てる。
　　⑧　作業開始前に70％アルコール噴霧又はこれと同等の効果を有する方法で殺菌を行う。
　２．調理台
　　①　調理台周辺の片づけを行う。
　　②　食品製造用水（40℃程度の微温水が望ましい。）で３回水洗いする。
　　③　スポンジタワシに中性洗剤又は弱アルカリ性洗剤をつけてよく洗浄する。
　　④　食品製造用水（40℃程度の微温水が望ましい。）でよく洗剤を洗い流す。
　　⑤　よく乾燥させる。
　　⑥　70％アルコール噴霧又はこれと同等の効果を有する方法[注1]で殺菌を行う。
　　⑦　作業開始前に⑥と同様の方法で殺菌を行う。
　３．まな板，包丁，へら等
　　①　食品製造用水（40℃程度の微温水が望ましい。）で３回水洗いする。
　　②　スポンジタワシに中性洗剤又は弱アルカリ性洗剤をつけてよく洗浄する。
　　③　食品製造用水（40℃程度の微温水が望ましい。）でよく洗剤を洗い流す。
　　④　80℃で５分間以上の加熱又はこれと同等の効果を有する方法[注2]で殺菌を行う。
　　⑤　よく乾燥させる。
　　⑥　清潔な保管庫にて保管する。
　４．ふきん，タオル等
　　①　食品製造用水（40℃程度の微温水が望ましい。）で３回水洗いする。
　　②　中性洗剤又は弱アルカリ性洗剤をつけてよく洗浄する。
　　③　食品製造用水（40℃程度の微温水が望ましい。）でよく洗剤を洗い流す。
　　④　100℃で５分間以上煮沸殺菌を行う。
　　⑤　清潔な場所で乾燥，保管する。
　　　注１：塩素系消毒剤（次亜塩素酸ナトリウム，亜塩素酸水，次亜塩素酸水等）やエタノール系消毒剤には，ノロウ
　　　　　　イルスに対する不活化効果を期待できるものがある。使用する場合，濃度・方法等，製品の指示を守って使
　　　　　　用すること。浸漬により使用することが望ましいが，浸漬が困難な場合にあっては，不織布等に十分浸み込
　　　　　　ませて清拭すること。
　　　　　　（参考文献）「平成27年度ノロウイルスの不活化条件に関する調査報告書」
　　　　　　（http://www.mhlw.go.jp/file/06-Seisakujouhou-11130500-Shokuhinanzenbu/0000125854.pdf）
　　　注２：大型のまな板やざる等，十分な洗浄が困難な器具については，亜塩素酸水又は次亜塩素酸ナトリウム等の塩

素系消毒剤に浸漬するなどして消毒を行うこと。

（原材料等の保管管理マニュアル）
1．野菜・果物^{注3}
①　衛生害虫，異物混入，腐敗・異臭等がないか点検する。異常品は返品又は使用禁止とする。
②　各材料ごとに，50g 程度ずつ清潔な容器（ビニール袋等）に密封して入れ，－20℃以下で2週間以上保存する。（検食用）
③　専用の清潔な容器に入れ替えるなどして，10℃前後で保存する（冷凍野菜は－15℃以下）
④　流水で3回以上水洗いする。
⑤　中性洗剤で洗う。
⑥　流水で十分すすぎ洗いする。
⑦　必要に応じて，次亜塩素酸ナトリウム等^{注4}で殺菌^{注5}した後，流水で十分すすぎ洗いする。
⑧　水切りする。
⑨　専用のまな板，包丁でカットする。
⑩　清潔な容器に入れる。
⑪　清潔なシートで覆い（容器がふた付きの場合を除く），調理まで30分以上を要する場合には，10℃以下で冷蔵保存する。
　注3：表面の汚れが除去され，分割・細切されずに皮付きで提供されるみかん等の果物にあっては，③から⑧までを省略して差し支えない。
　注4：次亜塩素酸ナトリウム溶液（200mg/ℓで5分間又は100mg/ℓで10分間）又はこれと同等の効果を有する亜塩素酸水（きのこ類を除く。），亜塩素酸ナトリウム溶液（生食用野菜に限る。），過酢酸製剤，次亜塩素酸水並びに食品添加物として使用できる有機酸溶液。これらを使用する場合，食品衛生法で規定する「食品，添加物等の規格基準」を遵守すること。
　注5：高齢者，若齢者及び抵抗力の弱い者を対象とした食事を提供する施設で，加熱せずに供する場合（表皮を除去する場合を除く。）には，殺菌を行うこと。

2．魚介類，食肉類
①　衛生害虫，異物混入，腐敗・異臭等がないか点検する。異常品は返品又は使用禁止とする。
②　各材料ごとに，50g 程度ずつ清潔な容器（ビニール袋等）に密封して入れ，－20℃以下で2週間以上保存する。（検食用）
③　専用の清潔な容器に入れ替えるなどして，食肉類については10℃以下，魚介類については5℃以下で保存する（冷凍で保存するものは－15℃以下）。
④　必要に応じて，次亜塩素酸ナトリウム等^{注6}で殺菌した後，流水で十分すすぎ洗いする。
⑤　専用のまな板，包丁でカットする。
⑥　速やかに調理へ移行させる。
　注6：次亜塩素酸ナトリウム溶液（200mg/ℓで5分間又は100mg/ℓで10分間）又はこれと同等の効果を有する亜塩素酸水，亜塩素酸ナトリウム溶液（魚介類を除く。），過酢酸製剤（魚介類を除く。），次亜塩素酸水，次亜臭素酸水（魚介類を除く。）並びに食品添加物として使用できる有機酸溶液。これらを使用する場合，食品衛生法で規定する「食品，添加物等の規格基準」を遵守すること。

（加熱調理食品の中心温度及び加熱時間の記録マニュアル）
1．揚げ物
①　油温が設定した温度以上になったことを確認する。
②　調理を開始した時間を記録する。
③　調理の途中で適当な時間を見はからって食品の中心温度を校正された温度計で3点以上測定し，全ての点において75℃以上に達していた場合には，それぞれの中心温度を記録するとともに，その時点からさらに1分以上加熱を続ける（二枚貝等ノロウイルス汚染のおそれのある食品の場合は85～90℃で90秒間以上）。
④　最終的な加熱処理時間を記録する。
⑤　なお，複数回同一の作業を繰り返す場合には，油温が設定した温度以上であることを確認・記録し，①

～④で設定した条件に基づき，加熱処理を行う。油温が設定した温度以上に達していない場合には，油温を上昇させるため必要な措置を講ずる。

2．焼き物及び蒸し物
① 調理を開始した時間を記録する。
② 調理の途中で適当な時間を見はからって食品の中心温度を校正された温度計で3点以上測定し，全ての点において75℃以上に達していた場合には，それぞれの中心温度を記録するとともに，その時点からさらに1分以上加熱を続ける（二枚貝等ノロウイルス汚染のおそれのある食品の場合は85～90℃で90秒間以上）。
③ 最終的な加熱処理時間を記録する。
④ なお，複数回同一の作業を繰り返す場合には，①～③で設定した条件に基づき，加熱処理を行う。この場合，中心温度の測定は，最も熱が通りにくいと考えられる場所の一点のみでもよい。

3．煮物及び炒め物
　調理の順序は食肉類の加熱を優先すること。食肉類，魚介類，野菜類の冷凍品を使用する場合には，十分解凍してから調理を行うこと。
① 調理の途中で適当な時間を見はからって，最も熱が通りにくい具材を選び，食品の中心温度を校正された温度計で3点以上（煮物の場合は1点以上）測定し，全ての点において75℃以上に達していた場合には，それぞれの中心温度を記録するとともに，その時点からさらに1分以上加熱を続ける（二枚貝等ノロウイルス汚染のおそれのある食品の場合は85～90℃で90秒間以上）。
　なお，中心温度を測定できるような具材がない場合には，調理釜の中心付近の温度を3点以上（煮物の場合は1点以上）測定する。
② 複数回同一の作業を繰り返す場合にも，同様に点検・記録を行う。

（別添3）

調理後の食品の温度管理に係る記録の取り方について
（調理終了後提供まで30分以上を要する場合）

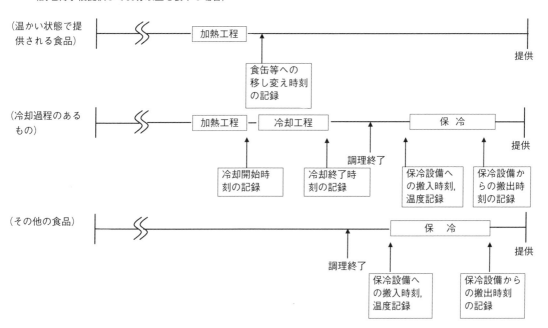

（別紙）

調理施設の点検表

責任者	衛生管理者

1．毎日点検

	点　検　項　目	点検結果
1	施設へのねずみや昆虫の侵入を防止するための設備に不備はありませんか。	
2	施設の清掃は，全ての食品が調理場内から完全に搬出された後，適切に実施されましたか。（床面，内壁のうち床面から1m以内の部分及び手指の触れる場所）	
3	施設に部外者が入ったり，調理作業に不必要な物品が置かれていたりしませんか。	
4	施設は十分な換気が行われ，高温多湿が避けられていますか。	
5	手洗い設備の石けん，爪ブラシ，ペーパータオル，殺菌液は適切ですか。	

2．1カ月ごとの点検

1	巡回点検の結果，ねずみや昆虫の発生はありませんか。	
2	ねずみや昆虫の駆除は半年以内に実施され，その記録が1年以上保存されていますか。	
3	汚染作業区域と非汚染作業区域が明確に区別されていますか。	
4	各作業区域の入り口手前に手洗い設備，履き物の消毒設備（履き物の交換が困難な場合に限る。）が設置されていますか。	
5	シンクは用途別に相互汚染しないように設置されていますか。加熱調理用食材，非加熱調理用食材，器具の洗浄等を行うシンクは別に設置されていますか。	
6	シンク等の排水口は排水が飛散しない構造になっていますか。	
7	全ての移動性の器具，容器等を衛生的に保管するための設備が設けられていますか。	
8	便所には，専用の手洗い設備，専用の履き物が備えられていますか。	
9	施設の清掃は，全ての食品が調理場内から完全に排出された後，適切に実施されましたか。（天井，内壁のうち床面から1m以上の部分）	

3．3ヵ月ごとの点検

1	施設は隔壁等により，不潔な場所から完全に区別されていますか。	
2	施設の床面は排水が容易に行える構造になっていますか。	
3	便所，休憩室及び更衣室は，隔壁により食品を取り扱う場所と区分されていますか。	

〈改善を行った点〉

〈計画的に改善すべき点〉

従事者等の衛生管理点検表

令和　年　月　日

責任者	衛生管理者

氏　名	下痢	嘔吐	発熱等	化膿創	服装	帽子	毛髪	履物	爪	指輪等	手洗い

	点　検　項　目	点検結果
1	健康診断，検便検査の結果に異常はありませんか。	
2	下痢，嘔吐，発熱などの症状はありませんか。	
3	手指や顔面に化膿創がありませんか。	
4	着用する外衣，帽子は毎日専用で清潔のものに交換されていますか。	
5	毛髪が帽子から出ていませんか。	
6	作業場専用の履物を使っていますか。	
7	爪は短く切っていますか。	
8	指輪やマニキュアをしていませんか。	
9	手洗いを適切な時期に適切な方法で行っていますか。	
10	下処理から調理場への移動の際には外衣，履き物の交換（履き物の交換が困難な場合には，履物の消毒）が行われていますか。	
11	便所には，調理作業時に着用する外衣，帽子，履き物のまま入らないようにしていますか。	

12	調理，点検に従事しない者が，やむを得ず，調理施設に立ち入る場合には，専用の清潔な帽子，外衣及び履き物を着用させ，手洗い及び手指の消毒を行わせましたか。	立ち入った者	点検結果

〈改善を行った点〉

〈計画的に改善すべき点〉

原材料の取扱い等点検表

令和　年　月　日

責任者	衛生管理者

① 原材料の取扱い（毎日点検）

	点 検 項 目	点検結果
1	原材料の納入に際しては調理従事者等が立ち会いましたか。	
	検収場で原材料の品質，鮮度，品温，異物の混入等について点検を行いましたか。	
2	原材料の納入に際し，生鮮食品については，1回で使い切る量を調理当日に仕入れましたか。	
3	原材料は分類ごとに区分して，原材料専用の保管場に保管設備を設け，適切な温度で保管されていますか。	
	原材料の搬入時の時刻及び温度の記録がされていますか。	
4	原材料の包装の汚染を保管設備に持ち込まないようにしていますか。	
	保管設備内での原材料の相互汚染が防がれていますか。	
5	原材料を配送用包装のまま非汚染作業区域に持ち込んでいませんか。	

② 原材料の取扱い（月1回点検）

点 検 項 目	点検結果
原材料について納入業者が定期的に実施する検査結果の提出が最近1か月以内にありましたか。	
検査結果は1年間保管されていますか。	

③ 検食の保存

点 検 項 目	点検結果
検食は，原材料（購入した状態のもの）及び調理済み食品を食品ごとに50g程度ずつ清潔な容器に密封して入れ，−20℃以下で2週間以上保存されていますか。	

〈改善を行った点〉

〈計画的に改善すべき点〉

検収の記録簿

令和　年　月　日

責任者	衛生管理者

納品の 時　刻	納入業者名	品目名	生産地	期限 表示	数量	鮮度	包装	品温	異物
：									
：									
：									
：									
：									
：									
：									
：									
：									
：									
：									

〈進言事項〉

調理器具等及び使用水の点検表

令和　年　月　日

責任者	衛生管理者

① 調理器具，容器等の点検表

	点 検 項 目	点検結果
1	包丁，まな板等の調理器具は用途別及び食品別に用意し，混同しないように使用されていますか。	
2	調理器具，容器等は作業動線を考慮し，予め適切な場所に適切な数が配置されていますか。	
3	調理器具，容器等は使用後（必要に応じて使用中）に洗浄・殺菌し，乾燥されていますか。	
4	調理場内における器具，容器等の洗浄・殺菌は，全ての食品が調理場から搬出された後，行っていますか。（使用中等やむをえない場合は，洗浄水等が飛散しないように行うこと。）	
5	調理機械は，最低1日1回以上，分解して洗浄・消毒し，乾燥されていますか。	
6	全ての調理器具，容器等は衛生的に保管されていますか。	

② 使用水の点検表

採取場所	採取時期	色	濁り	臭い	異物	残留塩素濃度
						mg／ℓ
						mg／ℓ
						mg／ℓ
						mg／ℓ

③ 井戸水，貯水槽の点検表（月1回点検）

	点 検 項 目	点検結果
1	水道事業により供給される水以外の井戸水等の水を使用している場合には，半年以内に水質検査が実施されていますか。	
	検査結果は1年間保管されていますか。	
2	貯水槽は清潔を保持するため，1年以内に清掃が実施されていますか。	
	清掃した証明書は1年間保管されていますか。	

〈改善を行った点〉

〈計画的に改善すべき点〉

調理等における点検表

令和　年　月　日

責任者	衛生管理者

① 下処理・調理中の取扱い

	点 検 項 目	点検結果
1	非汚染作業区域内に汚染を持ち込まないよう，下処理を確実に実施していますか。	
2	冷凍又は冷凍設備から出した原材料は速やかに下処理，調理に移行させていますか。非加熱で供される食品は下処理後速やかに調理に移行していますか。	
3	野菜及び果物を加熱せずに供する場合には，適切な洗浄（必要に応じて殺菌）を実施していますか。	
4	加熱調理食品は中心部が十分（75℃で1分間以上（二枚貝等ノロウイルス汚染のおそれのある食品の場合は85〜90℃で90秒間以上）等）加熱されていますか。	
5	食品及び移動性の調理器具並びに容器の取扱いは床面から60cm以上の場所で行われていますか。（ただし，跳ね水等からの直接汚染が防止できる食缶等で食品を取り扱う場合には，30cm以上の台にのせて行うこと。）	
6	加熱調理後の食品の冷却，非加熱調理食品の下処理後における調理場等での一時保管等は清潔な場所で行われていますか。	
7	加熱調理食品にトッピングする非加熱調理食品は，直接喫食する非加熱調理食品と同様の衛生管理を行い，トッピングする時期は提供までの時間が極力短くなるようにしていますか。	

② 調理後の取扱い

	点 検 項 目	点検結果
1	加熱調理後，食品を冷却する場合には，速やかに中心温度を下げる工夫がされていますか。	
2	調理後の食品は他からの二次汚染を防止するため，衛生的な容器にふたをして保存していますか。	
3	調理後の食品が適切に温度管理（冷却過程の温度管理を含む。）を行い，必要な時刻及び温度が記録されていますか。	
4	配送過程があるものは保冷又は保温設備のある運搬車を用いるなどにより，適切な温度管理を行い，必要な時間及び温度等が記録されていますか。	
5	調理後の食品は2時間以内に喫食されていますか。	

③ 廃棄物の取扱い

	点 検 項 目	点検結果
1	廃棄物容器は，汚臭，汚液がもれないように管理するとともに，作業終了後は速やかに清掃し，衛生上支障のないように保持されていますか。	
2	返却された残渣は，非汚染作業区域に持ち込まれていませんか。	
3	廃棄物は，適宜集積場に搬出し，作業場に放置されていませんか。	
4	廃棄物集積場は，廃棄物の搬出後清掃するなど，周囲の環境に悪影響を及ばさないよう管理されていますか。	

〈改善を行った点〉

〈計画的に改善すべき点〉

食品保管時の記録簿

令和　年　月　日

責任者	衛生管理者

① 原材料保管時

品目名	搬入時刻	搬入時設備内 (室内)温度	品目名	搬入時刻	搬入時設備内 (室内)温度

② 調理終了後30分以内に提供される食品

品目名	調理終了時刻	品目名	調理終了時刻

③ 調理終了後30分以上に提供される食品

ア　温かい状態で提供される食品

品目名	食缶等への移し替え時刻

イ　加熱後冷却する食品

品目名	冷却開 始時刻	冷却終 了時刻	保冷設備へ の搬入時刻	保冷設備 内温度	保冷設備から の搬出時刻

ウ　その他の食品

品目名	保冷設備への 搬入時刻	保冷設備内温度	保冷設備から の搬出時刻

〈進言事項〉

食品の加熱加工の記録簿

令和　年　月　日

責任者	衛生管理者

品目名	No. 1			No.2（No.1で設定した条件に基づき実施）	
（揚げ物）	①油温		℃	油温	℃
	②調理開始時刻		：	No.3（No.1で設定した条件に基づき実施）	
	③確認時の中心温度	サンプルA	℃	油温	℃
		B	℃	No.4（No.1で設定した条件に基づき実施）	
		C	℃	油温	℃
	④③確認後の加熱時間			No.5（No.1で設定した条件に基づき実施）	
	⑤全加熱処理時間			油温	℃

品目名	No. 1			No.2（No.1で設定した条件に基づき実施）	
（焼き物，蒸し物）	①調理開始時刻		：	確認時の中心温度	℃
	②確認時の中心温度	サンプルA	℃	No.3（No.1で設定した条件に基づき実施）	
		B	℃	確認時の中心温度	℃
		C	℃	No.4（No.1で設定した条件に基づき実施）	
	③②確認後の加熱時間			確認時の中心温度	℃
	④全加熱処理時間				

品目名	No.1			No.2		
（煮物）	①確認時の中心温度	サンプル	℃	①確認時の中心温度	サンプル	℃
	②①確認後の加熱時間			②①確認後の加熱時間		
（炒め物）	①確認時の中心温度	サンプルA	℃	①確認時の中心温度	サンプルA	℃
		B	℃		B	℃
		C	℃		C	℃
	②①確認後の加熱時間			②①確認後の加熱時間		

〈改善を行った点〉

〈計画的に改善すべき点〉

配送先記録簿

責任者	記録者

出発時刻		→	帰り時刻	

保冷設備への搬入時刻　（　　　：　　　）

保冷設備内温度　　　　（　　　　　　　）

配送先	配送先所在地	品目名	数量	配送時刻
				：
				：
				：
				：
				：
				：
				：
				：
				：
				：

〈進言事項〉

2. 関連法規

関連法規については，下記 URL を参照していただきたい。

健康増進法
https://elaws.e-gov.go.jp/document?lawid=414AC0000000103

健康増進法施行規則
https://elaws.e-gov.go.jp/document?lawid=415M60000100086

医療法
https://elaws.e-gov.go.jp/document?lawid=323AC0000000205

児童福祉法
https://elaws.e-gov.go.jp/document?lawid=322AC0000000164

児童福祉施設の設備及び運営に関する基準
https://elaws.e-gov.go.jp/document?lawid=323M40000100063

老人福祉法
https://elaws.e-gov.go.jp/document?lawid=338AC0000000133_20210401_502AC0000000052

介護保険法
https://elaws.e-gov.go.jp/document?lawid=409AC0000000123

障害者総合支援法
https://elaws.e-gov.go.jp/document?lawid=418CO0000000010_20210331_503CO0000000098

学校給食法
https://elaws.e-gov.go.jp/document?lawid=329AC0000000160

学校給食実施基準
https://www.mext.go.jp/a_menu/sports/syokuiku/1407704.htm

事業附属寄宿舎規程
https://elaws.e-gov.go.jp/document?lawid=322M400020000027

入院時食事療養費に係る食事療養及び入院時生活療養費に係る生活療養の実施上の留意事項について
https://www.mhlw.go.jp/web/t_doc?dataId=00tc4907&dataType=1&pageNo=1

索　引

執筆者紹介

*名倉　秀子　十文字学園女子大学人間生活学部健康栄養学科教授　（1，7.1.2，付表）
辻　ひろみ　東洋大学食環境科学部健康栄養学科教授　（2.1-4，8.2）
森本　雅子　大阪青山大学健康科学部健康栄養学科准教授　（2.5）
市川　陽子　静岡県立大学食品栄養科学部栄養生命科学科教授　（3，8.6）
佐野　文美　常葉大学健康プロデュース学部健康栄養学科准教授　（3，8.3）
小山　ゆう　日本大学短期大学部食物栄養学科助教　（4，8.4）
藤井　恵子　日本女子大学家政学部食物学科教授　（5）
大澤　絢子　神奈川工科大学健康医療科学部管理栄養学科准教授　（6，8.5）
山形　純子　大妻女子大学家政学部食物学科食物学専攻専任講師　（7）
森本　修三　東京医療保健大学名誉教授　（8.1）
酒井　理恵　東京医療保健大学医療保健学部医療栄養学科准教授　（8.1，8.3）

（執筆順，＊編者）

サクセスフル食物と栄養学基礎シリーズ 13　　給食経営管理論

2024年3月30日　　第一版第一刷発行　　　　　　　　　　　　　◎検印省略

編著者　名倉秀子

発行所　株式会社　学 文 社
発行者　田 中 千 津 子

郵便番号　　　　　153-0064
東京都目黒区下目黒 3-6-1
電　話　03(3715)1501(代)
https://www.gakubunsha.com

©2024 NAGURA Hideko
乱丁・落丁の場合は本社でお取替します。
定価はカバーに表示。

Printed in Japan
印刷所　新灯印刷株式会社

ISBN 978-4-7620-3350-6